아름다운 생활공간을 위한 분식물 디자인

全球園藝美學

盆栽聖經

權·威·新·訂·版

千幅圖表示範，園藝博士30年密技，
創造全綠氧空間

Kwanhwa Sohn 孫冠花——著
李靜宜、莊曼淳——譯　徐振強——審訂

方言文化

Contents

前言 盆栽美學全事典，創造健康美麗的綠氧空間——006

Part 1 盆栽設計，是什麼？

1 盆栽設計的意義與範圍——011

2 全球各地盆栽設計歷史——026

3 盆栽設計的機能——036

Part 2 盆栽的種植和管理

4 植物的特性與分類——053

5 容器與花槽——084

6 土壤的組成與分類——100

7 裝飾物與添景材料——119

8 作業設施、機器，和盆栽植物管理——134

Part 3 各式盆栽的製作與設計

9 室內盆栽——151

10 室外盆栽——169

Part 4 盆栽的空間設計

11 盆栽設計過程——187

12 設計元素與原理——210

Part 5　盆栽的室內外空間配置

13 室內空間 —— 235

14 室內花園 —— 247

15 室外空間 —— 259

Part 6　室內植物生育環境與盆栽管理

16 光線與照度 —— 277

17 溫度的影響與管理 —— 298

18 水分與灌溉 —— 306

19 空氣的潔淨與植物呼吸 —— 319

20 肥料的組成與施作 —— 327

21 病蟲害 —— 342

22 室內盆栽植物管理 —— 357

Part 7　室外植物生育環境與盆栽管理

23 室外環境特性與植物管理 —— 375

24 病蟲害防治與堆肥 —— 383

Part 8　盆栽設計相關產業

25 花店、園藝店、園藝中心 —— 395

26 花卉空間設計、室內造景、園藝 —— 408

附錄　韓國盆栽設計歷史 —— 413

參考文獻 —— 419

{前言}

盆栽美學全事典，創造健康美麗的綠氧空間

儘管我們每天都可以在室內外空間，看到許多經由農場栽培出來的盆栽植物，卻普遍缺乏盆栽設計意義與範疇的認知，對於設計理論與構思也無系統化的說明，且長久以來也沒有針對盆栽植物的生產和運用方式做出任何區分，事實上這個部分是必須持續進行控管的。

本書介紹的內容教材，主要是幫助將來有意從事盆栽設計、造景、園藝等領域的讀者，對於盆栽植物設計能夠有概括的理解。為了有效率且全面性地學習更具體的知識與技術，本書主要分成以下幾個章節。

第一部為理解盆栽設計；第二部介紹種植盆栽與設計時需要用到的材料；第三部是盆栽製作技術與設計的基本技巧；第四部則為盆栽的空間設計；第五部是盆栽植物與室內外空間的搭配，第六、七部為管理室內外盆栽的方法，第八部則是目前所面臨的產業現況。

本書針對小型盆栽的利用、大型室內花園設計，甚至是庭園空間不足的居住環境，不管什麼空間都可以加以規劃設計的盆栽園藝，如何妥善利用特性也有具體說明。對於有志從事盆栽設計，創造美麗室內外生活空間者，此書便是非常實用的教科書。

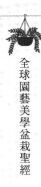

另外還有非常重要的是，雖然主要內容著重於盆栽設計全盤性的理解，但細節部分在經過精簡整理後，已是大眾能夠理解的內容。關於盆栽設計的部分，介紹了許多先進國家的一般概況，力求介紹最新的資訊。盆栽設計屬於流行產業，變化日新月異，若有不足之處我也會持續修正，希望能夠對各

位有所助益。

最後要感謝協助本書順利出版的各界朋友，包括中央生活社金容周總經理在內，以及提供許多重要資訊的李相熙老師（Lee Sang Hee）、許北九老師（Heo Buk Gu）、李宗錫教授（Lee Jong Suk）、李英武教授（Lee Young Moo）、李貞植教授（Lee Jeong Sik）、尹平燮教授（Yoon Pyung Sub）、莫內克（G.H. Manaker）教授、布瑞吉教授（G.B. Briggs）、以及卡爾賓教授（C.L. Calvin），還有許多作家、提供攝影場地的阿爾雷設計（Design Allée Inc.）禹賢美經理（Woo Hyun Mi），以及提供照片的李姬淑老師（Lee Hee Sook），最後還有蓮庵大學（Yonam College）園藝系的學生作為本書照片裡的模特兒，非常感謝大家。

孫冠花

Part 1

盆栽設計，是什麼？

盆栽（pot plant）顧名思義就是栽種到花盆裡的植物，雖然人類也會把食用、藥用的植物種到花盆裡，但大部分的盆栽還是以觀賞用途居多，擺放在特別的空間裡供眾人欣賞。原本在大地落根生長的植物，究竟是從何時開始被栽種到容器裡，並沒有正確的文獻記載，只知道盆栽從很久以前就存在於人類的生活裡，時至今日更因為經濟發達與都市居住環境變遷，盆栽除了為人類帶來相當有益處的機能效果，也創造出更美麗的生活環境。

專業的設計師能夠讓盆栽更容易應用於生活空間，為了有志從事此專業領域的人士，接下來在第一部會先介紹關於盆栽的設計概況、涵蓋範圍，在歷史地位上有什麼樣的發展過程，以及對於人類的生活有哪些貢獻。

1 盆栽設計的意義與範圍

盆栽設計（pot plant design）是指利用盆栽提高空間機能與美學效率，此過程的設計、製作、擺放、維持、管理都屬於其中的一環。以觀賞為主要目的植物或花卉，分成花藝、盆栽以及庭園植物用途，多半種植於花盆裡。

基礎認知

盆栽設計種類很多，簡單的像是將植物從生產容器移植到裝飾容器，再搭配一些裝飾物與添景材料；複雜者則是根據用途與目的，將大型盆栽移植到大型裝飾容器或花槽（planter）內，並依照空間進行擺設。然而，在各種室內外空間，可利用擺放多件盆栽打造成可提升美學與機能效果的盆栽園藝，或是擴大規模成為室內花園、屋頂花園，甚至是垂直花園（vertical garden），規模與施作內容相當多樣。

盆栽在室內外空間，除了裝飾目的以外，也有許多機能效果。雖然有

圖 1-1　盆栽應用實例（室外）

圖 1-1　盆栽應用實例（室內）

很多情況是不考量其生長特性，只做暫時的裝飾，但植物是會呼吸的生命體，如果希望能維持其生長，就必須考量到植物所需的光線、溫度、水分等要素，若以環境區分，將之分成室內與室外空間用途便更容易理解（圖 1-1）。

現代人主要在室內度過絕大部分時間，對於改善室內環境問題的意識逐漸抬頭，開始高度關心室內盆栽的設計，時間一久便擴張至室外空間，繼而發展為窗邊、陽台（balcony）或是迴廊（vanranda）、露台（terrace）、

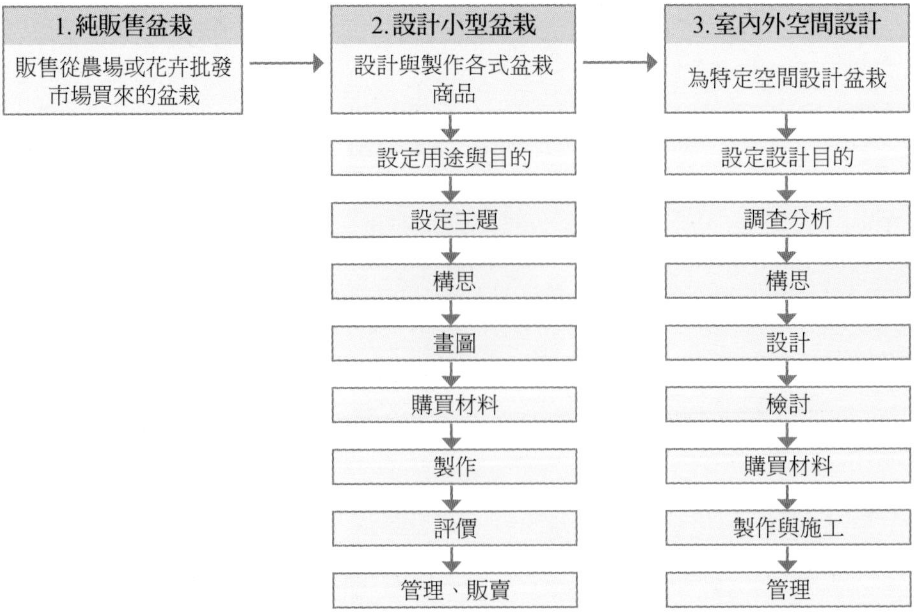

表 1-1　盆栽設計可執行的三個方向

天井（patio）、玄關與大門口、屋頂、牆面（wall garden）、庭院、街道等等，室內外盆栽將發展成為庭院的一部份或是盆栽園藝（container garden）。

想從事盆栽植物設計的人，主要可分三個方向進行 —— 第一種是從農場或花卉批發市場購入盆栽植物然後轉手賣出，屬於單純買賣行為；第二種則是將盆栽改造成多種用途的裝飾品；第三種是接受委託，從事以盆栽為主的室內外空間設計，並依照該空間的用途與特性進行盆栽設計（表1-1），設計師依據客戶需求挑選合適的盆栽植物。由於必須配合委託人的要求，所以過程相對比較複雜（表1-2）。

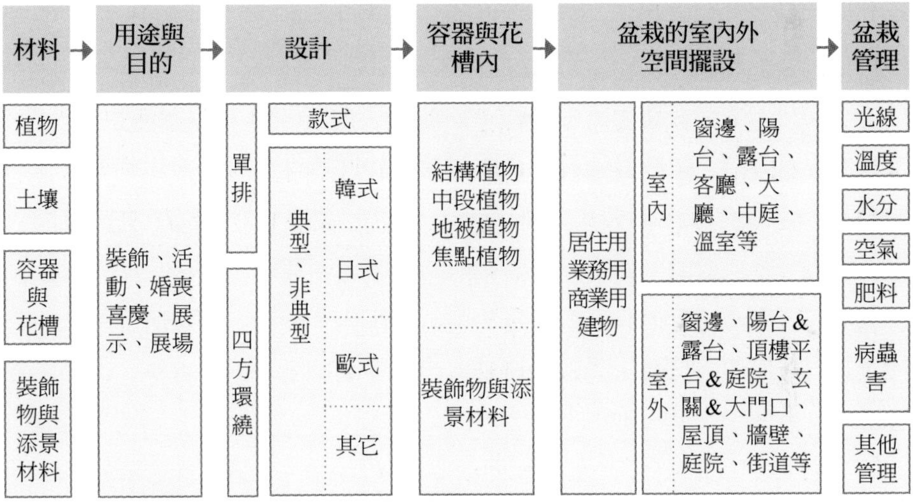

表1-2　盆栽設計流程

本教材雖涵蓋室內外生活空間盆栽設計全盤性的內容，然而相較於陽光、雨水充足，生長環境條件較好的室外盆栽，室內盆栽的陽光較為不足，也必須時常澆水灌溉，所以針對室內環境的盆栽設計則會有更多說明。

盆栽設計的分類

雖然盆栽有可能會因為正值開花期而被短暫利用，但是大部分的使用都是永久且持續，所以擺放的場所與環境條件顯得格外重要。特別是室內外環境的差異非常大，植物的種類、使用期間與型態、管理方式都會因室內或室外而有所不同，植物的組成型態與表現樣式也不一樣，接下來將分成室內與室外空間來介紹。

室內空間

擺放於室內的盆栽，容器的尺寸、外型、顏色與材質非常多樣，植物本身與裝飾材料能搭配出非常豐富的變化。若再加上室內空間的用途、視覺上的環境條件、生長環境、設計師或委託人乃至使用者的取向，會有更多的花樣與變化。事實上每個國家喜歡的盆栽款式都不一樣，接下來將以規模用途、表現樣式、型態特性做分類介紹——

（1）以規模分類：盆栽設計依照容器、植物大小及數量，有規模大小之分。從一盆到數盆，量多者甚至可構成盆栽園，或利用大型花槽（planter）打造規模宛如園林造景的室內庭院。（圖 1-2）

（2）以用途分類：室內盆栽設計依照建築用途與特性，有多樣化的表現，居住用途的建築有單棟透天、並排透天、度假房屋等等；公務用途則有辦公室、學校、政府機關、博物館、美術館、電視台、醫院、機場、文化會館、研究院等，商業用途的有餐廳、購物中心、飯店、銀行、咖啡店等。盆栽設計依照用途與使用目的，大致上可分為生活空間裝飾、婚喪喜慶、活動以及展場用途等。

圖 1-2　室內盆栽多樣化的規模

（3）以樣式表現分類：盆栽的設計會受到每個國家的氣候、植被、文化特性以及經濟條件的影響，而呈現出不同的樣式，大致可分為東方與西方，而韓國、日本、美國、歐洲等各個國家也有自己獨特的樣式。

韓國的傳統盆栽與盆景是能讓人聯想起大自然的東洋風格，然而近來興起一片使用熱帶與亞熱帶植物盆栽裝飾室內空間與庭院的風潮，大部分都是與現代建築搭配的典型西方風格。不過即便使用熱帶植物，還是會因為該國的盆栽生產現況以及人們的喜好而從中創造出特色。然而，現今因為交通與資訊發達的關係，各國的樣式風格漸漸變得相似。

（4）以型態特性分類：盆栽基本上由容器、土壤與植物所構成，在設計上是否擁有更多樣的尺寸與組成樣式，則取決於這三種要素的變化。依照型態特性則有以下分類，有些甚至因為在歷史上曾經流行過而有特定名稱 ——

・無特定名稱的裝飾盆栽：裝飾盆栽會因為容器的型態、大小、顏色、材質、是否有排水口，以及植物品種、大小、數量、擺放方法而有五花八門的變化，不過大部分並沒有特定名稱（圖1-3）。

・碟盆花園：一九六〇年代美國盛行的碟盆花園（dish garden），將生長速度慢，而且體積小的植物種在寬淺容器內，再利用這些小品植物打造成小花園。長久下來使用的植物與容器也越來越多樣化，事實上碟盆花園並沒有固定的形式，除了觀葉植物，也有多肉植物、鳳梨科植物、水生植物等等，種類相當豐富（圖1-4）。

・玻璃盆栽、生態盆栽、水族盆栽：玻璃盆栽（terrarium）意指將植物種植在完全密閉的玻璃容器內，此栽種方式於一八三〇年始於英國，曾經一度蔚為流行。在當時，此種玻璃容器被稱為沃德箱（Wardian case），Terrarium是近來才有的稱呼，terra是拉丁語的「泥土」，再加上表示「容器、房間」的arium所組成。最近的玻璃盆栽為了方便管理，採非完全密閉式的設計，因為是把植物種在玻璃瓶內，所以又有瓶中花園（bottle garden）之稱（圖1-5）。近來又流行另一種類似玻璃盆栽的種植方式，是在完全密閉的容器裡放入培養液，接著進行植物組織培養的方式。

生態盆栽（vivaruim）中的viva意味著動物，生態盆栽是由玻璃盆栽所

圖1-3　大部分的裝飾盆栽並無特定名稱

圖 1-4　碟盆花園

變化而來，也就是在種植植物的容器內，放入蜥蜴、蛇、變色龍、美洲鬣蜥等動物，形成一個小型生態系。

水族盆栽（aquarium）中的aqua是指「水」，雖然aquarium意味「水族館」，不過卻是像玻璃盆栽那樣將植物種在玻璃容器內，並在裡面做成一個小池塘，然後放入烏龜和魚類，同時水裡也會放一些像莎草屬（cyperus）、大薸（water lettuce）、槐葉蘋（salvinia）等水生植物。

・吊盆：吊盆（hanging pot）就是將植物種在類似籃子等較輕的容器裡，通常以綠蘿、合果芋、圓葉蔓綠絨、紫萬年青屬、常春藤、愛之蔓、翡翠珠等攀緣植物，或像絲葦、腎蕨這類會向上延伸的植物為主，也有吊蘭、虎耳草

圖 1-5　玻璃盆栽

圖 1-6　吊盆

這種會往下延伸的植物。吊盆從很久以前開始就是國外喜愛的裝飾盆栽，因此也研發出各式各樣吊盆造型設計（圖 1-6）。

・造型修剪盆栽（topiary）：造型修剪盆栽就是將盆栽植物修剪成球形或動物造型，也有利用鐵絲、樹枝折成造型，讓薜荔、常春藤、竹節蓼（Muehlenbekia）、愛之蔓等攀緣植物攀爬而形成特殊形狀（圖 1-7）。

・附生植物：將鐵蘭（Tillandsia）屬植物、鳳梨科植物、以及風蘭、狹萼豆蘭之蘭科植物等附生植物養在樹枝或石頭上，接著再裝進容器（圖 1-8）。

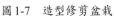

圖 1-7　造型修剪盆栽

圖 1-8　附生植物

・水耕栽培：以裝飾為目的的水耕栽培（hydroculture）為利用培養液代替土壤，並且以人為方式提供養分的盆栽種植方法（圖 1-9）。大部分的觀葉植物諸如天南星科植物、鴨跖草科植物、吊蘭都非常適合水耕，通常在農場時就是以水耕狀態出貨，買來後不必做任何更動。

此外，能夠以澱粉物質代替水，在玻璃容器內放彩色石頭或珍珠石，除了可以裝飾也能有支撐植物之效。在容器或水池內養莎草屬、大薸這類的水生植物，也算是水耕栽培。

初春時，很多人會利用水耕方式栽種風信子、水仙花、番紅花屬、孤挺花這類球莖類植物，其實地瓜、水芹若以水耕栽培，也可以作為裝飾。

圖 1-9　水耕栽培

・室內花園：室內花園（indoor garden）通常由大小不等的盆栽所組成，依照花槽的尺寸有規模大小之分，規模大者甚至可組成一片小樹林，相當於一個中庭（atrium）。現代建築的天花板、牆面很多都是採用玻璃材質，室內花園已經成為建築的必備存在要素。

圖 1-10　室內花園

一般而言，通常這類室內花園會種植原產自熱帶與亞熱帶的觀葉植物（圖 1-10）。

室外空間

人們喜歡在與建物毗鄰的室外空間擺放盆栽，尤其是近來的都市環境，根本沒有足夠的空間另闢庭院或花園，因此在室外的窗邊、陽台、迴廊、屋頂平台、玄關、大門口、屋頂、牆面、庭院、街道等空間都能看到盆栽園藝的蹤影。

用於室外的盆栽容器大致上與室內盆栽類似，不過通常會避免使用玻璃材質或無排水孔的容器。此外，置於室外的韓國傳統盆栽盆景，以開花為主的盆花、造型修剪盆栽、香草植物盆栽的尺寸通常較大。室外與室內擁有不同的植物生長環境，所以設計也會因植物種類和管理方式的不同而有所差異。室外空間的盆栽有許多用處，例如提升建物的門面、提供休憩空間，甚至能留住客潮等。依照擺設空間的特徵，又可將室外

圖 1-11　窗台花園

圖 1-11　窗台花園

圖 1-12　陽台與騎樓迴廊花園

盆栽設計分為以下幾種 ——

（1）窗台花園（window garden）：陽光充足的窗台、窗架很適合擺放盆栽，也可以再架設花架或吊籃，都能打造出小花園（圖 1-11）。使用的植物種類會依據臨時性或永久性裝飾，還有以窗框為基準，所分成的室內外空間而不同。

（2）陽台與騎樓迴廊花園：在建築物的陽台與騎樓迴廊同樣也可以進行盆栽設計，只要利用花槽（planter）就能夠打造出小規模的花園（圖 1-12）。通常陽台和騎樓迴廊為往屋外延伸的生活空間，所以陽台的位置、方向、高度都會影響降雨量、日照量、溫度、風量以及風速，因此各位挑選植物時必須格外注意，而陽台與騎樓迴廊花園多半應用於較矮的樓層。

圖 1-13　露台與居家休憩露天花園

（3）露台與居家休憩露天花園：住宅的露台或建物旁的露天花園地板，通常是以磁磚、石頭或木材鋪設，大都為屋主的休憩、用餐空間，盆栽以及用餐家具都屬於露台或庭院裡的一部份（圖 1-13）。

（4）玄關與大門前的小院子：住家、商業、事務等用途的建築玄關或大門前，若擺放盆栽或吊盆，除了可以打造美麗環境，也能提升建築物的形象，頗有經濟效果之用（圖 1-14）。

（5）屋頂花園：屋頂花園（roof garden）主要是為了提升生活雅趣與環境品質，而在與土地分離的空間裡栽種植物，打造出花園。從住家屋頂到大型建物屋頂，屋頂花園的規模非常多樣，主要是以設置盆栽或花槽的方式形成花園（圖 1-15）。近來為了因應都市環境綠化政策，屋頂花園越來越受到重視。

圖 1-14　玄關或大門前的小院子

（6）垂直花園：凡是以任何方式在牆面上造景都能算是垂直花園（vertical garden），比較傳統的會在花盆或花槽裡種植攀緣植物，讓植物沿著牆面蔓延生長；或是用較為特別的

圖 1-15　屋頂花園

圖 1-16　垂直花園

圖 1-17　以盆栽裝飾或打造的花園

方式，在牆上設置特殊容器或利用不織布搭建出垂直花園，這是近來在栽種空間不足的都市裡，人們經常使用的綠化法（圖 1-16）。

（7）花園：花園（garden）就是將植物種植於土讓裡的形式，不論規模或樣式都非常多樣。在花園裡擺放各種型態與大小的盆栽，可以使之更添姿色，最經典的例子就是凡爾賽宮的橘園（orangery），便是利用大量盆樹打造的花園（圖 1-17）。

（8）街道：在春秋將進入冬天之際，路上隨處可見為美化環境所設置的盆花，這對城市氣氛有相當大的影響，有些道路甚至會依照當地的特性擺放各式盆栽，像是人行道上的盆花、橋上欄杆的花槽、搭建在牆上的垂直花園、垂吊在路燈的吊盆等等。除了街道上日常可見的盆栽，在特定的節日活動期間也會有造型花塔（圖 1-18）。

圖 1-18　街道上的盆栽

2 全球各地盆栽設計歷史

人類從游牧進展到農耕後，開始圍起了生活區域並且打造庭院。當時人們把種在容器裡的植物擺放在庭院等室內外空間，這些植物除了可做食用、藥用，也有裝飾之用，由此可知當時人們樂於欣賞植物，不過究竟是從何時開始養植盆栽則無從得知。現今伊拉克境內有一處古蹟，是尼布甲尼撒二世（Nebuchandnezzar, BC605～BC562）所重建的巴比倫（babylon）空中花園（hanging garden），在裡頭可發現有種在石盆內的植物（圖2-1）。

圖2-1　巴比倫的空中花園（hanging garden）（SAWAW，2016）

要鉅細靡遺說明各國盆栽設計的歷史並不容易，接下來將簡單介紹這些國家盆栽設計發展過程。

古代

（1）埃及（Egypy, BC3200～BC332）：古埃及人喜愛花草植物眾所皆知，他們喜歡以花草來裝飾紀念物，也會把鮮花和植物當成祭品獻給神明，從埃及壁畫裡可以看到，埃及人會把喬木和灌木種植在土器後，擺放於庭院中（圖2-2）。約在公元前三世紀時，埃及人將植物種在以黏土燒製而成的陶瓦（terracotta）容器內，並且置於中庭做裝飾，據說他們非常享受花香氣味，而在當時也已經有水耕栽培。

（2）希臘（Greece, BC 1100～BC146）：希臘在盛夏時所舉行的阿多尼斯（Adonis）慶典，起源於巴比倫尼亞、亞述以及腓尼基，希臘人在這天會把

圖2-2　埃及的埃爾·博爾塞（EI-Bersheh）墳墓壁畫上的藤架（arbour）、菜園以及盆栽（Gardenvist.com，2016）

種有萵苣、茴香、小麥、大麥的容器放在屋頂以及阿多尼斯像前裝飾，人們堅信阿多尼斯雖然在秋天的時候下落黃泉，但是最後會被阿芙蘿黛蒂拯救，於春天時回到人間，基於這樣的習俗使得希臘人開始利用各種植物裝飾庭院與屋頂。

一九六三年考古學家曾挖掘到泰奧弗拉斯托斯時代（Theophrastos,BC 4C末～BC 3C初）的花盆碎片，可從中得知盆栽園應該是從公元前四世紀末到公元前三世紀初之間形成的，也就是說不只在阿多尼斯慶典，人們平常日也會以盆栽裝飾。此形式的希臘盆栽文化（container culture）與屋頂花園，後來也流傳到地中海沿岸的其他地區（圖2-3）。

（3）羅馬（Rome, BC753～AD476）：維吉爾（Virgil）、賀拉斯（Horace）、

圖2-3　時至今日，希臘人仍喜歡在屋頂、露台等處擺放盆栽

圖2-4　龐貝古城的民宅中庭

塞內卡（Seneca）的文獻裡就有提到，希臘人喜歡把觀賞植物種在石製容器，然後擺在屋子裡的中庭或列柱廊間做裝飾，這樣的習慣也傳到了羅馬。羅馬人的房子一定要有庭院，他們喜歡將盆栽至於屋頂，逢阿多尼斯慶典時，會把盆栽沿著頂樓平台、庭院以及浴池擺放，日常時則置於窗邊，據說窗台花架（window box）的使用最早就是從這個時期開始。羅馬時代具體使用哪些植物做盆栽已不可考，只知道最常用的是柑橘屬植物（Citrus），其餘也有一些是花草和熱帶植物。

羅馬式庭院在蒲林尼（Pliny）時代（AD 1C）可謂達到顛峰，在當時已有所謂的溫室，溫室窗戶是以滑石（talc）和雲母（mica）所做成，公元後二九〇年以後開始出現用玻璃打造的溫室。在酷寒的冬天裡，羅馬人為了讓來自亞歷山大港的玫瑰花綻放，會將之栽種於溫室，而除了玫瑰花也有百合、葡萄這類植物。最近重見天日的兩千年以前的義大利龐貝古城（圖2-4），可以發現當時羅馬人會將月桂（laurel）、香桃木（mytle）、檸檬（lemon）以及枸櫞（citron）等常綠灌木種在陶製容器裡，並擺放於中庭（atrium）、列柱廊間（peristyle）、較淺的泉水邊。

歐洲

（1）中世紀（Middle Ages, 476～1450）：歐洲在五世紀時由於受到羅馬侵略，使得裝飾庭院居於退步狀態，在往後的一千一百年間，勉強才因為基督教與伊斯蘭教等宗教而得以維持命脈。中世紀庭院裡的盆栽，主要種植在陶瓦（terracotta）裡，以藥草、實用的香草植物居多，羅曼式與歌德式建築時代的修道院會栽培一些水果、蔬菜與藥草盆栽，至於裝飾用的盆栽，則只有在宗教活動時才會出現。

十一～十二世紀的庭院主要位於城牆之內，裡頭會以牆壁、小花園、草地、長椅布置，盆栽通常是擺放在長椅上。一千一百年到一千三百年之間因為十字軍東征的關係，把許多新品種植物帶往歐洲，尤其是西班牙（712～1492）因為受到阿拉伯人的影響，才有了將陶瓦盆栽擺放在庭院的傳統，這是十一世紀前首次出現的裝飾用盆栽。到了中世紀末葉，歐洲人開始盛行裝飾盆栽，當時主要會把花草種在土器或金屬製容器內。

（2）文藝復興（Renaissance, 14～16C）：到了文藝復興時期，盆栽園藝開始活絡了起來，從十四世紀末阿爾伯蒂（Leon Battista Alberti）為喬凡尼・盧積禮（Giovanni Rucellai）設計的花園盆栽牆便可得知。

然而，富有階級更讓橘園（Orangery）普及化，一六四八年～一六八六年之間，凡爾賽宮蓋了一座可以容納一千兩百棵橘子樹與三百棵溫帶灌木植物的橘園（圖2-5），橘園的北面低於地表，南面則無任何遮蔽，即使沒有刻意加溫，冬天溫度也不會降到6℃以下。此外，夏天時柑橘屬植物（Citrus）種在室外，到了冬天才移到室內。後來橘園變為溫室用途，在當時

圖2-5　現存於凡爾賽宮的橘園

主要栽種珍貴的植物，是有錢人的象徵物。

繼文藝復興時期之後是航海探險時代，一四九二年發現美洲新大陸，一四九八年則找到印度，以及一五一一年發現爪哇島。這些新大陸的探索，使得許多新品種植物流入南歐，富有階級也熱衷於蒐集這些植物。隨著世人越來越重視植物，一五四五年帕多瓦（Padua）有了第一座植物園，一六三三年在當時被用於盆栽的植物當中有許多是今日常見的，像是蘆筍、鞘蕊花、青鎖龍、常春藤、風信子、水仙花、虎耳草等等，其他還有蕨類植物。

（3）十六～十七世紀：十六世紀開始，德國人會將種植於土盆裡的裝飾植物擺放於窗邊，可視為一般人利用盆栽裝飾居家的最早跡象。

十七世紀的英國富有階層流行在溫室內栽種橘子，當時的溫室可以維持適合溫帶植物的低溫，並使其免受寒害。十七世紀後半英國的威廉國王和瑪麗女王非常熱衷於園藝，他們蒐集了許多國外品種植物，還為此蓋了三間溫室做展示之用。這時期的人們很流行使用臘和石頭做成的容器來種植植物，義大利人更將花盆放在別墅走廊做裝飾。不過同一時期的美國人，對於在室內空間擺放盆栽似乎不太熱衷。

（4）十八世紀：十八世紀歐洲列強國家興起一片從熱帶殖民地引進新品種植物的熱潮，然而到了中葉約有五百多種的植物傳入，但是英國的富有階級已經不流行在橘園栽種植物，而是改為使用可以整年維持一定溫度的溫室。

十八世紀的溫室加熱方式為，在石磚之間嵌入以加熱盤管（coil）形式的送氣管，並堆疊燒熱煤炭來產熱。法國雖然在一七七八年就有設計出以溫水加熱的方式，然而到了十九世紀初才在波蘭首次使用。

至於以空氣加熱的方式，則是一八〇二年於英國首度使用。美國一直到十八世紀，貴族階級以外的平民對植物尚無多大興趣。到了十八世紀後半，新英格蘭為了種植香蕉、鳳梨、含羞草等等熱帶植物，因而建造了第一座的溫室。

（5）十九世紀：到了十九世紀，有錢又有閒的貴族之間，流行在溫室內種植熱帶和亞熱帶植物來觀賞，而即使每天會接觸植物的老百姓，並不覺得有其必要將盆栽置於室內。一八一六年觀葉植物盆栽開始被用於室內，十九世紀結束之際正值中產階級興起，這些中產階級把在溫室種植珍貴、富有異國情調的植物，視為一種優雅與名譽的象徵。

發生工業革命的十九世紀，塑造了一群投資時間與金錢在植物身上的都市中產階級，這對室內盆栽植物的栽培影響甚大。當時在英國幾乎每戶都有窗台花園與溫室，每個人都通曉室內植物的栽培與繁殖。

十九世紀中半，富有階級與中產階級家中盛行擺放各式的盆栽與吊盆。起初，一般認為修剪植物是細膩、女性化的工作，專屬於富有家庭，但是後來窮人、都市人、男人也開始產生興趣，園藝（gardening）被視為是高貴的象徵，因而成為受到所有階級尊敬的嗜好與藝術。一八五〇年之後，歐洲各國與美國的窗台花園、室內盆栽裝飾開始普遍化，可視為十九世紀物質主義的一種象徵。

在一八三〇年以前，在室內種植蕨類植物並沒有受到太大關注，雖然探險家從國外帶來許多新品種，也熟知如何透過孢子來繁殖，但是在當時蕨類植物似乎對人們毫無吸引力。

一八三一年，英國外科醫生沃德（N.B.Ward）某次研究密閉玻璃容器內的蛾和蝴蝶幼蟲——他在容器內加入了土壤，卻偶然在容器內發現了羊齒類植物的孢子正在發芽，而當時的認知是羊齒類植物無法在戶外環境生存，但沃德透過無數次實驗，終於發表了一篇描述如何在密閉容器裡，即使不澆水也可以讓植物維持十三年壽命的論文。沃德後來更發明了利用玻璃箱種植蕨類的方法，這使得蕨類栽培大為流行，而被稱為沃德箱（Wardian case）的玻璃箱子（圖2-6），提供了小型蕨類、開花植物、觀葉植物非常良

圖2-6　沃德箱（Wardian case）（The flower doctor, 2016;Monnik,2016;Eastlake victorian,2016）

好的生長環境，這種玻璃箱子發展到後來就是今日的玻璃盆栽（terrarium）。

沃德到一八三三年為止，利用玻璃箱成功種植了三十種蕨類，一八四〇年沃德箱在歐洲一度非常盛行，還成為更有效率的長途海上植物運送方式。此外，沃德箱後來還演變為鐘形容器以及擁有玻璃框架的石製容器，沃德還在一八五四～一八五五年間出版了十四本書，擁有極高的知名度，到一八六〇年為止總共栽培了八一八種蕨類。然而，種植蕨類的熱潮只維持到一八六〇年底，後來就逐漸消散了，而美國則是到維多利亞時代之前都不曾流行過這類的種植風潮。

十九世紀末的維多利亞時代（Victorian era），英國和北美地區開始流行在室內種植盆栽，將其視為一種高尚娛樂，一般家庭、飯店、劇院、各種公共場所，甚至是溫室、具有跟溫室類似效果的窗邊花園都能看到大型熱帶植物的蹤影。

十九世紀大部分人家裡的接待室或窗邊都會擺放盆栽，不過當時的住家環境既冷、昏暗且灰塵非常多，為了防止家飾、木頭變色，會使用百葉窗或厚窗簾遮陽，所以室內光線並不充足，通風也不太好。冬天時可以承受瓦斯火爐和石炭暖爐的植物並不多，不過因為使用暖爐的關係，就濕度上的維持是比現在還要容易。

十九世紀流行的裝飾觀葉植物中，有幾種到現在依然大受歡迎，敘述如下 ── 生命力強且使用性高的有龍血樹、朱蕉、棕櫚類、橡膠樹、蕨類、蘇鐵、變葉木、秋海棠、一葉蘭，其他還有鳳梨科植物（bromeliaceae）、網紋草、竹芋、赤車屬、鳳梨、橘子、檸檬、毬蘭（Hoya carnosa）、酒瓶蘭（Beaucamea）、仙人掌類、龍船花屬、豹皮花屬、花燭屬、山茶花、絲蘭屬、常春藤屬、龍舌蘭屬（Agave）、金合歡、蘆薈、青木、粗肋草屬、白粉藤屬、南洋杉屬、花葉芋屬、花葉萬年青屬、楤木屬、竹子、香蕉、龜背竹屬、鞘蕊花屬、海桐等等；開花植物則建議玫瑰、倒掛金鐘屬、天芥菜屬、老鸛草屬、馬纓丹屬、旱金蓮、牽牛花、康乃馨、杜鵑花、碧冬茄屬，還有馬鞭草等等，而球莖類植物則普遍被用於裝飾窗台。

在維多利亞時代吊盆的應用非常普遍，花盆多半內襯以鐵絲、陶瓦、鍍鋅材質為主，種的植物多為常春藤、盾葉天竺葵、虎耳草、紫萬年青屬與蕨類。房間裡通常會擺放許多盆栽，讓原本複雜的維多利亞時代居家氛圍變得更加繁複。暖爐邊、櫃子上、花架、地上都適合擺放盆栽，而為了有利攀緣植物生長，也會特意在窗邊設置棚架。裝飾用、擺放在水缸、檯座上的各式蕨類盆栽，確實與維多利亞時代的家庭裝飾非常相配。

（6）二十世紀：電燈的發明大大改善了室內空間照明不足的問題，這時期盆栽不再侷限於自然光線充足的窗邊，得以延伸到房間內部。不過也因為中央暖氣系統的使用，使得房間維持在高溫乾燥的環境，而阻礙了植物的生存。二十世紀開始，世界產業結構發生變化，再加上兩次世界大戰，觀葉植物在取得上極為不易，用於室內裝飾的植物只剩下包含椰子在內的少數幾種，又因為插花用的鮮花（cut flower）取得價格更為便宜，使得室內盆栽遭到世人冷落。

美國

一九三〇年後半，美國開始盛行碟盆花園，此風潮再次引起世人對室內盆栽的關注。

一九六〇年以前，盆栽屬於居家室內植物（house plant），為家庭主婦的休閒嗜好，之後女性勢力抬頭，開始有經濟能力而且積極參與社會活動，盆栽因此被廣泛運用於辦公室與公共場所。由於室內盆栽再度受到重視，觀葉植物的利用也隨之增加，一九七〇年代四分之三的美國家庭裡都有室內盆栽，到後來甚至宛如興起了綠色革命（Green Revolution），家家戶戶對於在室內擺放盆栽無不趨之若鶩。

促使室內盆栽規模產生變化的契機，主要歸功於採光極佳的大型玻璃建築的出現，還有新進的現代冷暖氣與通風系統，這些都提供了植物良好的生長環境。一八五一年倫敦因為舉辦大型博覽會，邀請約瑟夫・帕克斯頓（Joseph Paxton）設計了世界第一座大型玻璃建物「水晶宮」（Crystal Palace），這座巨型建築不僅提供了充足的陽光，似乎也預告了未來大型室內花園時代的來臨。

圖 2-7　美國福特基金會大樓的室內花園

圖 2-8　位於韓國濟州島的凱悅酒店

美國從一九三〇年後半開始重視都市計畫，著手改善都市機能與環境，位於城市中心地的哈里森（Harrison）境內有知名的洛克斐勒中心大樓、密斯所設計的西格拉姆大廈，以及美國大通曼哈頓銀行大樓，它們的共通點就是將部分的空間打造成露天休憩場所（open space），而一九七〇年代將此種休憩空間概念，開始往大型建物內部擴展，藉此增加飯店、公司等建築本來的機能，這樣的的概念空間也成為了建築的中心區域。

一九六七年美國丹凱里（Dan Kiley）設計的世界第一座擁有室內花園的辦公大樓「福特基金會大樓」（Ford Foundation Building）順利完工（圖 2-7），這座建築物不只成為大型室內花園的先驅，也提供了此方面的基本資訊。

一九六七年約翰・波特曼（John Portman）設計的凱悅酒店坐落於亞特蘭大（Atlanta），配有中庭以及天窗（skylight）屋頂，開幕即大受好評，因此芝加哥、舊金山分店也接連營運。這些飯店的共同特徵就是採光非常良好，陽光透過屋頂照射到被客房所環繞的中庭（圖 2-8）。這樣的建築設計其實就是重現兩千年前的羅馬建築，中庭為植物提供了絕佳的生長環境，是非常利於室內花園的空間條件。

中國

至於中國的盆栽史，最早有留下清楚史料的是在公元七一一年離世的

圖2-9　唐朝章懷太子李賢墳墓的壁畫（阿拉斯加，2016）

圖2-10　現今中國的盆栽

唐朝章懷太子李賢墳墓的壁畫上所發現，從壁畫可看到侍女手上捧著花器（圖2-9）。若以此為依據，可得知公元六百年末，中國人已有種植盆栽的風氣，他們將盆栽稱為盆景，有許多關於盆栽的史料、詳細的種植的方法以及針對樹型的評論，可以知道在當時關於盆栽利用的經過。

時至今日，中國大城各處仍可看到盆栽公園，到現在也能看見傳統中式盆栽，這些盆栽甚至輸出到世界各地。除了傳統盆栽，中國人也喜歡種植熱帶植物與花草類盆栽，在玄關以及庭院等場所都可以看到這類盆栽的蹤影（圖2-10）。

日本

日本因為受到中國與韓國的影響，也開始將植物種植在花器裡。日本的盆栽是公元一千三百年由中國傳入，該國的盆栽與盆景的形狀外觀主要是因應小巧別緻的日式庭園演變而成。現在的日本是世界盆栽主要輸出國，在全球盆栽市場佔有相當比例，每盆售價一百美金左右，由此可見日本人對盆栽的熱衷程度。目前盆栽在國際上的通用名詞為「Bonsai」，就是日語的盆栽

圖2-11　現今日本盆栽

發音。

十九世紀末，日本在日俄戰爭中取得勝利，這成為日本盆栽產生轉變的契機，帶動了日本人對於盆栽藝術的熱潮（開始有盆栽同好會組織）。然而到了明治時代末期（二十世紀初），因為經濟萎靡與關東大地震的發生，盆栽熱潮一度沉滯，日本政府有鑑於此，在東京的東邊成立了盆栽村，之後又舉辦了盆栽展覽會。一九五〇年韓戰發生時，日本境內景氣復甦，在盆栽愛好人士的努力之下，鑽研出更多樣化的盆栽培育技術並且達到普及化，奠定了日本盆栽在世界的地位。

現在的日本除了傳統盆栽，在其他國家的影響之下，盆栽的利用也變得更加多樣化（圖2-11）。

3 盆栽設計的機能

現代人生活在都市化的環境裡，雖然能夠享受著便利，但卻有一些潛在問題會發生。例如綠色空間大幅減少，而且有沙漠化的趨勢，不僅如此，我們的環境更遭受到汙染，複雜的都市生活使人備感壓力。對於長時間待在室內的都市人來說，室內外空間的盆栽不只能夠創造出美麗舒適的生活空間，也提供了許多機能效果，最簡單的例子就是裝飾效果，能夠打造出更美好的生活環境，此外在建築、環境、心理、治療、教育、經濟方面也都有所助益。近來人們因為更加嚮往舒適的室內環境，對於植物所提供的環境機能更是高度關切。

就盆栽設計師的工作內容來說，必須能夠對盆栽主要機能、盆栽設計的必要性，以及與高水準生活環境之間的關係做出系統化的說明，這將會是招攬客戶的良好背景知識，有助於提出讓客戶滿意的設計方案。對於盆栽設計的機能效果，可細分為裝飾、建築、心理、環境、治療、教育與經濟等幾大類，分述如下。

裝飾機能

在室內外空間使用盆栽進行裝飾，對於打造美麗舒適的生活環境有顯著的效果。用鋼筋水泥蓋成的房子，總是給人一種冷冰冰、硬梆梆的印象，若能在室內擺放盆栽，植物花葉的型態、顏色、香氣和生命力，能夠營造出一種無法言喻的美好氛圍（圖3-1）。特別是有一些植物因為具有獨特造型，看起來就像一件藝術品，除了可增添空間的新鮮感，還可以欣賞到植物本身

圖 3-1　裝飾室內外空間的盆栽

空間分割

區隔出動線

屏障

圖 3-2　盆栽也是另類的建築替代物

的生長之美，而且相較於規模費用也相當低廉，綜合以上的優點，盆栽確實擁有絕佳的裝飾效果。

植物是有生命的，並不會一成不變，它會因為生長與發育，在外觀或顏色上有所變化，生命所帶來的美妙感覺，讓植物成為一件會呼吸的雕刻品。這件會呼吸雕刻品的存在，將為沒有生命的設計注入生命力。

不管是大型建築玄關前的盆栽，還是建築內部中庭（atrium）的盆栽或室內花園，都能讓人對該空間眼睛為之一亮，並且留下深刻的印象。以盆栽裝飾成的美麗空間，除了本身的機能以外，也成為一種受到矚目的藝術空間，就好像在美術館欣賞名作時，對於美學意識彷彿甦醒一樣，可以消除疲勞與緊張。

擁有如此優越裝飾效果的盆栽，除了單純裝飾生活空間之外，也可以應用在舞台裝飾與展示（display），規模以及應用範圍漸漸增大到室內花園、陽台花園與屋頂花園。

建築機能

佔據一定空間的盆栽，其實也是另類的建築替代物，擺放於室內空間的綠色盆栽，除了具有營造更柔和安定的裝飾效果，因為佔據一定的空間，可以分隔出迥異的兩個空間，雖然劃分出界線，空間仍可保有原來的機能。不僅如此，也有區隔出動線與維持秩序的機能。此外，盆栽還有遮蔽部分視線的功能，在開放空間概念（open space）的辦公室裡，像帷幕一樣代替辦公

遮蔽物

樹冠層（canopy）

裝飾物

室屏風，確保私人空間領域，或者也可以拿來當成禁止通行的障礙物或圍籬，亦即盆栽的擺設也能代替建築的功用（圖3-2）。

有一些建築為了突顯形象，會擺設一些藝術品。然而，事實上美麗的室內外盆栽也可以代替藝術品，成為建築的特色象徵。

心理機能

打從盤古開天以來，人類就一直跟植物共存於這個世上，人類會在植物之中感到平靜是天性。

雖然學者對於人們這份情感的解釋各有不同，但是透過各種實驗，證明植物的存在對人類的確有心理上的影響，像是有助於消除壓力，能減少憤怒感，甚至會讓心情變好，具有非常明顯的感情變化，測量腦波時更發現 α 波有增多的傾向。

因為植物能提供健康心理效果，所以盆栽設計的意義也就格外重要，在與大自然隔離的都市環境下，處在花草植物所組成的美麗生活空間裡所得到的那份感動，能對生活燃起希望與熱愛，淨化並豐富情緒與情感（圖3-3）。

人類為什麼會對植物或綠色感到眷戀，雖然無法得知正確的原因，但可以肯定的是人們會被植物所吸引是一種本能，喜歡被植物包圍的感覺。在沒有任何植物的空間，特別是在室內，總會感到冷冰冰沒有溫度；相反地，如果處在有植物的空間裡，就能感受到生命力、親和力以及活力，同時覺得平靜而且安定。很多人覺得照顧植物是一件非常開心而且引以為榮的事情，這

圖3-3　生活空間裡的盆栽，能激起人類在心理上的正向反應

並不僅僅只是因為喜歡植物的美麗，而是起因於植物本身具有的依存性與柔弱特性。

盆栽是一種生命體，它會反映出是否有得到妥善照顧，早期人類是為了生存而栽培植物，依照心理學家的說法，據說現代人在潛意識當中還是保有這樣的動機。

基於這種心理效果，在飯店、百貨公司這類大型公共建築物裡，以盆栽裝飾廣場或打造室內花園，作為人們休憩、見面與聊天的場所；在勞動場所擺放盆栽，可以降低勞動者對環境的不滿，建立起與大自然之間的情感紐帶；在辦公室擺放盆栽，有助提高集中力與工作效率，提供工作者良好的工作環境，據說可以增加10～15%的效率；在生活空間打造盆栽園藝，可改善城鎮村里等共同的居住環境，提高國人社會精神健康指數與工作效率，優化經濟與政治條件，以及扭轉該區域的負面形象。

環境機能

植物具有淨化空氣以及改善周遭不良環境的機能，尤其是針對室內環境，可吸收室內二氧化碳，消除有毒物質，還能釋放氧氣以及水分；冬天室內空間常因為使用暖氣而變得乾燥，盆栽無異成了另類的自動加濕器；植物因為進行蒸散作用的關係，會降低周遭氣溫，而達到調節溫度之效；另外，在植物行光合作用與蒸散作用較旺盛的地方，據說還會產生大量對人體有益的負離子（圖3-4）。

至於芳香性植物，會釋放揮發性的芳香物質，除了提供芳香味道，據說有些成分還可以消除壓力，對鎮定情緒、治療憂鬱症等都有功效，甚至可以抑制有害病菌的滋生，提供對健康有益處的舒適環境。此外，在室內空間擺放盆栽，還具有防阻電磁波、遮陽以及隔音等改善環境的效果。

除去汙染物質

都市空氣不論是在室內室外都受到嚴重的汙染，室外空氣汙染物質主要有二氧化硫（SO_2）、臭氧（O_3）、氮氧化物（NOx）、類似粉塵的粒狀物質，至於室內空氣汙染物質，主要以甲醛（formaldehyde）、苯、甲苯、二甲苯等多達三百～四百種的揮發性有機化合物（VOC）為主。

特別是室內空氣中的甲醛與揮發性有機化合物，更是引起新家症候群如異位性皮膚炎、異位性氣喘與鼻炎等疾病的主要因素。此外，二氧化碳（CO_2）、一氧化碳（CO）以及懸浮微粒也都是主要的汙染物質。

甲醛、一氧化碳、二氧化碳、懸浮微粒、浮游細菌都是可以靠植物消除的。植物在行光合作用時，葉子背面的氣孔會吸收二氧化碳，並排出氧氣和水分。這時氣孔並非只吸收二氧化碳，也會吸收其他揮發性氣體，這些被葉

圖3-4　盆栽可以改善生活環境

子吸收的汙染物質，之後會被植物所代謝，一部份會往根部移動並流入土壤內，最後成為植物根部的養分來源。

植物的蒸散作用會讓花盆的土壤形成負壓，當室內空氣中的揮發性有機化合物往土壤移動時，就會被植物根部的微生物與土壤吸附。韓國農村振興廳建議若想要讓植物分解空氣中的甲醛、苯、甲苯等揮發性有機化合物，使這些物質降低到對健康有害的危險臨界標準值以下，則建議每1坪（3.3平方公尺）最好能放置一個盆栽（表3-1）。

表3-1　消除甲醛效果極佳的植物（國家園藝特殊作物科學院，2016）

種類	植物名稱
觀葉植物	鐵角蕨屬（鳥巢蕨）、花葉萬年青屬、合果芋屬、花燭屬（火鶴花）、吊蘭、蔓綠絨屬、散尾葵、龍血樹屬、蘇鐵、馬拉巴栗、綠蘿、白鶴芋屬、香龍血樹、鵝掌柴屬
韓國原生植物	闊葉山麥冬、大吳風草、樹參屬（黃漆樹）、南天竹、絡石屬、珍珠蓮、珊瑚樹、茶樹、八角金盤
香草植物	迷迭香、茉莉、蘋果薄荷
羊齒類	紫萁、卷柏、骨碎補科、台灣水龍骨
蘭花類	風蘭（萼脊蘭）、蝴蝶蘭、蕙蘭屬
其他	赤松、番石榴、溫州蜜柑、青鎖龍屬

排出氧氣

植物在行光合作用時，會透過葉子背面的氣孔吸收二氧化碳（CO_2），並經由根部吸收水分（H_2O），再透過葉綠素所吸收的太陽能，來製造生長時所需的葡萄糖分子（$C_6H_{12}O_6$），並排出氧氣（O_2）。亦即植物會將人類所排出的二氧化碳作為行光合作用的原料，並且產生氧氣，可為通風不佳的室內空間製造出新鮮空氣，進而與人類維持和諧共存（symbiosis）的關係（圖3-5）。

植物不論在白天或夜裡也會行呼吸作用，吸收氧氣排放二氧化碳，然而跟光合作用的量比起來是非常些微的，此外植物因行呼吸、光合作用打開氣孔時，會產生蒸散作用，水分會從氣孔蒸散出去。

因此，植物可以供給人類所需的氧氣，並吸收有害的二氧化碳，亦即能夠淨化空氣，而蒸散出水分則有助於調節濕度。

調節濕度與溫度

植物為了行光合作用，會打開氣孔讓水分蒸散出去，不管是蒸散作用，或是花盆土壤表面與水耕的水分蒸發，都能為乾燥的室內空氣增加濕度，特別是冬天常因為使用暖氣而使濕度降到30%以下，這時盆栽就能發揮極大的加濕效果。

植物擁有「自我調控」（self-control）的能力，空氣乾燥時蒸散量會增加，反之則會減少。蒸散出去的水分是完全的無菌狀態，就植物增加濕度的功能來說，葉子氣孔的蒸散作用佔了90%，土壤的水分蒸發佔了10%，所以增加空氣中的濕度主要是蒸散作用所致。

植物因為要行蒸散作用而會吸收水分汽化所需熱量（汽化熱），室內會因此達到降溫的效果。雖然降溫的程度會因為植物的種類、擺放方法與盆栽量而有所不同，但大致上來說，如果室內空間擺放10%的植物，約可以增加10%的相對濕度，夏天時室溫可以降2~3℃左右，冬天則能提高相同程度的室溫。若能在室內擺放相當2.4%容積的植物，無關季節則可以調節3~5%的濕度。

釋放負離子

當大氣分子受到紫外線、宇宙射線或地表產生的各種放射線的撞擊，分

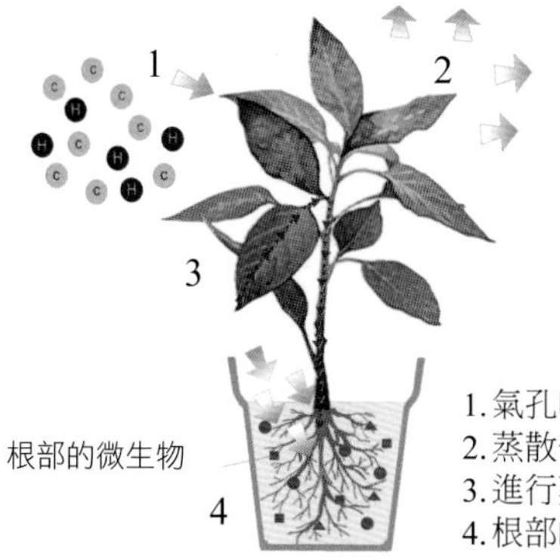
1
2
3
根部的微生物
4
1. 氣孔吸收空氣中的汙染物質。
2. 蒸散作用可以調節溫度與濕度。
3. 進行蒸散作用時會產生負壓，讓汙染物質往根部移動。
4. 根部的微生物能分解汙染物質。

圖3-5　盆栽植物的空氣淨化原理（國家園藝特殊作物學院，2016；Doopedia，2016）

子外層的電子會因為脫離既定軌道，而與其他分子結合成負離子。越脫離軌道的電子之後若附著在電子親和力高的氧氣身上，氧氣分子就會成為負離子。另外水分子會分解成H^+與OH^-，水分子與OH^-結合後會成為帶電型態的OH^-（H_2O）$_n$。

森林裡因為植物行光合作用與蒸散作用的關係，充滿許多氧氣與水分，所以含有很多負離子，人類在吸入氧氣（O_2）的同時，會因為一併吸入氧分子中的負離子（O_2^-（H_2O）$_n$）而維持健康。

自從工業化都市化以來，大氣持續不斷受到汙染，這些汙染物質大部分都會轉成帶電的陽離子，而降低了負離子所佔的比率。

在接近自然狀態的環境底下，空氣中的負離子與陽離子的比例是1.2：1，都市地區或空氣汙染嚴重的地區比例是則1：1.2～1.5，由此可見，陽離子的比例是更高的（表3-2）。

表3-2　不同大氣條件底下的負離子含量（孫起哲，2007）

大氣條件	負離子量（個/cm3）
都市（室內）	30～70
都心（室外）	80～150
郊區	200～300
山、原野	700～800
森林	1,000～2,200
人體需求量	700

植物會釋放負離子是因為在蒸散過程中，水分子在從氣孔排出的過程當中被離子化之故，蒸散量越多負離子也越多。

然而，負離子產生量的多寡會因植物種類而異，一般來說如果室內擺放30%的盆栽的話，每1立方公分的空氣就會有一百～四百個負離子產生。

負離子經由呼吸與皮膚進入人體之後，有助於調整自律神經、解決失眠、促進新陳代謝、淨化血液、強化細胞機能，並且能使面容散發出動人光彩。室內大部分的化學物質，灰塵、粉塵、惡臭來源因為帶電不足而被陽離子化，這些陽離子會互相推擠使得它們平均分佈在空氣中，這時如果供給負離子，汙染物質就會因為帶電而趨於穩定，則往地面下沉，達到消除汙染物質的良好效果。

消除懸浮粒子

懸浮粒子依照直徑，分成未滿2.5μm的細懸浮粒子與超過2.5μm的大懸浮粒子，對人體健康會造成影響的是細懸浮粒子。大小約20-30μm的懸浮粒子能被植物氣孔吸收或附著在葉子表面的細毛上，植物排出的負離子可以消除帶正電的懸浮粒子。

釋放香氣

包含香草植物在內的芳香性植物所產生的香氣具有許多功效，大致上有舒適、除臭、抗菌與防蟲效果等三種。這些香氣的成分包含了像萜烯這類的揮發性物質，以及生物鹼、類黃酮、苯酚類植物等非揮發性物質。尤其是樹木所散發出的芬多精（Phytoncide）香氣，而芬多精一詞是由表示「植物」的phyton以及代表「殺死」的cide所組合而成，從「cide」可以得知芬多精能夠殺菌，減少室內浮游細菌並且淨化空氣。

吸收電磁波

對於大部分的現代人赤裸裸的暴露在各種電磁波下，而且沒有任何防備的事實並非危言聳聽。家裡的家電，上下班時會接觸到的交通工具，捷運的高壓電線，工作場所裡的各種機器與電腦，甚至是手機都會發射電磁波。

最新的研究結果顯示，電磁波與癌症、白血病、生育能力低下、畸形胎兒、阿茲海默症、皮膚疾病等等有其關連性，然而基於這幾個理由，每個國家對於電磁波是否具危害性的定義不同，標準也非常模糊，即使對以上研究結果的可信度仍心存懷疑，降低或隔絕電磁波對於提高生活品質依然是非常重要的一件事。

我們在日常生活中，受到電腦螢幕的影響是最直接的，電磁波具有趨水性質，人體內因為含有豐富的水，所以在使用電視、電腦時，電磁波就會被人體吸收。植物大部分也都是由水所組成，所以植物同樣會吸收電磁波，因此在室內擺放盆栽是有助於阻隔電磁波的。

遮陽與隔音

室內外空間若有枝葉茂密的盆栽，可以阻絕陽光的過度直射，所以跟窗簾一樣具有遮陽的效果。若能在室內擺放美麗的綠色盆栽，只要能運用得當，巧妙遮檔部分光線，甚至可以營造另一番情調。盆栽的隔音效果雖然不是非常顯著，但在室內因為能夠創造出綠色空間，多發揮一點心理作用，因此期待能有隔音效果也是無可厚非的。

治療機能

由於人類對於植物會產生心理反應，所以盆栽具有精神上的治療效果，能夠安定情緒，此外也可以減輕眼睛的疲勞（圖3-6），對此曾有一些研究實例，例如讓受試者一整天待在室內進行閱讀、閒聊等日常活動，然後每三十分鐘檢測這些人的視覺疲勞與大腦皮質的活動水準，發現在過程中至少看兩次以上觀葉植物的受試者，其眼睛的疲勞程度明顯比沒有的人還要少很多。

圖3-6　盆栽植物對人類具有治療效果

整天坐在電腦前工作的人，很容易會出現眼睛疲勞、視力降低、肩膀手臂痠痛、身心疲勞、判斷力低下等嚴重的科技壓力症（techno-stress），這些都是引發社會問題的原因。有研究結果顯示欣賞綠色植物能夠降低以上不適，亦即盆栽植物對於舒緩眼睛疲勞與治療科技壓力是有效果的。

其實在管理植物的同時，也能夠順便運動，因植物而產生的呵護關愛之情，也有穩定情緒的功效，有助於維持健康的精神狀態。喜歡園藝的人，彼此之間因為有共同話題可以分享心得，能夠增進人際關係，會嘗試去理解周遭事物。

芳香性植物的香氣會因為香氣內含的成分，有些具有芳療作用，可以減輕憂鬱症以及消解壓力。曾有實驗顯示，精油能夠減少壓力荷爾蒙「皮質醇」（cortisol）的濃度，讓壓力緩和率提高25～70%，證明確實有鎮定的效果。

量測自發運動量，目的是觀察在投入某種物質時，自發運動量會增加（興奮作用）抑或減少（鎮定作用），藉由這樣的方法得知該物質的效果程度。測試結果指出，有些植物的精油香氣能夠減少55%的自發運動，也就是說能夠緩和中樞神經系統的興奮性，擁有相當程度的鎮定作用。由此可知，盆栽植物具有醫院所無法提供的精神與肉體上的治療效果，可以提升生活的質量。

植物由於具有顯著的治療效果，所以世界各國也開發出一些積極的園藝治療課程，透過照顧植物來達到治療效果，美國從一千八百年後期開始，就將此治療課程應用於精神病院。美國園藝治療協會曾表示，已經將園藝擴大應用到康復醫院、肢體殘障病患以及老人療養中心。

教育機能

一個有植物點綴的美麗空間，有助於提升美感。當人們注視植物或者處於一個有植物的空間時，首先面臨到的是設計師的視角，這跟平常看世界與事物視角是不同的，能接觸並分享設計師多樣化的意向與表現。透過這樣的反應，除了能夠提升美感，也會學著注意美好的生活環境。

為了照顧與維持盆栽，能主動去了解所需的知識，透過身體力行學習植物在生物學上的知識，以及保持對生命的熱愛。當面臨到各種問題時，會試著透過專家或書本、經驗尋求協助，經由這樣的過程，可以提升解決問題的能力以及管理植物的能力。

近來幼童主要生活在都市環境底下，對大自然與環境的理解力不足，若能在室內空間導入盆栽，就能提供孩童親近大自然的機會，進而了解植物生

圖3-7　室內盆栽具有非常多樣的教育效果

長的奧妙以及充滿驚奇的世界，也可以讓孩童對花草所打造出的美好生活環境保持高度關心（圖3-7）。

經濟機能

一個以盆栽裝飾的空間，除了看起來更美好，給人一種舒適的印象，可以供人欣賞，達到聚集人群的效果。商業空間的盆栽更會使人對該空間留下正面印象，間接創造出經濟效果（圖3-8）。

在飯店的房型當中，以能夠欣賞到栽種植物的中庭之房型價格最高，也最為受歡迎；如果是咖啡店，客人總喜歡選擇桌上有擺放盆栽的位子，盆栽使得上門的客人越來越多，營業額也增加許多。近來咖啡店、餐廳、各種商店的入口都喜歡以五顏六色的花卉盆栽點綴，這是一種招攬客人的策略，大眾都喜歡光顧有綠色小盆栽的咖啡店和餐廳，也因為這樣的經濟效果，商品展示櫥窗也經常以盆栽進行裝飾。

近來有越來越多以花卉為主題的觀光農場，以及主打開花植物的商業花園與植物園。以美麗盆栽妝點的住宅、農村與城市，轉型成為大受歡迎的觀光景點，許多種植花卉的農村利用這樣的特點，成功創造觀光收益。

圖 3-8　以經濟效果為目的的盆栽設計

Part 2
盆栽的種植和管理

有別於盆栽相當多樣化的規模與範圍，盆栽設計的基本材料只有三種，分別是植物、土壤以及容器或花槽（planter）。為了提高裝飾價值，另外還會需要添加裝飾物與添景材料。然而這些可不僅僅是基本材料，盆栽與放置盆栽的空間是否能昇華成具有機能性的藝術作品，全賴裝飾物與添景材料的發揮。

第二部除了會說明用於盆栽設計所需的植物、土壤、容器／花槽、裝飾物／添景材料，也會介紹以上材料施作時所需的機器、工具以及空間。

4 植物的特性與分類

以花朵為中心，且葉子、花梗等整體型態美麗大方，主要用於觀賞的植物通稱為花卉植物，而盆栽植物以花卉植物為中心，種植蔬菜和果樹除了有觀賞用途，還可以食用，依照目的不同，分成藥用、香氣植物。由於室內與室外有光線、溫度、水分等環境上的差異，所使用的植物也有所不同。

花卉植物種類與特性非常多樣，必須充分了解植物在形態、生理、生態上的特性，才能適當應用於盆栽設計上，這也有助於獲取管理時的所需知識。

植物在原產地的自然環境中，能接收充分陽光與雨水的洗禮，如果擺放在室內，會因為光線不足而無法充分行光合作用。然而溫帶植物，即使是在明亮的室內，假使沒有令其受到冬天的低溫刺激，則仍無法正常生長。如果把來自熱帶地方的植物擺放於室外，冬天時就會凍死（表4-1）。因此，盆栽設計除了重視用途、目的以及視覺上的特性，也要考量到室內外空間的環境條件，因為這對植物的生長無比重要。

室內空間對於植物的生長多半不利，因此室內盆栽的植物，在使用時效上可分成：暫時性、持續性與永久性。如果想要對盆栽做比較永久的利用，植物必須具有適合在室內生長的特性，如果只是幾天、一個月內的短暫利

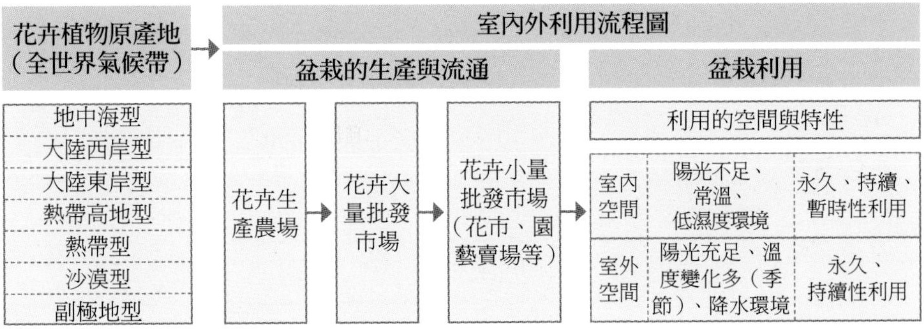

表4-1　全球花卉植物的室內外利用流程圖

用，則所有植物都可以使用。但倘若想持續幾個月以上，就得選擇可以在室內長久生存的植物。

若能用適當的標準以草本植物、木本植物、本地原生植物、產自外國的植物進行分類，相信便可以更簡明地理解植物，設計出更美且能充分發揮機能的盆栽。

盆栽植物的名稱與原產地

在選擇栽種的植物時，必須先了解它的原產地氣候條件以及植物的正確學名，再進行盆栽設計與管理。

植物的學名與俗名

植物的名稱分為學名（scientific name）與俗名，俗名雖然是一般常用的，但是每個地區、國家的說法都不一樣，所以一般人很容易混淆。特別是最近培育出許多新品種植物，如果只是靠俗名辨認植物，則經常會有出錯的情形。然而，學名是全世界學者共通使用的科學命名方式，採用的是植物學家林奈（Linneus）的二名法（the binominal systems），以屬名加上種名，並在後方附加上命名者。

若比較植物的型態、生理、生態特性，就會發現植物彼此之間具有類緣關係。在植物學的分類中，擁有類緣關係，而且具有共通特性的「種」即為同「屬」；如果是類緣關係相近的屬，則被分類為同「科」，這樣的植物分類體系便是——界、門、綱、目、科、屬、種、變種、品種、克隆（Clone）。隨著科學越來越發達，植物的分類也更加具體，大部分依照型態學、解剖學、胚胎學、孢粉學、細胞學、生理學、化學分類學、生物地理學、古生植物學、分子生物學的方法進行分類。

學名是依照國際植物命名法規所定，文字與拼音皆以拉丁文構成，然而大部分的人都會因為不懂拉丁文，仍按英語發音來讀，表4-2、4-3為學名命名方法的說明。

植物的俗名就是植物在各國當地的名稱，統稱為普通名、鄉土名與商業名。品種名可由命名者決定，雖然可以到植物品種權申請登錄（台灣則為行政院農委會植物品種權公告查詢系統），但若沒有受到法律保護的必要，不申請也無妨。變種能在自然環境自行繁殖與生存；品種或栽培（品）種須透過人們進行繁殖與栽培，有可能無法自行在自然環境生存。做為園藝用途的，大部分為培育栽培品種，在過程中也會不斷出現新品種。

表4-2　學名標記方法

學名	標記	字體	說明
屬名		斜體	屬名的第一個字母為大寫。
種名		斜體	
命名者		印刷體	第一個字母為大寫，當名字過長時，常縮寫成單一字母，並加上縮寫點號。
變種	var. 或v.	斜體	變種varietas的縮寫是var. 或v.。
變型	for. 或f.	斜體	變型forma的縮寫是for. 或f.。
栽培品種	cv. 或‘ ’	印刷體	栽培（品）種（cultivated variety）採cultivar的縮寫cv.，或不使用cv. 以‘ ’代替。栽培（品）種的名稱第一個字母為大寫，變種名或變型名則全部以小寫表示。

表4-3　學名標記實例

一般名	學名									
	屬名	種名	命名者	變種	變種名	變型	變型名	栽培品種	栽培品種名	用途
佛州星點木	*Dracaena*	*godseffiana*	Baker	var.	*florida beauty*					Hort.（園藝用）
白色杜鵑花	*Rhododendron*	*mucronulatum*				for.	*alba*			
金公主垂榕	*Ficus*	*benjamina*	L.						'Golden Princess'	
	Ficus	*benjamina*	L.					cv.	Golden Princess	

原產地

學者對全世界氣候的定義並不一致，但若依照溫度與降水量來界定，則可以分成七種氣候類型，分別是地中海氣候、大陸西岸氣候、大陸東岸氣候、熱帶高地氣候、熱帶氣候、沙漠氣候、副極地氣候（表4-4、圖4-1、圖4-2、圖4-3）。生長於全世界各種氣候環境的原生植物中，有一些植物具有極高的觀賞價值；而有些高觀賞價值的植物則是人類培育出的新品種，栽培條件必須配合植物原產地氣候特性，即使用於盆栽也一樣。在選擇植物時，必須先了解植物原產地的氣候條件，像是溫度、降雨量、光照等等，然後再進行盆栽設計與管理。

表4-4　全球氣候（李正直與尹平涉，1997）

原產地	氣溫	降雨量	舉例城市	地區
地中海氣候	冬天氣溫8～11℃偏暖，夏天氣溫分為20℃或25℃，大致涼爽。	年間降雨量850～900mm，夏季乾燥，冬天降雨較多、較為潮濕，但整體來說降雨量算少。	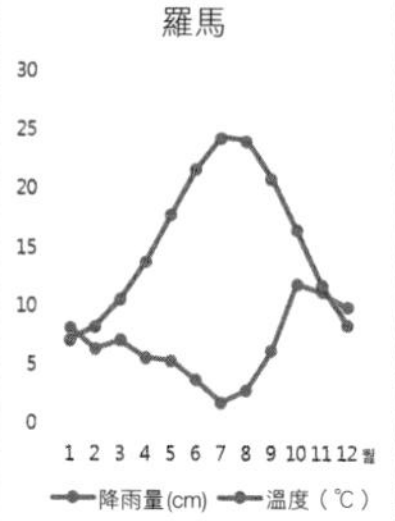	地中海沿岸、南非、北美加州、澳洲西南部、智利中部等。
大陸西岸氣候	大陸西海岸年溫差小，冬天氣候並不算酷寒。不過從沿岸越往內陸，年溫差明顯變大，冬天也會面臨低溫。	降雨量少	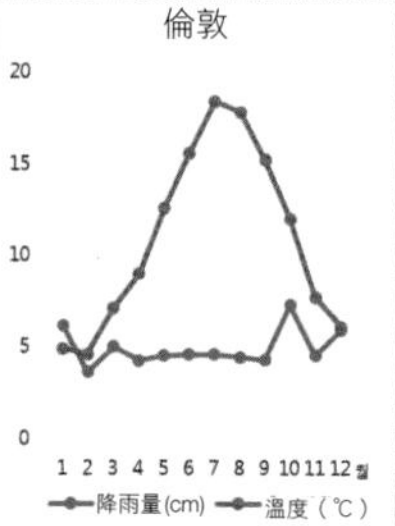	歐洲西海岸、北美西北部、南美西南部、紐西蘭南部等。
大陸東岸氣候	大陸東海岸冬夏溫差大，分成暖帶溫暖型與北部冷涼型。緯度高的地方冬天氣溫非常低，因而形成了落葉林。緯度低的地方冬天溫度較高，形成副熱帶常綠闊葉林典型植物有山茶花、早山茶花、青剛櫟（Cyclobalnopsis），又稱山茶花氣候。	受季風氣候影響，夏季降雨量多	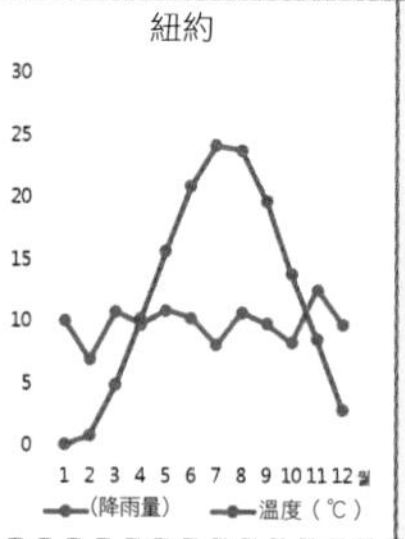	冷涼型：日本東北部與北海道、韓國中北部、北美東北部。
			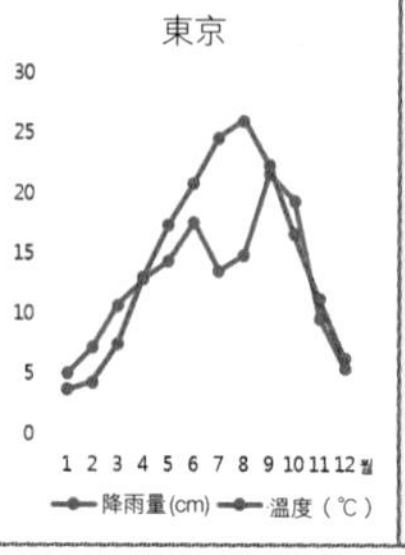	溫暖型：日本西南部、韓國南海岸、中國揚子江以南、北美東南部、巴西南部、澳洲東南部、紐西蘭北部、南非納塔爾地區。

原產地	氣溫	降雨量	舉例城市	地區
熱帶高地氣候	熱帶、亞熱帶高山地區皆屬之，熱帶氣候的年溫差小，但是因為高度較高，年均溫保持在14～17℃。	有些地區年平均降雨量多，有些則集中在夏季。	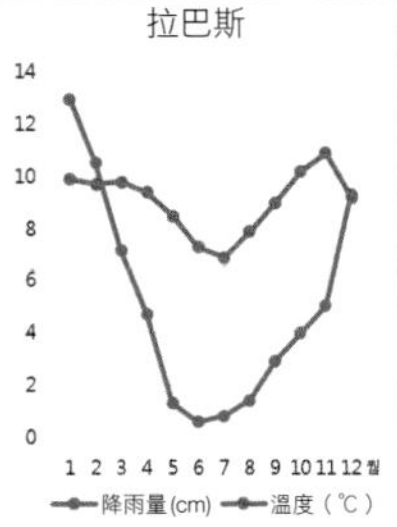	安地斯山、落磯山與喜馬拉雅北部到中國西南部山岳地帶、爪哇、新幾內亞、非洲、墨西哥高原地帶。
熱帶氣候	長年處於高溫的地區，年溫差細微。有些地區的溫差甚至不到1℃，距離赤道越遠溫差會逐漸變大。	降雨量依乾季、雨季而有所不同。	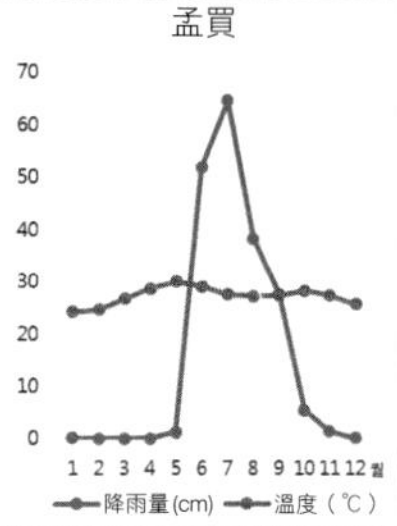	新熱帶地區：墨西哥到巴西一帶。 舊熱帶地區：非洲東岸、馬達加斯加島到東南亞、澳洲北部到新喀里多尼亞一帶。
沙漠氣候	日溫差非常大，機械風化非常活躍。	年平均雨量低於25mm，是不適合植物生長的氣候。 蒸發量大於降雨量，雖然降雨量少但非常集中，有時一次的降雨量相當於幾年的總和。	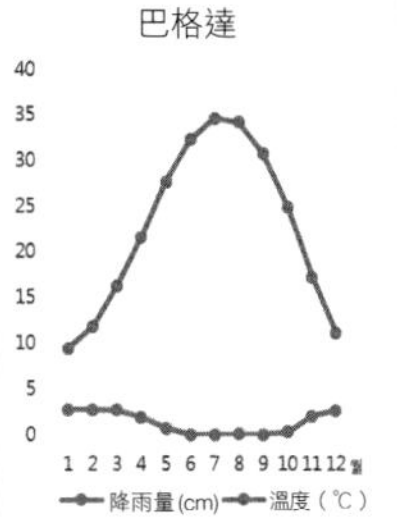	北非撒哈拉、利比亞、努比亞沙漠；亞洲伊朗、阿富汗、巴基斯坦；北美科羅拉多河下游與大盆地一帶；南非喀拉哈里沙漠；南美秘魯到北邊的智利海岸、巴塔哥尼亞部分。
副極地氣候	寒帶之中靠近北寒帶者，亦稱為凍土氣候區，主要分布地區以北冰洋沿岸為主，最暖月均溫為0～10℃。	夏季會發生短暫的凍原表面融化，孕育出苔蘚與地衣，此氣候無法農耕，只能仰賴狩獵。	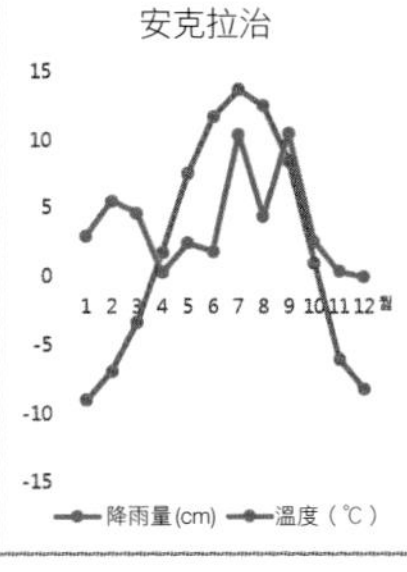	包含阿拉斯加、西伯利亞、斯堪地那維亞的寒帶與溫帶高山地區，白頭山凍原地帶。

花卉植物在原產地絕大部分都處於陽光充足的環境，不過也有一些是生長在森林或熱帶雨林之類較為陰暗的地方，因此花卉植物的栽培依照所需的光度，又分成陽生植物、耐陰植物與陰生植物（表4-5）。

然而，溫帶植物在季節轉變時，會因應白晝的長度（日照長度）與溫度

表4-5　各原產地環境條件下的花卉植物分類

分類	
溫度	寒帶植物
	溫帶植物
	暖帶植物
	熱帶植物
水分	乾生植物
	中生植物
	濕生植物
	水生植物

分類		
光	光度	陽生植物
		耐陰植物
		陰生植物
	日照長度	長日照植物
		短日照植物
		中日照植物

而有所變化，也就是說，溫帶植物的花期和生長情況會隨著日照長度的不同而異，例如：白晝比黑夜長時（春天到夏天之際），會促進長日照植物開花；白晝比黑夜短時（夏天到秋冬之際）則會促進短日照植物開花。

如果是熱帶植物，則開花無關季節變化與晝夜長短，只要環境溫度合宜就會開，所以是屬於中日照植物。基於以上特性，如果置於室外的盆栽為溫帶植物，日照長短就是必須考量的要素；然而，韓國置於室內的盆栽由於多半為熱帶植物，相較於室外盆栽植物，日照長短也就不是那麼重要了。

植物依照原產地的降雨特性，又分為乾生植物、中生植物、濕生植物以及水生植物，大部分的植物都是屬於中生植物。畢竟各原產地的降水量、地形等環境條件都不一樣，也正因此才孕育出各式各樣的植物。

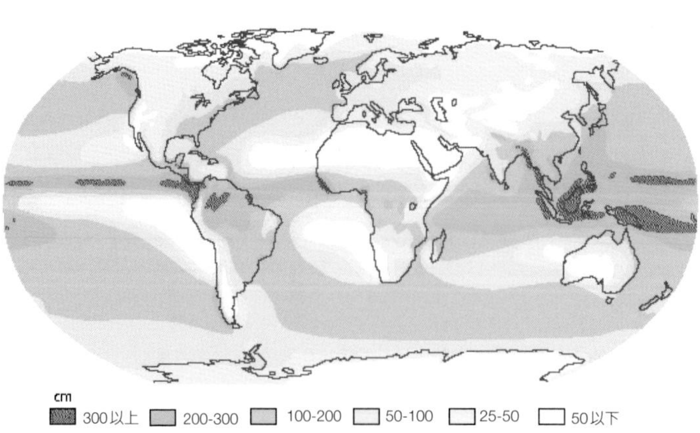

圖4-1　世界年平均降雨量分布圖（Atlas，2016）

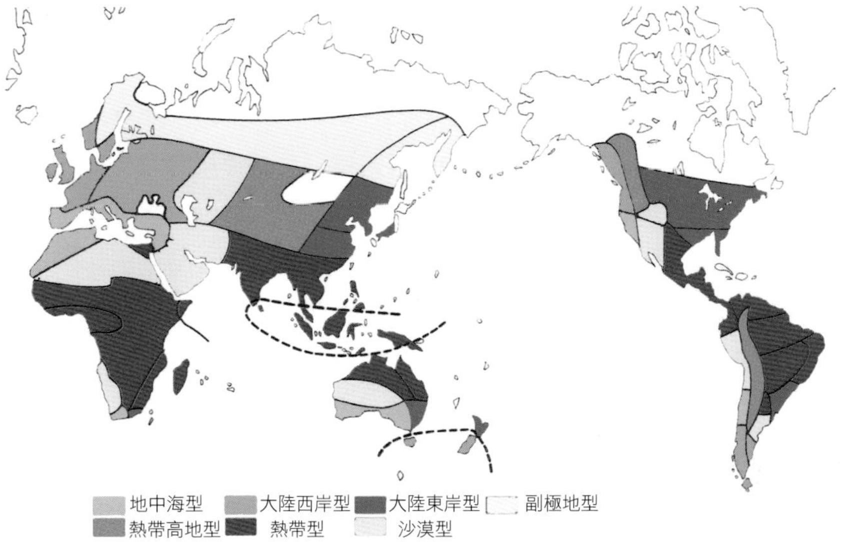

圖 4-2　花卉植物原生地生態的氣候類型（李正直與尹平涉，1997）

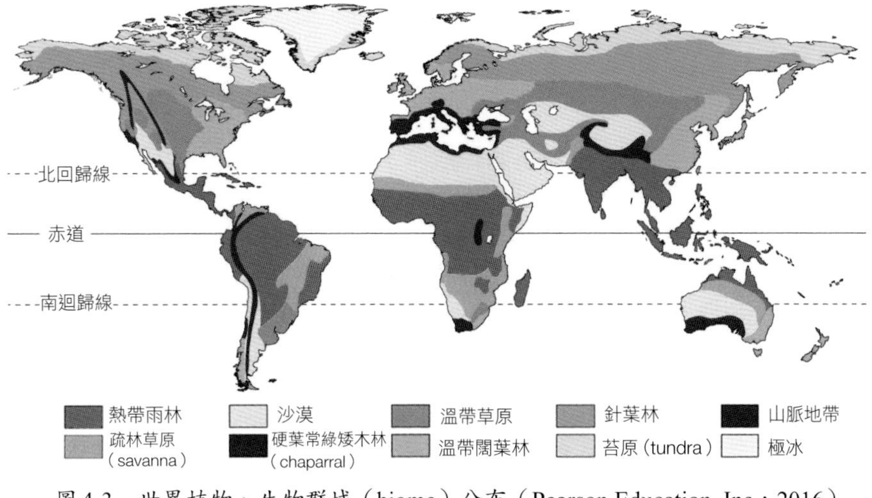

圖 4-3　世界植物、生物群域（biome）分布（Pearson Education, Inc，2016）

盆栽植物的特性分類

用於盆栽的花卉植物因為種類繁多，若沒有適當的分類方法，將會非常混亂且難以理解，為方便盆栽設計的進行，花卉植物有底下兩種非常實用的分類。第一種就是把生長特性類似的植物加以歸類（grouping），這有助於設計時的植物選擇與了解日後管理的注意事項。第二種是將型態特性類似的植物加以歸類，這個分類有助於掌握植物在視覺上的姿態。不過以上的分類並非絕對加以歸類，比如說有些植物便同時隸屬於這兩種分類，而將來也可能會有新的分類依據。

花卉植物依照使用目的，可分成插花用鮮花、盆栽以及園藝植物三種。用於盆栽的花卉植物，依照原產地區分，除了溫帶之外，還有熱帶、亞熱帶及暖帶三種，依照植物的生育習性又可分為木本植物與草本植物，木本植物有喬木、灌木與攀緣植物；草本植物則有一年生植物與多年生植物之別。在溫帶多年生植物之中，特性鮮明的有球莖類植物、岩石植物、禾草類植物、蕨類、水生植物（表4-6）。

雖然熱帶植物也有木本和草本之分，但是因為常被應用於韓國室內空間，所以並沒有像在原產地一樣擁有鮮明的木本與草本植物特性。韓國的觀葉植物以多肉植物、食蟲植物、水生植物、開花為主的蘭花、鳳梨科植物、其他熱帶花木與花草植物為主。大部分置於室內的都是熱帶植物，置於室外的則多數是溫帶植物。

花卉植物可單獨種植在容器或花槽內，更多的情況是跟各種植物種在一起。與各種植物種一起時，植物依照生育特性與視覺特性，可分為結構植物（structural plants）、中段植物（midrange plants）、地被植物（ground cover plants）以及焦點植物（focal plants），皆須依照需求選擇適當的植物，表4-7為各植物功能之說明。

用於室內的盆栽植物

人類大部分的日常生活都是在室內度過，室內空間的環境特性相異於室外，日照量較低。因此在挑選室內盆栽植物時，必須考量到植物是否能夠忍受低日照量，以及常溫20～22℃的生活環境。一般可以忍受這兩種條件的植物，主要是能夠適應熱帶、亞熱密林的陰生植物，也就是觀葉植物。

熱帶地區介於北緯23.5度與南緯23.5度的南北回歸線之間，亞熱帶地區

表4-6　室內外盆栽花卉植物的生育特性分類

原產地	生育習性		室外用[a]	室內用[b]		
				暫時	持續	永久
溫帶	木本植物	喬木/灌木/蔓莖木	✓	✓		
	草本植物	一年生植物與兩年生植物（annuals and biennials）	✓	✓		
		多年生植物（perennials）	✓	✓		
		多年生植物（perennials）	✓	✓		
		球莖類（bulbs）	✓	✓		
		岩石植物（rock plants）	✓	✓		
		禾本類（grasses）	✓	✓		
		蕨類（ferns）	✓	✓		
		水生植物（water plants）	✓	✓		
暖帶	木本＋草本植物		✓（南海岸、濟州島）	✓	✓（部分常綠樹）	
熱帶、亞熱帶	木本＋草本植物	觀葉植物（foliage plants）	✓（春～秋）	✓	✓	✓
		多肉植物（succulents）	✓（春～秋）	✓	✓	
		食蟲植物（carnivorous plants）	✓（春～秋）	✓	✓	
		水生植物（water plante）	✓（春～秋）	✓	✓	
		蘭（orchids）	✓（春～秋）	✓	✓	
		鳳梨科植物（bromeliads）	✓（春～秋）	✓	✓	
		熱帶花木／花草（tropical flowering plants）	✓（春～秋）	✓	✓	

[a] 以韓國溫帶中部地方為基準
[b] 以平均住宅室內環境為基準

表4-7　盆栽植物在視覺特性上的功用

功能	說明
結構植物	設計結構之形成並決定盆栽高度，能幫助其他植物在有限空間內的定位。為盆栽整體雛形，賦予高度、深度、顏色、質感，構成焦點。
中段植物	負責填滿空隙，花朵、葉子能帶來季節變化的趣味，也是決定盆栽樣式之關鍵。
地被植物	葉子、莖、花較矮，靠近土壤表面，具有叢叢密集的覆蓋的效果。顏色、質感、型態等要素能為其他植物提供背景，並具有裝飾效果。
焦點植物	視線焦點植物，具有視覺性效果的季節性開花植物，或者外觀有特殊型態、顏色、質感的植物都可利用，主要會以結構或中段植物來作為焦點植物。

位於南北回歸線外圍，可到南北緯度40度。

赤道位於南北緯度7度之間，境內有終年降雨的熱帶雨林（tropical rainforest），為高溫多濕的氣候，植物非常茂密，即使是白天，雨林底下仍然終日昏暗，生長於這種環境的是耐陰植物，可用於室內盆栽。然而，用於室內盆栽的熱帶植物之中，有一些植物在原生地區便可生長於直射陽光之下，有一些則是可以在低日照量下生存。熱帶地區的終年溫度通常不會低於18℃，熱帶雨林以外的環境分成乾季以及雨季兩個季節，很多植物在雨季時生長，逢乾季時則休眠。

韓國絕大部分的室內空間在冬天時，因為使用暖氣，濕度會降到30%，所以葉子容易乾枯的植物不適合用於室內空間。用於裝飾室內的植物，除了要能忍耐室內環境，外型、葉子、花朵、果實也得具備相當姿色，而且還要耐病蟲害，另外國內也必須大量生產，價格才會低廉。

就室內盆栽植物而言，觀葉植物的原生環境跟室內的低日照量等條件非常類似，因此多肉植物、食蟲植物、水生植物都很適合擺放於室內，蘭花、鳳梨科植物一般在花期使用，室內光線較充足的位置適合熱帶木本與草本開花植物，如果只是要做短暫裝飾，任何花卉植物都可以。

很多熱帶植物都是為了要將室內營造為熱帶氣氛，如果想要打造溫帶氣氛，韓國大都會引進原生於韓國南海岸與濟州島的耐陰常綠樹，然而低日照

姑婆芋　琴葉榕　鵝掌柴　桫欏科

圖4-4　觀葉植物

量、常溫的室內環境，卻讓它不是長得不好就是容易枯死。溫帶與暖帶植物通常在夏天生長、冬天休眠，有其一定的生長週期，休眠依據的是冬天的低溫，然而在室內環境下，若無法經歷與原生環境相當的冬天低溫，一樣會出現生長異常的症狀。

小葉青岡、全緣冬青、交讓木、樟樹、杜英、海桐樹、山茶、珊瑚樹、紫竹、剛竹、荷花玉蘭、火棘屬、紅楠等暖帶喬木，在韓國室內環境底下會出現不開花、徒長樹枝與產生落葉等異常症狀，一段時間過後植物會逐漸老化，失去原有樹型。

至於青木、八角金盤、南天竹、硃砂根、紫金牛這類灌木，若用於室內在適應上並無其他問題。暖帶植物質感比較粗糙，相較於熱帶植物有另一種特殊風情，垂榕、琉球榕、南洋杉屬雖然屬於熱帶與亞熱帶植物，但是型態卻類似溫帶植物，非常適合用於營造室內氣氛。

觀葉植物

觀葉植物（foliage plants）是以植物葉片為觀賞主體的植物，大部分原生於熱帶和亞熱帶密林，它的耐陰性很強，可以適應低光照量、常溫的室內環境。而且有許多造型美麗、奇特的植物，長得快又容易照料，所以最常被用於室內盆栽（圖4-4）。不過觀葉植物有喬木、灌木、地被植物、攀緣植物、附生植物之分，種類繁多而且特性多樣，每一種植物的生長習性和管理

姑婆芋、八角金盤等

蔓綠絨

阿爾及利亞常春藤

方式都會有些微的差異（圖4-5），此外，很多流通於市面上的植物其實並沒有正確的名字，大部分是以學名中的屬名為一般名稱，如果同一個屬裡面有好幾個種，則以種名、品種名或一般名稱稱之。

結構植物（垂榕）　中段植物（花葉萬年青）

地被植物（椒草）　攀緣植物（綠蘿）

圖4-5　依型態機能做區分的觀葉植物

觀葉植物能以科進行分類，若能了解同一科的觀葉植物，將來只要知道一種植物的生育特性，就能猜出另一種植物的生育特性（表4-8）。此外，也要學會以型態、顏色、質感上的視覺特性來劃分，將來設計時就能快速選出適合的植物，建議做一張以結構植物、中段植物、地被植物、攀緣植物分類的植物目錄（表4-9）。

大部分的觀葉植物主要來自熱帶與亞熱帶地區，像是美洲、非洲、亞洲的熱帶區域、亞洲的副熱帶區域、澳洲與南太平洋，少部分來自於歐洲與北美。熱帶、亞熱帶地區因為會受到海拔、洋流、降雨量的影響，有各種氣候類型，整體來說溫度並不會太高，所以擁有多樣且廣範的植物類型。

這些熱帶植物因為植物探索（plant exploration）的關係被引進歐洲，過去兩百年以來，美國植物學家與植物探索家收集並介紹了許多植物，有許多是基因突變的觀葉植物。

近來育種家不斷開發出新品種，然而由於人類對於新品種的渴望不斷，

表4-8　以科分類的觀葉植物

科名	學名（一般名）
蕨類科	*Adiantum raddianum*（美葉鐵線蕨）
	Asplenium antiquum（山蘇花）
	Asplenium nidus（烏巢蕨）
	Cyrtomium falcatum（全緣貫眾蕨）
	Davallia mariesii（海州骨碎補）
	Nephrolepis exaltata 'Bostoniensis'（波士頓腎蕨）
	Platycerium bifurcatum（二歧鹿角蕨）
	Pteris cretica（大葉鳳尾蕨）
菊科	*Gynura sarmentosa*（平臥菊三七，為*Gynura procumbens*的科學異名）
唇形科	*Nepeta glechoma*（連錢草）
	Plectranthus australis（輪生香茶菜，或稱澳洲延命草或瑞典常春藤）
羅漢松科	*Podocarpus macrophyllus*（羅漢松）
鴨跖草科	*Gibasis geniculata*（新娘草）
	Rhoeo discolor（紫背萬年青）
	Setcreasea purpurea（紫錦草）
	Tradescantia fluminensis（紫葉水竹草）
	Zebrina pendula（吊竹草）
大戟科	*Acalypha hispida*（紅穗鐵莧菜）
	Codiaeum variegatum（變葉木）
海桐花科	*Pittosporum tobira*（海桐）
五加科	*Dizygotheca elegantissima*（孔雀木）
	Fatsia japonica（八角金盤）
	Hedera canariensis 'Variegata'（斑葉加那利常春藤）
	Hedera helix（常春藤）
	Polyscias balfouriana（圓葉福祿桐）
	Polyscias fruticosa（裂葉福祿桐）
	Schefflera actinophylla（傘樹）
	Schefflera arboricola 'Hon Kong'（斑卵葉鵝掌藤）

科名	學名（一般名）
蚌殼蕨科	*Dicksonia antarctica*（軟樹蕨）
蓼科	*Muehlenbeckia complexa*（千葉蘭）
竹芋科	*Calathea insignis*（箭羽竹芋）
	Calathea makoyana（孔雀竹芋）
	Maranta leuconeura（豹紋竹芋）
錦葵科	*Pachira aquatica*（馬拉巴栗）
天門冬科	*Aspidistra elatior*（一葉蘭）
	Chlorophytum comosum（吊蘭）
	Cordyline fruticosa（朱蕉）
	Dracaena deremensis（巴西木）
	Dracaena godseffiana（星點木）
	Dracaena marginata（紅邊竹蕉）
	Dracaena reflexa（百合竹）
	Dracaena sanderiana（富貴竹）
	Ophiopogon japonicus 'Kyoto Dwarf'（麥冬）
虎耳草科	*Saxifraga stolonifera*（虎耳草）
	Tolmiea menziesii（千母草）
秋海棠科	*Begonia masoniana*（鐵甲秋海棠）
	Begonia rex（尖蕊秋海棠）
	Begonia spp.（秋海棠屬）
卷柏科	*Selaginella apoda*（細葉卷柏）
	Selaginella kraussiana（小翠雲）
	Selaginella martensii（馬天氏卷柏）
	Selaginella tamariscina（萬年松）
桑科	*Ficus benghalensis*（孟加拉榕）
	Ficus benjamina（垂榕）
	Ficus benjamina 'Golen Princess'（金公主垂榕）
	Ficus benjamina 'Variegata'（斑葉垂榕）
	Ficus elastica var. *apollo*（阿波羅印度榕）

科名	學名（一般名）
桑科	*Ficus elastica*（印度榕）
	Ficus elastica var. *decora*（華美印度榕）
	Ficus lyrata（琴葉榕）
	Ficus pumila（薜荔）
	Ficus religiosa（菩提樹）
	Ficus retusa（琉球榕）
莎草科	*Carex* spp.（苔草屬）
	Cyperus alternifolius（光桿輪傘莎草）
	Cyperus papyrus（紙莎草）
蘇鐵科	*Cycas revoluta*（琉球蘇鐵）
	Zamia furfuracea（美葉蘇鐵）
蕁麻科	*Pilea glauca*（灰綠冷水花）
	Pilea mollis 'Moon Valley'（皺葉冷水花）
南洋杉科	*Araucaria heterophylla*（異葉南洋杉）
苦苣苔科	*Aeschynanthus radicans*（口紅花）
棕櫚科	羽毛形狀的葉子
	Caryota mitis（短穗魚尾葵）
	Chamaedorea elegans（袖珍椰子）
	Chrysalidocarpus lutescens（黃椰子）
	Howea forsteriana（荷威椰子）
	Phoenix roebelenii（江邊刺葵）
	扇形葉子
	Licuala peltata（盾軸櫚）
	Livistona rotundifolia（圓葉蒲葵）
	Rhapis excelsa（棕竹）
	Rhapis humilis（矮棕竹）
報春花科	*Ardisia crenata*（硃砂根）
	Ardisia japonica（紫金牛）
爵床科	*Aphelandra squarrosa*（金脈單藥花）
	Fittonia albivenis（網紋草）
	Hypoestes spp.（槍刀藥屬）
	Ruellia devosiana（紫葉蘆莉草）
天南星科	*Acorus gramineus*（石菖蒲）（現歸為菖蒲科）
	Acorus gramineus 'Variegatus'（金邊葉石菖蒲）（現歸為菖蒲科）
	Aglaonema 'Silver Queen'（銀后粗肋草）
	Alocasia amazonica（觀音蓮）
	Alocasia macrorrhiza（蘭嶼姑婆芋）
	Anthurium spp.（花燭屬）
	Calladium spp.（彩葉芋屬）
	Dieffenbachia amoena（黛粉葉）
	Dieffenbachia 'Marianne'（綠玉黛粉葉）
	Monstera deliciosa（龜背竹）
	Philodendron oxycardium（葉蔓綠絨）
	Philodendron selloum（羽裂蔓綠絨）
	Philodendron spp.（蔓綠絨屬）
	Scindapsus aureus（綠蘿）
	Spathiphyllum spp.（白鶴芋屬）
	Syngonium podophyllum（合果芋）
	Zamioculcas zamiifolia（金錢樹）
柏科	*Cupressus macrocarpa* 'Glodcrest'（金冠柏）
絲纓花科	*Aucuba japonica*（青木）
酢漿草科	*Oxalis deppei*（美葉酢漿草）
	Oxalis triangularis（三角紫葉酢漿草）
芭蕉科	*Musa x paradisiaca*（香蕉，由小果野蕉雜交野蕉產生）
	Strelitzia reginae（鶴望蘭）
葡萄科	*Cissus antartica*（袋鼠藤）
	Cissus discolor（錦葉葡萄）
	Cissus rhombifolia（菱葉白粉藤）
桫欏科	*Cyathea fauriei*（桫欏）
夾竹桃科	*Trachelospermum asiaticum*（細梗絡石）
	Vinca major var.variegata（花葉蔓長春花）
胡椒科	*Peperomia caperata*（皺葉椒草）
	Peperomia sandersii（西瓜皮椒草）
	Pepermia serpens（垂椒草）

表4-9　以型態機能分類的觀葉植物

區分	學名（一般名）
結構植物	*Alocasia macrorrhiza*（蘭嶼姑婆芋）
	Araucaria heterohylla（異葉南洋杉）
	Caryota mitis（短穗魚尾葵）
	Chrysalidocarpus lutescens（黃椰子）
	Cupressus macrocarpa 'Goldcrest'（金冠柏）
	Cyperus papyrus（紙莎草）
	Dracaena deremensis（異稱 *Dracaena fragrans*，香龍血樹）
	Ficus benjamina（垂榕）
	Heteropanax fragrans（幌傘楓）
	Howea forsteriana（澳洲椰子）
	Livistona rotundifolia（圓葉蒲葵）
	Musa X pradisiaca（香蕉，由小果野蕉雜交野蕉產生）
	Pachira aquatica（馬拉巴栗）
	Podocarpus macrophyllus（羅漢松）
	Schefflera actinophylla（傘樹）
	Strelitzia reginae（鶴望蘭）
中段植物	*Aglaonema* 'Silver Queen'（銀后粗肋草）
	Alocasia amazonica（觀音蓮）
	Anthurium spp.（花燭屬）
	Aphelandra squarrosa（金脈單藥花）
	Ardisia crenata（硃砂根）
	Aspidistra elatior（一葉蘭）
	Calathea insignis（箭羽竹芋）
	Calladium spp.（彩葉芋屬）
	Codiaeum variegatum（變葉木）
	Cordyline fruticosa（朱蕉）
	Cyperus alternifolius（光桿輪傘莎草）
中段植物	*Dieffenbachia* 'Marianne'（綠玉黛粉葉）
	Spathiphyllum spp.（白鶴芋屬）
地被植物	*Acorus gramineus*（石菖蒲）（現歸為菖蒲科）
	Acorus gramineus 'Variegatus'（金邊葉石菖蒲）(現歸為菖蒲科)
	Asplenium nidus（鳥巢蕨）
	Begonia spp.（秋海棠屬）
	Chlorophytum comosum（吊蘭）
	Hypoestes spp.（槍刀藥屬）
	Nephrolepis exaltata 'Bostoniensis'（波士頓腎蕨）
	Ophiopogon japonicus 'Kyoto Dwarf'（麥冬）
	Oxalis deppei（美葉酢漿草）
	Rhoeo discolor（紫背萬年青）
	Saxifraga stolonifera（虎耳草）
	Selaginella apoda（細葉卷柏）
	Selaginella kraussiana（小翠雲）
	Selaginella martensii（馬天氏卷柏）
攀緣植物	*Aeschynanthus radicans*（口紅花）
	Cissus discolor（錦葉葡萄）
	Cissus rhombifolia（菱葉白粉藤）
	Gynura sarmentosa（平臥菊三七，為 *Gynura procumbens* 的科學異名）
	Hedera canariensis 'Variegata'（斑葉加那利常春藤）
	Hedera helix（常春藤）
	Muehlenbeckia complexa（鈕扣藤）
	Nepeta glechoma（連錢草）
	Peperomia serpens（垂椒草）
	Philodendron oxycardium（圓葉蔓綠絨）
	Pilea glauca（灰綠冷水花）

區分	學名（一般名）
攀緣植物	*Scindapsus aureus*（綠蘿） *Trachelospermum asiaticum*（細梗絡石）
攀緣植物	*Tradescantia fluminensis*（紫葉水竹草） *Vinca major* var. *variegata*（花葉蔓長春花）

且各品種都有其流行期，因此交配育種非常重要，也因為這樣，近來有許多新品種成功被培育出來，表4-8、4-9是常見觀葉植物的科別以及型態別整理，供各位參考。

多肉植物

多肉植物（succulents）主要生長在世界各地較乾燥的地區，以及風大的高山地區、海邊、鹹水湖、熱帶密林的樹枝上，為了儲存更多水分，根、莖、葉特別肥大。為避免草食動物吞食，通常有銳利的針刺或粗糙的絨毛，因為保護色的關係會與周遭的岩石、小石子相似，在外觀上有各種面貌與特色（圖4-6）。

各類仙人掌屬植物

球形仙人掌

絲蘭

蜂出巢屬

圖4-6　多肉植物

多肉植物在惡劣環境中的生存能力很強，加上擁有珍稀且特別的外觀，是繼觀葉植物之後最常被用於室內的盆栽植物。有些多肉植物在陽光不充足的室內可存活數月至一年，不過大部分還是需要充足陽光，否則會引起生長不順或無法開花的問題，最好是放在窗邊接收比較微弱的陽光照射，平常也要保持乾燥。

多肉植物的種類非常繁多，有一些甚至不得其名，但如果能了解各科多肉植物的名稱，就能有簡單的概念。以盆栽植物來說，景天科與仙人掌科最多，目前流通於市面的多肉植物盆栽大部分來自熱帶，跟必須在室外過冬，產自溫帶地區的多肉植物不一樣（表4-10）。

食蟲植物

凡是生長在嚴重缺乏氮肥之地區的潮濕酸性土壤裡，靠捕食昆蟲攝取養分的植物都是食蟲植物（carnivorous plants）。食蟲植物因為生有捕捉昆蟲的器官，所以外觀長得相當奇特，常被用於盆栽（圖4-7，表4-11）。大部分的食蟲植物都是產自熱帶，豬籠草、瓶子草、捕蠅草等等皆屬之。

捕蠅草（Dionasea）和毛氈苔（Drosera）很適合栽種在玻璃容器裡，而豬籠草（Nepenthes）則適合種植於吊盆。其實食蟲植物的管理遠比想像中的麻煩，因為其承受物理性壓力的能力比較弱，且必須置於明亮、溫暖、潮濕的環境，因此，若養在陽光不充足、濕度較低的室內空間，就不容易生存。

水生植物

水生植物（water plants）分成五大類，分別是生活在水中的沉水植物、漂浮

瓶子草

豬籠草

太陽瓶子草、毛氈苔、野捕蟲堇

圖4-7　食蟲植物

表4-10　以科分類的多肉植物

科名	學名（一般名）
菊科	*Senecio macroglossus*（金玉菊）
	Senecio mikanioides（德國常春藤）
	Senecio rowleyanus（綠之鈴）
	Dorotheanthus bellidiformis（彩虹菊）
大戟科	*Euphorbia milii*（虎刺梅）
	Euphorbia pulcherrima（一品紅）
	Euphorbia spp.（大戟屬）
景天科	*Aeonium* spp..（銀鱗草屬）
	Cotyledon spp.（銀波錦屬）
	Crassula spp.（肉葉草屬）
	Echeveria spp.（擬石蓮花屬）
	Graptopetalum spp.（風車草屬）
	Kalanchoe spp.（伽藍菜屬）
	Pachyphytum spp.（厚葉草屬）
	Sedum spp.（景天屬）
	Sempervivum spp.（長生草屬）
夾竹桃科，蘿藦亞科	*Ceropegia woodii*（愛之蔓）
	Dischidia pectinoides（青蛙藤）
	Hoya carnosa（球蘭）
	Huernia spp.（星鐘花屬）
	Stapelia spp.（豹皮花屬）
	Stephanotis floribunda（非洲茉莉）
百合科	*Aloe* spp.（蘆薈屬）（現屬阿福花科）
	Beaucarnea recurvata（酒瓶蘭）（現屬天門冬科）
	Gasteria spp.（鯊魚掌屬）
	Haworthia spp.（十二之卷屬）（現屬阿福花科）
	Sansevieria trifasciata（虎尾蘭）（現一般屬天門冬科，或假葉樹科）
	Yucca elephantipes（象腳王蘭）（現屬天門冬科，龍舌蘭亞科）
番杏科	*Argyroderma testiculare*（銀鈴）
番杏科	*Lithops* spp.（生石花屬）
天門冬科，龍舌蘭亞科	*Agave attenuata*（翠綠龍舌蘭）
	Agave victoriae-reginae（厚葉龍舌蘭）
馬齒莧科	*Portulacaria afra*（樹馬齒莧）
夾竹桃科	*Adenium obesum*（沙漠玫瑰）
仙人掌科	
麒麟仙人掌亞科	*Pereskia* spp.（葉仙人掌屬）
圓扇仙人掌亞科	*Opuntia* spp.（仙人掌屬）
柱狀仙人掌亞科	
族 Caly-mman-theae	*Calymmanthium* spp.（灌木柱屬）
族 Hylocer eeae	*Aporocactus* spp.（鼠尾掌屬）
	Epiphyllum oxypetalum（曇花）
	Hylocereus spp.（三角柱屬）
族 Cereeae	*Cereus* spp.（仙人柱屬）
	Melocactus spp.（花座球屬）
族 Trichoce reeae	*Discocactus* spp.（圓盤玉屬）
	Echinopsis spp.（仙人球屬）
	Gymnocalycium spp.（裸萼仙人球屬 ）
族 Pachyce reeae	*Cephalocereus* spp.（翁柱屬）
	Echinocereus spp.（鹿角柱屬）
族 Cacteae	*Astrophytum* spp.（星球屬）
	Echinocactus spp.（金琥屬）
	Mammillaria spp.（乳突球屬）
族 Rhipsali deae	*Hatiora(=Rhipsalidopsis)*spp.（假曇花屬）
	Rhipsalis spp.（絲葦屬）
	Schlumbergera truncata（蟹爪仙人掌）

表4-11　以科分類的食蟲植物

科名	學名（一般名）
豬籠草屬	*Nepenthes* spp.（豬籠草屬）
瓶子草科	*Dalingtonia californica*（眼鏡蛇瓶子草）
	Heliamphora spp.（太陽瓶子草屬）
	Sarracenia spp.（瓶子草屬）
土瓶草科	*Cephalotus* spp.（土瓶草屬）

科名	學名（一般名）
狸藻科	*Genlisea* spp.（螺旋狸藻屬）
	Pinguicula spp.（捕蟲堇屬）
茅膏菜科	*Dionaea* spp.（捕蠅草屬）
	Drosera spp..（毛氈苔屬）
	Drosophyllum spp.（露松屬）

在水面上的浮水植物、根部長在土裡只有葉子飄在水面上的浮葉植物、只有根部長在水裡的挺水植物、根部長在泥沼裡的濕生植物。通常用於室內盆栽的有浮水植物、浮葉植物與挺水植物。水生植物的葉柄和根部的通氣組織發達，所以才能不同於陸生植物，可以在水中生存。蓮花、睡蓮、槐葉蘋屬（Salvinia）、大薸（water lettuce）、王蓮（Victoria）、光桿輪傘莎草（Cyperus）、石菖蒲皆屬於此（圖4-8，表4-12）。

事實上光桿輪傘莎草、紙莎草這類挺水植物或濕生植物，是可以栽種在一般土壤裡的。熱帶水生植物比較適合用於室內盆栽，所以必須與溫帶水生植物做區分。

蘭科植物

屬於蘭科（Orchidaceae）植物的蘭花（orchids），主要分布於熱帶地區

桿輪傘莎草　　大薸　　蔗草屬（Scirpus）　　槐葉蘋屬（Aquasabi提供）

圖4-8　水生植物

表4-12　以科為分類的主要水生植物

科名	學名（一般名）	區分
竹芋科	*Thalia dealbata*（再力花）	挺水
黃花絨葉草科	*Hydrocleys nymphoides*（水金英）	浮葉
雨久花科	*Eichhornia crassipes*（布袋蓮）	浮水
莎草科	*Cyperus alternifolius*（光桿輪傘莎草）	挺水
	Cyperus papyrus（紙莎草）	挺水
	Scirpus cernuus（藨草屬）	濕生
槐葉蘋科	*Salvinia auriculata*（槐葉蘋屬）	浮水
蓮科	*Nelumbo nucifera*（蓮花）	浮葉
睡蓮科	*Nymphaea* spp.（睡蓮屬）	浮葉
	Victoria amazonica（王蓮）	浮葉
天南星科	*Acorus gramineus* 'Variegatus'（石菖蒲）	濕生
	Pistia stratiotes（大薸）	浮水

往北半球延伸的區域，共有三萬多種之多。原產於熱帶地區的蘭花，因為歐美國家的栽培興盛，所以又稱為西洋蘭，其中尤以附著在樹皮或岩石上生長的著生蘭最多。原生於中國、韓國、日本地區的東洋蘭，主要為溫帶型的地生蘭。

西洋蘭的花朵大而華麗，是很受歡迎的盆栽植物。不過西洋蘭必須待在陽光微弱、溫暖、濕度高的環境底下才會開花，一般來說是不太可能在室內開花，而已開花的蘭花盆若置於室內能有一～二個月的賞花期。

蕙蘭、石斛蘭、蝴蝶蘭都是最常用於盆栽的蘭花品種，此外還有文心蘭、兜蘭、嘉德麗雅蘭、血葉蘭、萬代蘭等等。表4-13是常見的蘭花盆栽，包含了開花期可置於室內的溫帶型蘭花，如：春蘭、寒蘭、石斛蘭、黃

萬代蘭　蝴蝶蘭　文心蘭　兜蘭

圖4-9　蘭科植物

表4-13　主要蘭科植物

科名	學名（一般名）
西洋蘭（熱帶型蘭花）	*Cattleya* spp.（嘉德麗雅蘭屬）
	Cymbidium spp.（蕙蘭屬）
	Dendrobium spp.（石斛蘭屬）
	Haemaria discolor（彩葉蘭）
	Masdevallia coccinea（三尖蘭屬）
	Miltonia spp.（堇花蘭屬）
	Odontoglossum spp.（齒舌蘭屬）
	Oncidium spp.（文心蘭屬）
	Paphiopedilum spp.（兜蘭屬）
	Phajus tankerville（鶴頂蘭）
	Phalaenopsis spp.（蝴蝶蘭屬）
	Vanda spp.（萬代蘭屬）
	Vuylstekeara spp.（伍氏蘭屬）
東方蘭（溫帶型蘭花）	*Angraecum falcatum*（武夷山弔蘭）
	Bletilla striata（白芨）
	Bulbophyllum drymoglossum（圓葉石豆蘭）
	Calanthe discolor（蝦脊蘭）
	Calanthe striata（黃花根節蘭）
	Cymbidium goeringii（春蘭）
	Cymbidium kanran（寒蘭）
	Cypripedium macranthum（奇萊喜普鞋蘭）
	Dendrobium monile（日本石斛）
	Goodyera schlechtendaliana（斑葉蘭）

花根節蘭、大花杓蘭等等（圖4-9）。

鳳梨科植物

鳳梨科（Bromeliaceae）植物的英文為bromeliads，是以瑞典植物學家奧蘭斯（Olans Bromel）之名所命名的，大部分原產自美洲的熱帶、亞熱帶地區，一部分來自美國南部。這類植物絕大部分都是附著生長在其他植物身

石斛蘭

石斛蘭

風蘭（溫帶型蘭花）

上的附生植物，因為有著長且擎天的華麗花序，所以常被用於室內盆栽，食用鳳梨也被育種為觀賞用途植物（圖4-10，表4-14）。

小鳳梨屬和鳳梨屬於地生植物，蜻蜓鳳梨屬、擎天鳳梨屬、五彩鳳梨屬、鶯歌鳳梨屬、鐵蘭屬是屬於附生植物，喜歡明亮溫暖、濕度高的環境，會把水分儲藏在葉子聚集形成的圓筒型內，並利用葉子的基部吸收水分與養分。大部分的鐵蘭屬植物都能吸收空氣中的水分和養分，所以有許多品種都具有「空氣植物」（air plants）這個名字。

表4-14　主要鳳梨科植物

科名	學名（一般名）
鳳梨科植物	*Aechmea* spp.（蜻蜓鳳梨屬）
	Ananas comosus（鳳梨）
	Cryptanthus spp.（小鳳梨屬）
	Guzmania spp.（擎天鳳梨屬）
	Neoregelia spp.（五彩鳳梨屬）
	Tillandsia spp.（鐵蘭屬）
	Tillandsia usneoides（松蘿鳳梨）
	Vriesea spp.（鶯歌鳳梨屬）

熱帶木本與草本開花植物

常見用於室內盆栽的熱帶木本與草本開花植物（tropical flowering plants），因為體積非常小，所以很難靠外觀分辨是木本或草本植物。雖然開花期比觀葉植物長，花朵樣貌也非常華麗，但是在陽光不充足的室內，很

小鳳梨屬

擎天鳳梨屬

觀賞用鳳梨

圖4-10　鳳梨科植物

難維持開花的狀態，所以一般只在開花期間短暫做裝飾用途。唯有在高溫、光照多的溫室裡，才能像在原產地一樣開出美麗的花朵。底下是除蘭花科、鳳梨科植物外，常見用於盆栽的熱帶木本草本開花植物，有一部份被歸類在觀葉植物裡（圖4-11，表4-15）。

表4-15　常見熱帶木本與草本開花植物

科名	學名（一般名）
茄科	*Brunfelsia calycina*（大鴛鴦茉莉）
	Cestrum nocturnum（夜香木）
	Datura suaveolens（大花曼陀羅）
茜草科	*Ixora chinensis*（仙丹花）
紫葳科	*Jacaranda mimosifolia*（藍花楹）
桃金孃科	*Leptospermum scoparium*（松紅梅）
馬鞭草科	*Clerodendrum thomsonae*（龍吐珠）
	Lantana camara（馬纓丹）
木樨科	*Jasminum officinale*（素方花）
	Jasminum polyanthum（多花素馨）
柳葉菜科	*Fuchsia hybrida*（倒掛金鐘）
百合科	*Agapanthus africanus*（百子蓮）
秋海棠科	*Begonia x tuberhybrida*（球根秋海棠）
	Begonia semperflorens（四季海棠）
虎耳草科	*Nertera depressa*（紅果薄柱草）
鳳仙花科	*Impatiens hybrid* 'New Guinea' 新幾內亞鳳仙花
	Impatiens walleriana（非洲鳳仙花）
千屈菜科	*Cuphea hyssopifolia*（細葉雪茄花）
紫茉莉科	*Bougainvillea* spp.（九重葛）
野牡丹科	*Medinilla magnifica*（寶蓮花）
	Osbeckia spp.（金錦香屬）
	Schizocentrom elegans（蔓性野牡丹）
野牡丹科	*Tibouchina semidecandra*（巴西野牡丹）
石蒜科	*Clivia miniata*（君子蘭）
	Crinum asiaticum（文殊蘭）
	Haemanthus hybridicum（虎耳蘭屬，雜交種）
錦葵科	*Hibiscus rosa-sinensis*（朱槿）
非洲堇科	*Saintpaulia ionantha*（非洲堇）
	Streptocarpus（扭果花屬）
西番蓮科	*Passiflora caerulea*（藍花西番蓮）
龍膽科	*Exacum affine*（紫芳草）
爵床科	*Beloperone guttata*（紅蝦花）
	Crossandra infundibuliformis（鳥尾花）
牻牛兒苗科	*Geranium* spp.（老鸛草屬）
	Pelargonium spp.（天竺葵屬）
天南星科	*Anthurium andraeanum*（火鶴花）
	Spathiphyllum spp.（白鶴芋）
芭蕉科	*Strelitzia augusta*（大鶴望蘭）
	Strelitzia reginae（吉祥鳥）
夾竹桃科	*Adenium obesum*（沙漠玫瑰）
	Allamanda cathartica（軟枝黃蟬）
	Mandevilla amoena（紅蟬花）
	Nerium oleander（夾竹桃）
	Plumeria acuminata（雞蛋花）

天竺葵

非洲鳳仙花

扭果花屬

圖 4-11　熱帶木本與草本開花植物

用於室外的溫帶植物

用於室外空間的盆栽植物由於能充分接受陽光照射，所以單就室外盆栽而言，草本植物的使用多過於木本植物。如有特別需求要使用到熱帶植物，冬天時就只要把植物移到溫室裡即可。用於室外空間的植物，依照其生育習性，將分成木本植物與草本植物做介紹，當中還會另外將芳香性植物、原生植物、食用植物與藥用植物分開來說明，至於視覺特性分類，將在「10.室外盆栽」裡介紹。

依生育特性分類

(1) 木本植物：生長於溫帶地區的木本植物為木本開花植物（flowering trees and shrubs），不管是葉子、花朵、果實都有極高的觀賞價值，依其生育習性可分成喬木、灌木與藤本植物。喬木有明

寶蓮花

秋海棠

倒掛金鐘

秋海棠

圖 4-11　熱帶木本與草本開花植物

顯直立主幹，樹枝由主幹分長，若要做成盆栽，比較矮小的東北紅豆杉和側柏是最常被使用的。灌木植株通常比較矮小，樹枝主要由底下分長，韓國常用於盆栽的灌木有大字杜鵑以及黃楊等等（圖4-12）。藤本植物就是攀緣植物，比較少用於盆栽，其他國家喜歡使用的藤本植物盆栽有金銀花和鐵線蓮。

韓國在傳統上喜歡以木本植物做盆栽、盆景，演變至今，更喜歡有高度的木本植物。其他國家常見用於室外的盆栽有黃楊、東北紅豆杉、月桂樹和橄欖樹，並喜歡將這些植物修剪成球型與圓錐型。

（2）草本植物：用於室外的草本植物，亦即草本開花植物，分成一年生植物與多年生植物，多年生植物之中，又包含了球莖類、岩石植物、禾草類、蕨類以及水生植物——

・一年生植物：一年生植物（annuals）是指會在一年內種子發芽、開花結果然後枯死的植物，不管處在什麼樣的環境，都維持一年結束的生命週期。原產於熱帶的多年生植物若到了溫帶地區會變成一年生植物，例如韓國南部地區的多年生植物如果移植到中部地方，就會變成一年生植物，在設計盆栽

黃楊

山茶花

柏木

圖4-12　用於室外空間的溫帶型花木

時，最好能夠了解這些特性。

一年生植物又分成兩種，一種是在春天發芽，秋天以前開花結果的春播一年生植物；以及在秋天發芽，第二年開花的秋播一年生植物。屬於春播一年生植物的有雞冠花、大花馬齒莧、翠菊、三色莧、一串紅、牽牛花、鳳仙花、向日葵、萬壽菊、含羞草、百日紅等等，屬於秋播一年生植物則的有雛菊、三色堇碧冬茄、報春花、瓜葉菊、蒲包花等等。兩年生植物（biennials）是指種子播種發芽後，會在隔年開花結果的植物，有一年以上的生命週期，屬於此種類的植物有石竹、風鈴草、蜀葵、毛地黃等等。

屬於一年生植物的碧冬茄和老鸛草，可以從春天開花到秋天，是全球各地常用的盆栽植物（圖4-13）。

・多年生植物：多年生植物（perennials）是指種子發芽後，根莖可以續存好幾年的類型，而且每年都會開花結果的植物，在日韓又有「宿根草」之稱。 多年生植物很適合用於盆栽，常見的園藝品種有像是朝鮮野菊、沙斯塔雛菊、落新婦屬、菊花、天藍繡球、玉簪花（圖4-14）。多年生植物在冬

碧冬茄

老鸛草、翠蝶花

小花矮牽牛（百萬小鈴）

圖4-13　用於室外空間的溫帶型花草類

天過後傳播種子，野外就能找到，所以不必花錢購買，若依照植物特性，可分成球莖類、岩石植物、禾草類、蕨類以及水生植物，其餘的可稱為狹義的多年生植物——

翠雀花　維羅尼卡　沙斯塔雛菊　玉簪

圖4-14　溫帶型多年生植物

・球莖類植物：球莖類（bulbs）植物是指部分根莖或胚軸（hypocotyle）因為特別肥大，而呈現出球莖形狀的植物。球莖類植物分成兩種，一種是需在冬天過後，不會降霜的春天裡種植的春植球莖，這類植物有唐菖蒲、美人蕉、大麗菊、嘉蘭、孤挺花等等。另外一種是在秋天種植，冬天以低溫處理打破其休眠狀態後，使其開花的秋植球莖，這類植物有鬱金香、風信子、番紅花、水仙花、葡萄風信子、雪花蓮等等。

球莖依照外觀型態可分成鱗莖（bulb）、球莖（corm）、根莖（rhizome）、塊莖（tuber）、塊根（tuberous root）。

鱗莖是一種植物的變態莖，為食物貯藏器官，外部由多層鱗片組成，鬱金香、孤挺花、風信子、百合類、水仙花皆屬之；球莖是植物的地下莖變形為球狀，這類植物有唐菖蒲、小蒼蘭、番紅花、玉米百合等等；根莖是植物的地下莖因過於肥大，成為養分與水分儲存器官，這類植物有玉蟬花、美人蕉、薑、菊花的冬至芽等等；塊莖是指植物的地下莖因肥大形成球狀，海芋、彩葉芋、銀蓮花等等都是；塊根是植物的根過於肥大形成球狀，大麗

風信子

水仙花，葡萄風信子

鬱金香

圖 4-15　球莖類

長生草屬

長生草屬等

長生草屬

圖 4-16　岩石植物

菊、陸蓮花、嘉蘭等等皆屬之。

球莖類植物的模樣和顏色美麗異常，有很多本身帶有香味，所以是常見的盆栽植物。一般會在早春時移種到花盆裡，讓植物提早開花，然後再移到室內觀賞，若逢自然開花期，則會放在室外（圖4-15）。

・岩石植物：岩石植物（rock plants）主要生長在風大、乾燥的高山岩石地帶，以高山植物、多肉植物為主。 大部分的植物體積小而且耐旱，所以非常適合用於盆栽，這類植物有：鍬形草（維羅尼卡）、石竹、長生草屬、景天屬等等（圖4-16）。有一點要注意的是，用於室外盆栽屬於岩石植物的多肉植物，並不同於熱帶型室內多肉植物。

・禾草類：以禾本科植物為主，屬於莎草科、燈心草科植物的中國芒、狼尾草、橘草、莎草等植物群都算是禾本類（grasses）。用於盆栽時，通常單獨使用高度較矮的莎草類，或者也可以和花混植，為型態質感增加一些變化（圖4-17）。

・蕨類：蕨類（ferns）喜歡生長在多濕的環境，擁有獨特的外型，顏色青綠非常討喜，只要迎合這樣的生長條件，就能培育出擁有極佳視覺效果的盆栽。蕨類用於盆栽作物時，通常會跟青苔一起栽種搭配，體積稍大的鱗毛蕨、莢果蕨、紫萁也很適合當盆栽。

・水生植物：利用各式各樣尺寸與造型的容器，還有體積較小的蓮花、睡蓮、布袋蓮、槐葉蘋，就能打造出小池塘。水生植物（water plants）依照生育習性的不同，有挺水植物、浮葉植物、浮水植物、濕生植物以及沉水植

莎草科　羊茅屬等　莎草科

圖4-17　禾草類

表4-16　室外溫帶型水生植物

區分	學名（一般名）
挺水植物	野慈姑、剪刀草、香蒲、水燭等等。
浮葉植物	蓮花、睡蓮、莕菜、菱角、異匙葉藻、蘋科植物、雞頭蓮（一年生植物）等。
浮水植物	槐葉蘋、布袋蓮、紫萍、水鱉等。
濕生植物	黃紋石菖蒲、石菖蒲、鳶尾屬等。
沉水植物	金魚藻等。

物之分。水生植物的種類非常多樣，石菖蒲、鳶尾屬、菖蒲均屬之（表4-16、圖4-18）。

用於室外盆栽的幾種特色植物

（1）芳香植物：芳香植物（aromatic plants）的花、葉柄、根乃至植物整體全部都會散發出誘人香氣，正因為這樣的芳香特性，所以被廣泛運用於食用、藥用、芳香療法、觀賞等用途。芳香植物涵蓋的範圍非常地廣，從木本植物到草本植物、一年生植物到多年生植物都有，其中又以素有香草（herbs）之稱的草本植物為主軸（圖4-19）。

大部分的芳香植物除了有誘人香氣，也很適合觀賞，盆栽設計的利用價值很高。比較重要的芳香植物有玫瑰、歐丁香、梅花、薰衣草、迷迭香、辣薄荷、洋甘菊、佛手柑、羅勒、百里香、藥用鼠尾草、蝦夷蔥、蒔蘿、香葉天竺葵等等都是很受歡迎的外國香草植物。芳香植物必須在陽光充足的地方生長，所以只能短暫擺放於室內。

（2）原生植物：韓國的原生植物（native plants）因為地理環境影響之故，共有四千一百五十八種之多，其中有四〇七種特產植物。一九九〇

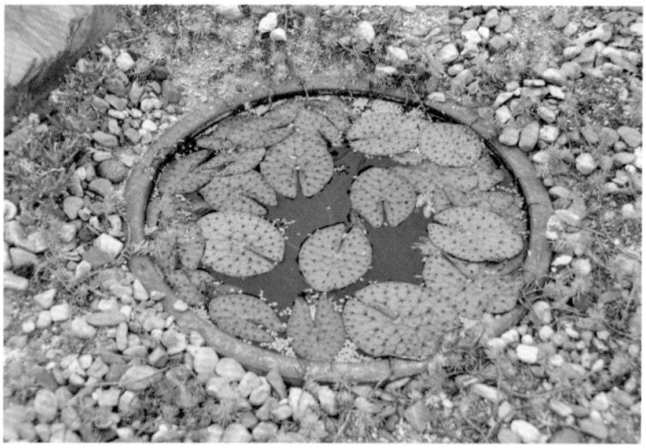

雞頭蓮（一年生植物）

水燭

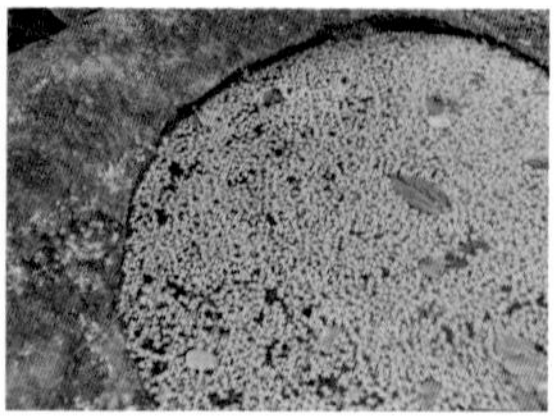

紫萍

圖4-18　水生植物

年代才開始，將這些原生植物當做花卉植物使用，在具有觀賞價值的植物之中，草本植物有三百七十三種，一年生植物有五十二種，多年生植物有一百四十一種，球莖類有二十七種，總共五百九十三種。

原生植物依據韓國年均溫，可分成寒帶植生群、溫帶植生群以及暖帶植生群。溫帶植生群分布在韓國的中部地方，暖帶植生群的分布以南海岸和濟州島為主。

韓國大部分的自生植物，除了必須接受充足的陽光，也得經歷冬天的低溫，所以一般不會用於室內，主要置於室外。

雖然韓國許多傳統樣式的盆栽與盆景使用的很多都是屬於原生植物，但像落新婦、西伯利亞菊花、紫菀、黃花龍芽草、大葉蟹甲草、尖被藜蘆、豬牙花、延胡索等植物盆栽也都可以設計得很有現代感，與現代化建築形成絕妙搭配。

（3）食用、藥用植物：花卉植物以外的蔬菜其實也很常用於盆栽（圖4-20），家中沒有院子的人們會利用容器種植一些蔬菜、水果以及藥用植物，這些植物除了食用、藥用等實用性目的之外，對於裝飾也有加分的效果。

茼苣、芝麻葉、藍莓、草莓、當歸、韭菜都是不錯的選擇，在冬天比較溫暖的歐洲，當地人喜歡把柑橘屬（Citrus）植物種進花盆裡，然後擺在庭院裡做裝飾。

薰衣草

羅勒

紫葉羅勒

圖4-19　香草類

番茄

萵苣

甜椒

圖 4-20　食用植物

5 容器與花槽

用來裝土壤與植物的容器（container）一般稱做花盆（pot），通常是有排水孔的，為了搭配室內的裝飾效果，也會使用花盆以外的容器；有些會因為沒有排水孔，不良於澆水灌溉。容器會因為植物的型態、大小、數量而有各種尺寸與造型，大致上來說可以分成兩種，一種是重量體積較輕便，可以移動的中小型容器（container），另一種則是固定在地面上的大型花槽（planter）。當規模越大，不管是容器或花槽，都會因為重量而無法移動，只好固定在位置上，這時就會在地底裝設灌水裝置。另外有很多情況是容器雖然可以移動，但是由於體積過於龐大，也被稱為花槽。

設計盆栽時，最能導出良好視覺效果的材料是容器和花槽，身為專業盆栽設計師，必須清楚了解容器與花槽所具備的各種條件、材料特性以及使用方法，所以在此章節，將會介紹適合室內外空間的種植容器，以及用於室內花園的花槽。

容器具備的條件

用來栽種植物的容器分成生產時用的花盆、進行設計所需的裝飾花盆還有其他容器三種。以裝飾為目的的容器，除了要可以容納植物和土壤、具備能讓植物生長的機能，還要有裝飾功用。就裝飾層面來說，有些容器甚至比植物本身更具視覺效果，因此容器的選擇也就格外重要。使用於室內外的容器，除了型態、大小、材質都要適合植物的生育，容器本身也要跟植物以及周邊環境搭配，才能將裝飾的效果發揮到淋漓盡致。除了以上的功用，價格、購買難易度、硬度、重量、是否有排水孔也是挑選的考量點，接下來將針對容器的具備條件進行介紹。

適合植物生育

用於盆栽設計的容器，最基本的要求就是必須適合植物生育。原本在大地落根生長的植物，因為必須移到空間受限的容器內，當然是可以裝越多土壤的容器越好。然而若考量到實用性，則是體積越小越有利，所以最好選擇體積小且不妨礙植物生長的容器。

圖 5-1　容器與花槽

首先，容器必須能夠充分容納植物的根，並且足以支撐植物，在必要的情況下，有時會連同育苗盆一起栽種。植物地上部與地下部的生育關係密不可分，容器大小必須跟植物的高度和寬度成正比，一般來說體積越大的植物需要越大的容器，如果是往兩側發展的灌木類，則以矮寬的容器較為適當。整體來說，深度越深可容納越厚土壤層，而且排水較佳者，就是適合植物生長的容器。

現代的盆栽設計，很多已不考量植物上部與下部的比例空間，而偏重於視覺上的創新設計，有使用比植物上部大出許多或是加長容器的傾向。對於置於室外，在陽光底下生長更旺盛的植物來說，容器越深越好，而且體積最好能比植物本身要大。

有無排水孔的容器

通常生產容器，也就是花盆都會有排水孔，裝飾用容器則或有或無，但若有的話當然是最方便的。不過如果置於室外，便有淋雨之虞，就一定要有排水孔，而室內用容器沒有排水孔，只要澆水量控制得宜，即使比較麻煩也不會有任何問題。室外容器大部分都沒有花盆墊，不過如果是有排水孔的室內容器，最好要有花盆墊，才可確保不會破壞地板、地毯和家具。

使用沒有排水孔的容器時，可以連同育苗盆一起種，最好的方法就是把裝飾容器當花盆墊使用，不過育苗盆不能接觸到裝飾容器的底部，以防止排水時，水流往上回滲。因此，可以善用各種材料將育苗盆和裝飾容器隔離（圖5-2），市面上販售的底部有凹槽設計的裝飾容器，一樣可以防止育苗盆與容器底部接觸。

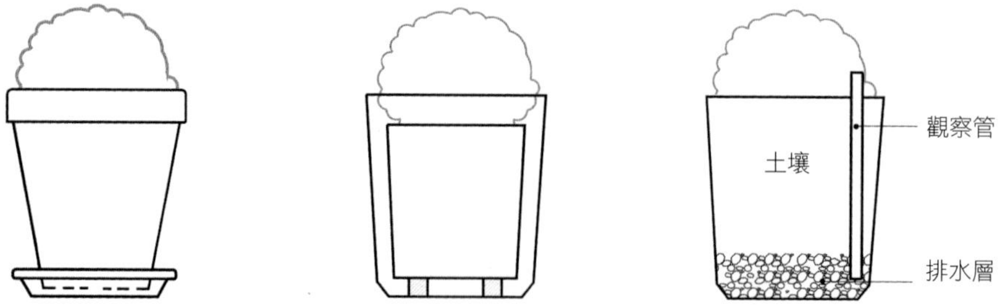

⑴植物種在有排水孔的裝飾花盆裡，下面墊花盆墊。

⑵植物連同育苗盆一起種到裝飾容器，育苗盆和容器之間要隔出一小段空間，以防止排水回滲。

⑶植物種在沒有排水孔的容器，而為了防止過度澆水，容器底部需做排水層，並把PVC管埋進土裡，將來觀察、排水時可用。

圖5-2　各種容器的排水方法（如果植物是置於室外，只適用於第3種）。

當裝飾容器無法容納育苗盆，或必須同時栽種數棵植物，甚至是為了視覺效果而無法連同育苗盆一起栽種時，若使用的裝飾容器沒有排水孔，建議在底部建置排水層。如果容器體積非常龐大，可以放置口徑適當的水管，必要時利用幫浦把多餘的水抽掉（圖5-3）。澆完水後，由於水會連同土壤裡的雜質一起被排出，因此排水層有積水時，最好能避免毛細管現象造成水往土壤再次回流。沒有排水孔的容器，若澆完水後鹽分持續無法淋溶而累積在土壤之中，長期下來會造成不良影響。

有排水孔的容器是最好的，但市面上販售的容器很少附帶花盆墊。如果花盆墊太淺，水很容易溢出並引發環境問題，大量生產的花盆樣式及款式並不多樣，所以人們經常面臨以生活器具充當花盆的情形。用於室內的容器大部分沒有排水孔，但其實只要掌握澆水要領，也可以把植物照顧得很好；不過有排水孔的容器會比較方便澆水，長時間下來確實比較有利於植物的生長，而關於「底部澆水（bottom watering）」將在「18. 水分與灌溉」做說明。

植物與周圍環境的協調

放置於室內外空間的容器，有大小、型態、材料、顏色、質感之分，除了必須適合植物生長，在視覺上也要能跟植物、周遭環境相互搭配，才能完全發揮盆栽的裝飾效果。特別是室內空間，還得要與牆壁、地板、天花板、

圖5-3　無排水孔容器的排水管設置方式

家具搭配得宜，所以需考量的點也就比較多。

價格與是否容易取得

購買體積較大的容器，會比購買體積小的容器付出較多的費用，所以價格最好能壓低。在特殊情況下，設計師有時候會需要用到客製化的容器，而且很多時候必須在特定的日子種植植物，所以是否容易取得也是個相當重要的因素。

像是韓國國內市售的花盆與容器，大多數從國外進口，除了價格昂貴、不易取得，款式花樣的選擇性也不多。雖然買不到想要的造型與大小，還可以委託工廠製作，但技術以及費用問題，往往會使人打消念頭。大型容器多數以木材、鐵材製成，但是這類盆器的設計通常都很類似，顯得沒有特色。

強度與耐用性

容器必須能充分支撐植物與土壤，並且不會輕易碎裂，搬動時也要耐磨、耐擦撞，不會褪色。大部分的陶土、陶瓷、玻璃製容器都容易碎裂，材質較輕的塑膠吊盆則往往因無法承受土壤重量而被壓壞。

盆栽重量

除了容器本身，再加上植物與土壤之後，重量會變得相當可觀，為了設計與移動上的方便，容器的重量越輕越好，只要能承受植物與土壤的重量即可。尤其室內盆栽，一旦過重很有可能會破壞地板，就算打算在盆底安裝小輪子，也要注意是否會影響美觀（圖5-4）。當盆栽重到無法移動時，建議直接建置花槽，會更有利於使用。

容器材質

容器的材質挑選，能變化出各式風格，而以下將根據栽種的不同需求，分析各種材質的優缺點。

圖5-4　可移動花盆的底座

黏土

從很久以前開始，人類就已經會用黏土來製作容器了，這算是最基本的花盆。黏土做成的容器雖然通稱為陶瓷器，但依照黏土種類、塑型過程、燒製過程、溫度、釉藥種類、造型、產地名稱、用途的不同，還分成許多細類，一般來說以燒製溫度和是否有使用釉藥，就可分成土器、陶器、石器、瓷器四種——

圖 5-5　土器

（1）土器：土器（clayware）是黏土以700～800℃燒製而成，未淋上釉藥，表面呈紅褐色。在燒製過程中使用的溫度較低，黏土中的雜質、小沙子會因為燒焦而產生氣泡，所以表面上有很多氣孔，這些氣孔會吸收水分。

土器就是一般俗稱的沙鍋，國外稱為「陶瓦」（terracota），因為表面分布了許多氣孔，所以能提高土壤的透氣性，水分會從容器表面蒸發，能減少因為過度澆水所引起的根部損害，是適合植物生長的材質（圖5-5）。

土盆容器的款式多樣，從現代到古典樣式一應俱全，可依照想呈現的風格挑選大小與造型。缺點是色彩選擇少，而且顏色偏暗，看起來較粗糙。多用於寬廣的室外，但因為比較沉重所以容易破裂。如果擺放在濕氣重的環境裡，容器表面易生青苔，鹽分會滲到表面，結成一層白色的鹽。不過近來表面結出白色鹽層與青苔的土盆，因為看起更貼近自然，所以有越發受歡迎的趨勢。

（2）陶器：陶器（earthenware or pottery）可分成軟陶器與硬陶器，軟陶器是將黏土摻入石灰石或白雲石，以1,000～1,200℃中溫燒製而成的，具有吸水性而且質地較輕。軟陶因使用釉藥，可呈現出許多顏色。硬陶的黏土裡則是摻入許多長石，以1,200℃燒製而成，粒子比較細緻，幾乎沒有吸水性。

（3）石器：石器（stoneware）以1,250～1,300℃燒製而成，硬度接近石頭，沒有吸水性。在燒製過程中，黏土裡所含的砂質和雜質會因為燒焦而產生小氣泡，所以在釉藥表面能發現一些小細孔，而石器花盆的顏色和形狀選擇並不多樣。

（4）瓷器：瓷器（porcelain）是以高嶺土高溫燒製而成，顏色、質感極佳，強度也很夠，不過沒有透氣性，水分無法蒸發，而且價格昂貴，所以一般來說並不會以瓷器栽種植物。

陶瓷

陶瓷（ceramic）是一種以高溫燒製而成的非金屬無機質固體材料，為玻璃、陶瓷器、水泥、耐火材料的總稱。陶瓷在兩萬四千年前的舊石器時代就已出現，歷史非常悠久。過去的陶瓷只侷限於陶瓷器，今日所稱的陶瓷範圍非常廣泛，一九七〇年代開始出現的現代陶瓷，是將原料經過精製加工後，產生的高強度細微粒子材料，近來業者更將粒子壓縮至奈米（一公尺的十億分之一），使硬度變得更高。陶瓷的優點可從陶瓷器非常耐熱與耐磨擦的特性得知，即使加熱到超過1,000℃的高溫也無所畏懼。

陶瓷可用來做成水泥、玻璃、磚頭、瓦片等建材，並廣泛應用於日常生活，也能用於電視、手機等，同時陶瓷也是下個世代各領域的主要融合技術材料，不管在汽車、運動等休閒領域，或殺菌、清潔等環保領域，還是燃料電池等能源領域，或醫療、生技領域等。在未來可期待有更多陶瓷產品廣泛導入於淨化環境、燃料

圖5-6　陶瓷容器

電池、核融合、電子資訊、人工關節、假牙等生物科技醫療器材。用陶瓷做成的容器，有各式大小形狀及顏色且質感極佳，非常適合放於室內。陶瓷比黏土做成的容器還要輕但比塑膠重，缺點是不透氣，水分無法蒸發，除了易摔壞，價格也很貴（圖5-6）。

塑膠

塑膠容器（plastic）質地輕、不易摔破，形狀、大小、顏色的選擇多樣（圖5-7）。塑膠容器的表面不會因施肥而堆積鹽分，所以具有不長青苔的優點。不過如果長時間暴露在紫外線或高溫的環境底下，容器會褪色，壽命也會減短。另外由於容器表面無法讓水分蒸發，也容易過度潮濕。最近市面上研發出不易褪色的室外容器，以及外觀與土盆、石頭相似的塑膠，已明顯異於一般的塑膠品質。

玻璃

普通家庭裡一定有各式各樣的玻璃容器（glass），或者也可以做些變化，利用接著劑做出各種造型的玻璃容器，有些建築的牆面甚至能以玻璃盆栽打造出大型花園，玻璃容器的大小、形狀可說是千變萬化（圖5-8）。玻璃雖然容易摔壞，但是較易製作，隔一層玻璃所看到的植物可以有不同感覺的視覺效果，裝飾價值非常高。高級廚房專用的玻璃容器十分堅固而且材質純淨，但是價格非常昂貴。然而，用於盆栽的玻璃容器稍微帶點綠色，不易摔破而且價格低廉。

圖5-7　塑膠容器

圖5-8　玻璃容器

玻璃纖維（fiberglass）

玻璃纖維是一種礦物纖維，生產方式有幾種，像是將熔融的玻璃拉長製成、以空氣或水蒸噴散製作，或是借離心力或高速氣流製作。

玻璃纖維具有底下性質：(1) 耐高溫，遇火不會燃燒；(2) 無吸水性，只有少許吸濕性；(3) 耐化學性佳，不會被腐蝕；(4) 硬度，特別是強度非常夠；(5) 伸縮性小；(6) 絕緣性佳；(7) 不耐磨，容易摔破；(8) 比重是尼龍的二・二倍，棉布的一・七倍；(9) 以玻璃纖維做成的墊子隔熱、隔音效果佳。

以擁有這些特性的玻璃纖維製成的容器，質地輕、外型美觀，而且可以仿製金屬、石頭等材質，提高裝飾效果。

玻璃纖維強化塑膠

FRP（fiber reinforced plastic，玻璃纖維強化塑膠）一種結合玻璃纖維、碳纖維、克維拉等芳香族聚醯胺纖維，以及不飽和聚酯、環氧樹脂等熱硬化性樹脂之物質，有硬度比鐵高、比鋁輕、不易生鏽，而且容易加工的優點。為了提升外部衝擊的承受力與張力強度，業界使用不飽和聚酯以及加工至直徑0.1mm以下之玻璃纖維的方式增強。雖然一般稱玻璃纖維強化塑膠為FRP，但是為與碳纖維強化塑膠（CFRP，carbon fiber reinforced plastic）做出區別，也會以GFRP（glass fiber reinforced plastic）稱之。

圖 5-9　FRP 容器

玻璃纖維強化塑膠從一九四〇初開始使用，一九六〇年代以優於玻璃纖維的碳纖維搭配塑膠做成增強材料，用以取代過去的金屬、陶瓷等等。優點是質地輕、耐用、耐衝擊、耐磨耗、不會生鏽、遇熱不會變形，容易加工做出任何形狀、大小以及顏色；缺點是無法在高溫環境底下使用，由於含有許多玻璃成分，難以進行粉碎或燒毀，被認為是環境汙染的主兇。

韓國使用的大型容器通常以FRP製成，雖然設計師可以自行製作，不過因為有嚴重臭味，所以非屬容易之事（圖5-9）。

金屬

鋁或不銹鋼（stainless steel）這類金屬製品的表面光滑乾淨，加上厚度很薄，所以有種纖細感，加上可以製作出各種的形狀與大小，因此可以充分配合室內空間的規模與風格（圖5-10）。優點是可以做出其他材料無法達成的大小、質地輕，而且容易取得。

缺點是受到撞擊後會產生痕跡或裂痕，且金屬會和土壤中的水分產生反應，金屬成分會滲進土壤裡。金屬容器雖然可用於盆栽，不過不能直接使用，市面上多半都使用馬口鐵（錫）製成的小型金屬容器。

圖 5-10　金屬容器

圖 5-11　木製容器

木材

天然木材所做成的容器，質感及風格都相當獨特，能營造出自然優美的氣氛，讓人沉浸其中，以下將分為兩類來說明——

（1）板材與角材：板材與角材有各種規格，可做出其他材料無法製成的形狀與大小，還可另外上漆。尤其能依空間所需客製化，也很好搬運，跟石頭、金屬比起來，給人一種輕柔的感覺，加上屬於天然材料，可以營造出自然美感（圖 5-11）。

然而，置於室外時，會因為淋雨、澆水的關係而腐爛，儘管可以使用防腐木，但是防腐劑會釋放毒性，可能導致植物的葉子邊緣與生長點部位產生黃化現象。

如用於室內，可先將植物種在玻璃或金屬容器裡，然後再放進沒有做防腐處理的木箱中，或者在木箱裡塗上 FRP 溶液，形成一層保護膜，底部也必須放置花盆墊以確保通風。此外，也有人會使用整根

圖5-12　石頭做成的盆器

木材，將木頭挖出一個凹槽後直接當盆器使用。

（2）莖枝藤條：藤編或竹編容器與植物非常搭配，有極佳的裝飾效果（圖5-11）。不過這類容器必須做好防水處理，所以大部分都是量產產品，主要用於室內。但如果是粗藤編做成的容器，也可以用於室外。

石材

天然岩石挖出凹槽所做成的容器，類似石槽。相較於其他材料，不論是顏色還是質感皆非常獨特，有種厚重感，不過也因為重量的關係，不易移動，還必須考量室內的荷重程度，因此更適合置於室外（圖5-12）。若將石頭磨碎與其他材料混合，可以做出所需的盆器樣式，依照混合的材料多少會有差異，不過整體來說質地較輕，能有許多形狀與顏色，而且非常有質感。

雖然會因材質不同而異，但一般來說室內地板的荷重為每30平方公尺可以支撐15公斤的重量。使用石製盆器時，若再加上土壤與水的重量，每30平方公尺的重量則達40公斤以上。

水泥

以水泥（cement）做成的容器，雖然有些可以移動，但是因為重量的關

圖5-13　水泥容器

圖5-14　用紙和塑膠袋做成的容器

係，不管是用於室內還是庭院，通常位置都是固定的。而有些水泥容器的外層會貼上大理石、磁磚或木材做裝飾。水泥容器所呈現出的淡灰色與植物非常搭配，若需要外型簡單的大型水泥花槽，請廠商客製化或從國外進口都可以（圖5-13）。不過水泥容器有一個壞處，就是土壤的水分會往外滲，因為重量的關係，置於室外會比室內合適。

其他

其他還有很多，例如用紙做的臨時容器，或用塑膠袋做成的容器等等（圖5-14）。

花槽的使用方法

花槽主要建造在室內地面上，能做永久使用，可打造室內花園或栽種大型植物。如果打算在室內種植大型植物，與其使用大型容器，在房子建造時順便做花槽會更好，其使用方式也與一般盆栽類似。花槽主要有兩種，一種是地上型，另一種是地下型（圖5-15）。

地上型花槽

地上型花槽（aboveground planter）所使用的材料必須非常堅固，因為要承受土壤的重量，一般使用水泥與磚頭，外牆都會以磁磚、石磚、木材等做表面處理，通常牆壁高為45公分。如果要兼做椅子用途，坐位的部分可再覆蓋一層木材或合成樹脂。花槽內部必須做防水處理，以防水往外牆滲漏，小型花槽如果預算充分，可以在內牆加一層金屬板，做密封處理；至於大型花槽通常會在內牆上兩層防水劑，然後再鋪上防水膜。

如果地上型花槽在建築完工後才建造，大部分的情況是底部沒有排水管與大樓排水相連，所以為了防止澆水時底部積水，可另外在底部鋪設排水管，或插入適當管徑的排水管，以利觀察水位。如果積水過多，再用小型幫浦或手動塑膠幫浦將水抽出。設置的水管管徑若較大，以肉眼便可確認水位，反之如果水管過於細小，則可以放置觀測孔觀察水位。

圖5-15　地上型與地下型花槽

花槽的深度通常視植物大小而定，土越厚則越深，花槽就會越高。通常只要有50公分的深度，就能種植大部分的大型植物，小型植物約需30公分。

種植於建物內部的大型植物主要是椰子樹與垂榕，這類熱帶植物的根部比較小，所以土壤厚度不必太深。此外，花槽如果過重，會對建物構造造成負擔。土壤層越厚，就排水面來說的確對植物有利，不過相對的也會增加土壤的費用。設置大型花槽時，建議設在下層有梁柱的地方。

大型花槽如果過大或數量太多會影響動線，所以最好設計在偏離主動線之處，貼緊牆面的位置是最有利的。地上型花槽的磚牆如果過高，用於磚牆表面的處理費用也會增加，在視覺上有可能會搶了植物的鋒頭，一個室內花園如果設計數量過多且高度較高的花槽，除了妨礙動線，看起來也會複雜得宛如迷宮，給人一種沉悶的感覺。

高度適當的流線型花槽，具有提示動線與方向的功用，而且還有分割空間的效果，可依照需求規劃通行走道。

如將花槽排列設計為L或ㄈ型，能有圍繞空間的效果，若能設計45公分高的長凳，花槽的磚牆可挪做椅背用途，這樣的設計概念能為飯店或辦公大樓提供一處被綠色包圍的休憩空間。

地下型花槽

地下型花槽（in-ground planter）的土壤平面高度與地面高度相當，種上植物後，能讓室內空間看起來就像大自然一般。地下花槽為陷入地底的凹槽，只會露出鋼筋水泥做成的短牆。通常在建物的設計階段，就會把地下花槽一併設計進去，所以底部會有排水管，這樣當底部積水時就能適時排出（圖5-16）。

如果是沒有地下空間的建物，室內花園因為沒有地下層，會直接與泥土地相連。像這樣的情況，就是花槽直接建在泥土上，多餘的水自然就往泥土裡排出。如果是排水不良的天然土壤，解決方法是使用客土、建置排水層或設排水管。

若室內花園的目的是通行、觀賞或休憩，在通道以外的所有空間植栽，就能打造出都市林，紐約福特基金會大樓的室內花園，還有IBM大樓的室內竹林就是以此方法打造的。

地下型花槽的優點是人類與植物的立足高度是一樣的，讓人有身歷大自然，室內空間與自然融成一體之感，這是地上型花槽或花盆無法達成的心理與美學層面。但是就機能面而言，地下型花槽有可能只栽種單棵植物，所以具有開放動線的特性。除了適合頻繁出入的空間，也有擴大空間的良好效果，有一點需注意的是，通道必須保持順暢，樹木的根部不能阻礙到行進的空間。

其他花槽

還有一種是介於地上型與地下型花槽中間，只露出部分花槽的形式，這類花槽四周的牆磚砌得比較矮，這是為了不讓凹槽占據天花板過多空間，以免樓下的天花板過矮。

還有一種是臨時搭建的花槽，將邊緣圍住使泥土不會掉出，填土時將土壤堆攏成小山丘狀，用中央較高的土壤堆種植體積較大的植物，此方法可節省土壤用量，小山丘會營造出立體感以及自然感，也能讓植物更顯眼。有一點要注意的是，將土堆攏時不要堆得太尖、太高，以免土壤容易潰散。

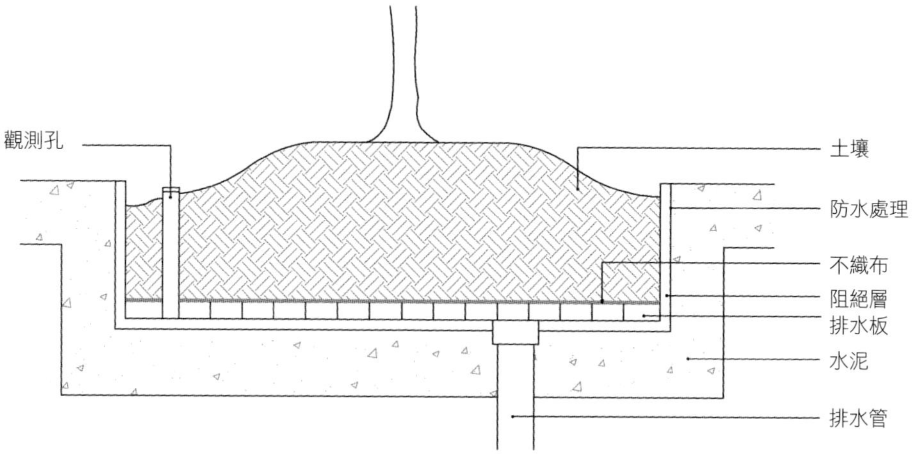

圖 5-16　地下型花槽內部結構

6 土壤的組成與分類

用於盆栽的土壤（growing medium），必須具有能幫助植物生長的天然土壤的四個特性，換言之就是能支撐與幫助植物根莖生長、供給植物水分、所需養分，以及根部需要的空氣。盆栽專用土壤與天然土壤不一樣，必須侷限在花盆裡，土壤量少、深度淺，上部與下部（排水孔）會接觸到空氣。如果把天然土壤裝在花盆裡，首先會面臨到排水性與透氣性下降的問題。因此，為了改善排水性與透氣性，大部分的作法是添加一些能改善土壤的原料，以人造土壤代替天然土壤（圖6-1）。

其實就室內盆栽而言，土壤並不是必須的，有水分、氧氣和養分的供給便能生存，只要把植物固定好，將根部浸在營養液裡即可，這種方法稱為養液栽培（hydroponics）或水耕栽培（water culture）。

室內盆栽植物可以利用水耕生產，室內花園也能設計成水耕方式，不過長在土壤裡的植物，在心理上的能帶來原始的感覺。此外，幫助室內空氣淨化的幕後主要推手其實並不是植物，而是土壤裡的微生物，所以盆栽一般還是以使用土壤為主。

盆栽設計師對土壤特性需有一定的了解，才有辦法著手準備適合盆栽使用的土壤。必須先了解土壤的物理性質以及容器內土壤的特性，之後再探討

容器太小太淺，上部與下部（排水孔）會暴露於空氣中。

將天然土壤放在容器裡，排水性和透氣性會大大降低。

必須增添一些能夠改善土壤的原料。

圖 6-1　使用天然土壤的問題點與解決對策（Simple kitchen tables 土盆）

改善土壤時，調配盆栽土壤以及將來管理土壤的方法。

土壤的物理性質

土壤可分成有機物質含量20%以上的有機質土壤，與未滿20%的礦物質土壤。地球表面的土壤雖有機物質含量高，但大部分屬於礦物質土壤，只有少數是由有機物質所組成的有機物質土壤。毛氈苔屬植物、捕蠅草等部分植物，在有機質土壤裡能生長得較好。

礦物質土壤主要由固態的礦物質、有機質，液態的水、以及氣態的空氣所組成，礦物質與有機質成分約占了50%，其中礦物質比例為45%，有機質為5%，而這兩種成分正是決定土壤肥沃度的關鍵。固體粒子之間存在著孔隙（pore space），在土壤粒子之間的孔隙裡，空氣佔了20～30%，水分則占了20～30%（表6-1）。將水澆灌於土壤後，孔隙會被水填滿，接著則被植物吸收或因蒸發、排水而減少，孔隙便再度被空氣填滿。維持土壤孔隙中空氣和水的均衡，是決定土壤鬆軟度的關鍵。

表6-1　適合植物生長的土壤成分

區分	成分比		參考		
礦物質土壤	有機質	5%	固態		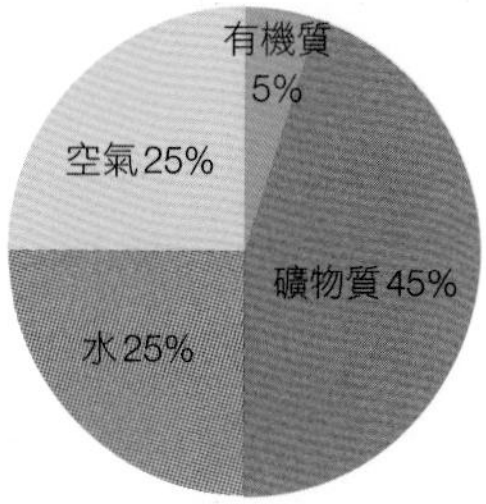
	礦物質	45%			
	水	20～30%	液態	孔隙	
	空氣	20～30%	氣態		

土壤質地

土壤中含有各種大小與型態的礦物質粒子，粒子依照大小，可分成砂粒（sand）、坋粒（silt）與粘粒（clay），不管是哪一種土壤，均是這三種的混合物。土壤質地（soil texture）由土壤中的粒子大小所決定，對於水分浸透、水分保有、透氣、排水、養分供給、土壤強度的影響極大。含有均匀砂粒、坋粒與粘粒的土壤稱為壤土（loam），含有較多砂粒成分的土壤是為砂質壤土；含有較多粘粒成分的土壤則為黏質壤土；含有較多坋粒成分的土壤稱為坋質壤土（silt loam）。

若土壤粒子比較小，則土壤整體的表面積會變多，由於水和養分是由土壤表面吸收，所以粒子的大小對於土壤質地的影響很大。粘粒的表面積是坋粒的數千倍，是砂粒的數百萬倍，因為具有帶電的特性，能夠吸收並保有植物所需的養分，讓土壤產生物理與化學反應。砂粒和坋粒雖然也是土壤組成的主要成分，但是跟粘粒相比，比較無法產生這些反應。

砂粒的直徑為2.0～0.05mm，表面積非常小不會起化學作用，無法保留住養分與水分，雖然排水性好，但對土壤肥沃度會造成不好的影響。一般來說砂質壤土雖然透氣性、滲水性非常好，但是保水性和保肥力皆差，而且不利於土壤粒團的形成。而坋粒（silt）的直徑為0.05～0.002mm，介於砂粒與粘粒之間，排水性並不好。

粘粒是決定土質的重要成分，肩負儲藏水分與養分的重要功用。粘粒直徑小於0.002mm，會讓土壤產生許多小孔隙，透氣性不佳，對植物生長會造成不好的影響。粘粒因為帶負電的關係，會與陽離子產生反應，許多植物所需的養分諸如Ca^{2+}、Mg^{2+}、H^+、Na^+、K^+，Al^{3+}，以及NH_4^+這類的陽離子會附著在黏粒表面，與土壤溶液或根部所含的其他離子交換，成為植物生長之重要養分來源。

土壤中所含的離子比率之所以隨時會改變，主要是受水溶性無機鹽類、植物吸收、石灰與肥料以及淋溶作用影響之故，黏質壤土乾燥時除了變硬也會萎縮龜裂。裝在容器裡的黏質壤土乾掉後會從邊緣開始萎縮，這時土壤與容器之間就會形成空隙，澆水後土壤不會被淋濕，水會順著空隙往下流掉。壤土（loam）是砂粒、坋粒與粘粒之組合，其所展現的物理特性與組成，三者均不同。把三種不同質地的土壤各裝在三個容器裡，裝的土壤高度一樣時，孔隙內的水分與空氣含量會出現極大的差異。

土壤構造

土壤構造（soil structure）就是粒子的排列，是決定土壤性質的重要因素，若仔細觀察天然土壤，會發現並不只有一個小土壤顆粒，而是由無數小土壤顆粒組成的團粒（aggregates）。所謂的團粒，就是土壤粒子受到有機物、植物或動物等生命體的活動、酸化鐵、碳酸鹽、黏土膠體、矽酸鹽的影響膠結而成的二次粒子，團粒形成後由於粒子變大，會形成更多孔隙，更有利於排水。有機物的腐敗能促成粒子結合並增加團粒形成。鈣離子（Ca^{2+}）有助於促成團粒的形成，然而鈉離子（Na^{+}）會打散團粒，破壞土壤構造，故經離子交換處理所產生的軟水正因為含有許多鈉離子，所以並不利於土壤。

土壤構造跟土壤質地一樣，對於水分的移動、透氣性、密度以及多孔性土壤性質都會有影響。與土壤質地最大的相異之處，就是土壤構造能輕易地被改變。黏粒和坋粒能相互結合，砂粒因為能各自獨立，所以不會形成團粒。不過，當黏粒含有過多水分時，土壤結構便會被破壞而成為泥濘。變成泥濘的土壤因為密度變高而被壓縮，透氣性會降低，即使澆水也不會滲透，而是往旁邊流失，對植物的生長非常不利。如果要改善土壤構造，可添加有機物或粒子較粗的材料。

有機質

礦物質土壤中含有少量有機質（organic matter），雖然量不多，但卻對土壤質地、植物生長有極大的影響。

有機質對於土壤構造有良好的影響，有助於形成團粒並提高透氣性。此外，有機質也是土壤中微生物的主要能量來源，更是植物重要的營養供給源。有機質能夠對整體磷酸的5～60%、硫的10～80%、氮的總含量以及其他微量必須養分產生影響，同樣也會影響土壤以及植物的含水量。如果替兩堆相同但有機質含量不同的土壤澆水，會發現有機質含量高的土壤滲水速度比較慢，這意味著保水量較大。

土壤中的有機質含有尚未腐敗、部分腐敗的物質以及腐殖質（humus），當有機質繼續被分解成一個穩定的物質，此產物便是腐殖質，深色的腐殖質是為各種成分的膠體物質。在土壤中加入有機質，會很快在幾周、幾個月內因腐蝕而分解，但為了形成基礎物質，腐蝕作用會再一次緩慢進行。

若在土壤裡添加有機質，微生物很快就會將有機質分解成腐殖質。在分解初期階段，微生物的數量因為遽增，大量用掉土壤裡的氮，待分解快要結束時，微生物群就會開始釋放有利於植物的氮，並且開始減少數量。在土壤裡添加有機質時，偶會發生缺氮的情況，原因就是被微生物用盡之故。如果是含有多量碳素的有機質，只要增加氮氣，就能阻止氮氣缺乏症的發生。

特別針對室外盆栽土壤來說，有機質是肥料的供給來源，所以一定要混入完全腐敗的有機質。如果是用於室內盆栽土壤的有機質，其功用主要是加強土壤的物理性質，所以需混入不完全腐敗有機質，例如泥炭土（Peat Moss）即是。

土壤中的空氣

土壤粒子之間的空隙稱為孔隙（pore space），孔隙占土壤體積的40～60%之多，其孔隙大小取決於粒子大小。孔隙內充滿了水和空氣，水分含量的多寡則依據空氣含量（圖6-2）。較大者為大孔隙（macropores），大孔隙的滲透（percolation）快，能讓空氣和水快速移動。砂質壤土整體的孔隙量少，但是個別孔隙大，所以浸透快。

土壤中的空氣並不單純只是大氣空氣的延伸，土壤內遍佈大大小小宛如迷宮的孔隙，大氣與土壤裡空氣的組成是不同的，孔隙間的空氣組成也是。土壤裡空氣的二氧化碳含量是大氣空氣的數百倍，相對氧氣也比較少。土壤裡的空氣會與大氣間的氣體以非常緩慢的速度進行交換，而土壤空氣中的相對濕度是裡頭微生物生長所需的全部。

氧氣、二氧化碳，與土壤中的微生物、動物、植物根部之活動息息相

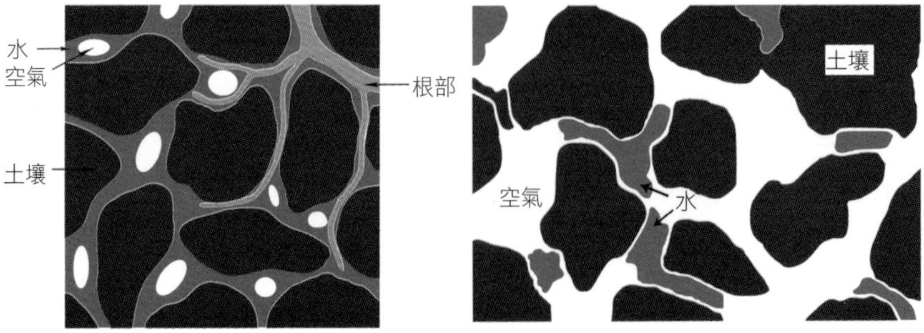

圖6-2　土壤孔隙

關。由於植物的根部會進行呼吸作用，所以需要土壤裡的氧氣，假如土壤裡沒有氧氣，植物根部的細胞就會窒息，引起部分甚至整個根部組織的壞死，植物根部即使只是面臨短暫缺氧，照樣會嚴重影響生長發育。

土壤中的含氧量與土壤構造有著密不可分的關係，如果是擁有大團粒的土壤，因為含有許多大孔隙，遇到下雨或灌溉時，水就會流到孔隙內，順便把空氣帶到土壤中。

土壤的水分

植物所需的大部分礦物質養分都是溶於水的，養分溶於土壤裡的水後，再被植物吸收。土壤裡許多化學反應也是在水裡產生的，水對於調節土壤溫度有著舉足輕重的作用，跟土壤裡的空氣更是有密不可分的關係。

試著想像氾濫的土壤，這時大大小小的孔隙裡全部充滿了水，也就意味著土壤已經被水完全浸濕，土壤中的水分會因地心引力向下移動，跟大孔隙中的水進行交換。

當土壤中過多的水分因重力作用的驅使而完全排出後，此時土壤的含水量就稱為田間容水量（field capacity）。

土壤裡的水分會被植物吸收，土壤表面的水分則會因蒸發消失。倘若土壤粒子中水分的補充，趕不上植物蒸散作用所流失的水分，植物就會枯萎。即便將枯萎植物二十四小時置於濕度飽和的空氣，還是無法恢復生機，此時土壤含水狀態便為永久萎凋點，含水量為萎凋係數（wiliting coefficient）。

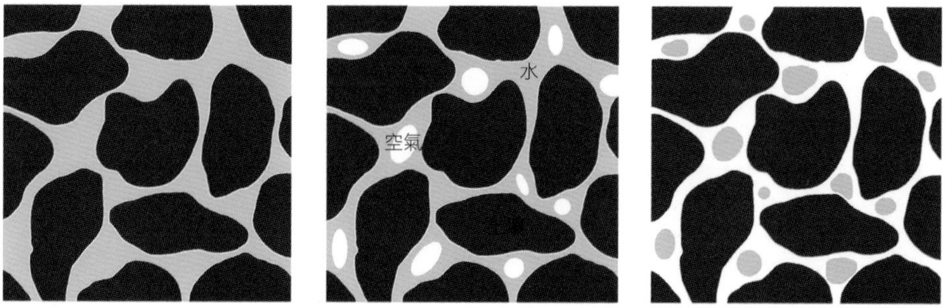

土壤飽和　田間容水量　永久萎凋點

圖 6-3　土壤孔隙充滿水時，田間容水量和植物的永久萎凋點

土壤中介於田間容水量和萎凋係數之間的水能被植物充分利用，這種水就稱為有效水（available water）（圖6-3）。有效水能往乾燥的地方流動，並非是受到地心引力影響所致，而是小孔隙能夠對水分子產生吸引力之故。此種水即是所謂的毛細管水（capillary water），此名詞主要是源於小孔隙的直徑類似毛髮直徑之故，而頭髮的拉丁語正是capilla。

容器土壤的特性

容器土壤比天然土壤體積小，深度也比較淺，因此必須透過供給水分與養分的方式，才能讓植物正常生長。為了克服容器土壤的不足，必須時常供給養分與水分。

然而，水分供給過多，也會造成其他問題。因此，為了避免供水過多，有必要了解水的特性。

水分子的化學式是H_2O，由兩個氫和一個氧元素所組成。水分子是極性化合物，故而可知分子會有其中一側（即氧原子那一側）帶負電，而另一側（即氫原子那一側）則帶正電。這樣的極性特質塑造出兩種水的重要性質，也就是附著（adhesion）與凝聚（cohesion），附著是指水分子會被吸引到其他物質的表面，凝聚則是指分子之間相互的吸引力。一般來說附著力大於凝聚力，這兩種力量對於土壤內水的移動是非常重要的。

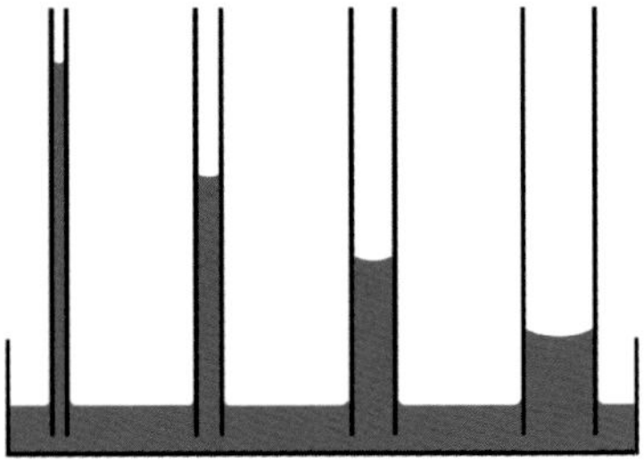

圖6-4　毛細管現象

從底下例子可以更容易了解上述兩種力量——準備四支三十公分長，但口徑不同的玻璃管，將玻璃管浸在淺水中觀察水位變化，會發現玻璃管內的水位與口徑成反比。由於管壁對水的附著力，水位會上升，又因為凝聚力的關係，使得液面四周稍比中央高出一些，當分子間相互吸引所產生的往上拉升力量與往下的地心引力達到平衡時，水位會停止繼續上升。越細的玻璃管因為附著力大於地心引力，所以水位會上升越高，這種現象就是所謂的毛細管現象（capillary action）（圖6-4）。

土壤孔隙因水之附著力與凝聚力而產生了毛細管網絡現象，所以水分會由較潮溼處移動到乾燥處。也就是說澆水後，在地心引力與毛細管現象的作用之下，水會往孔隙流，而這些水會與孔隙裡的空氣進行交換，並且往四方流動。

如果持續不斷地澆水，毛細管的長度在土壤裡的水達到完全飽和之前都會持續增加。若是盆栽土壤，過多的水會由底部排水孔排出；假如是天然土壤，便會一直往下流到地下水位（water table）。

容器內的土壤與天然土壤的毛細管水移動有著極大的差異。天然土壤裡充水的毛細管長度較長，地心引力遠大於孔隙內的保水毛細管力，所以水會從表面將空氣帶往孔隙，然後向下流竄。二十四小時後土壤內的水便會接近田間容水量（field capacity），如果是容器土壤則為容器容水量（container capacity）的水準。由於黏質壤土的孔隙較小，相較於孔隙大的砂質壤土，保水力更加良好。

把天然土壤放在容器裡，會縮短毛細管的垂直長度，如此一來即使毛細管從上到下充滿了水，也會因地心引力無法與孔隙毛細管相抗衡，造成孔隙內保持充水狀態，新鮮空氣便無法從上面進來。排水並非靠地心引力，而是靠植物根部吸收與蒸發，所以容器內會形成比地下水位高的棲留水位（perched water table）。

容器的高度越低地下水位就會越高，意即土壤孔隙在澆水與排水後，水與空氣含量會因為容器內的土壤深度而改變。

當容器內的土壤深度越淺，土壤孔隙的地心引力就會越小，所以容器下方孔隙會一直保持充水狀態，充水部位也就更接近表面（圖6-5），這會造

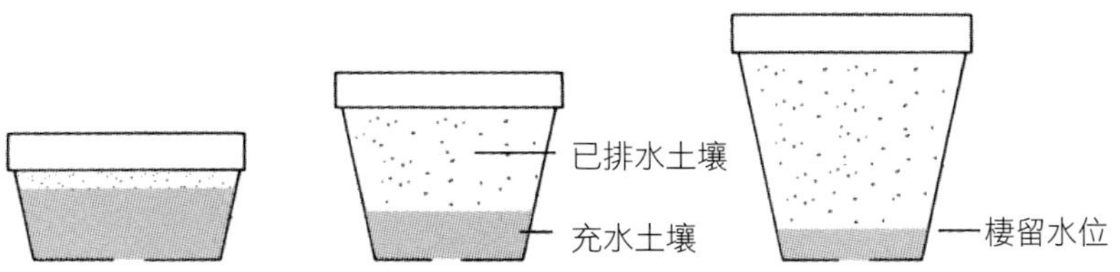

圖 6-5　不同深度容器所形成的棲留水位高度（Briggs與Calvin，1987）

成植物根部的損害。為了減少這樣的情況，使用能提升土壤排水性的土壤混料，或者改用較深的容器增加土壤厚度，皆有助於排水。

利用吸飽水的海綿就能證明容器深度對於排水造成的影響——將海綿最短邊與地面垂直直立，就能看到少許水瀝出；再將海綿第二長邊與地面垂直直立，則有較多的水瀝出；最後將海綿最長邊與地面垂直直立，因為水道變長的關係，可以看到有比前兩次試驗更多的水瀝出來。

改善土質與土壤構造的土壤混料

單使用天然砂質壤土做盆栽土壤並不合適，由於容器既小又淺，加上必須經常澆水，棲留水位無法降低，即使經過排水，土壤依然保持濕潤狀態的可能性很大。此情況除了會造成土壤的不透氣，對植物吸收水分與養分都有不良的影響。因此，為了保持盆栽土壤適當的透氣性與排水性，必須使用有機物質或粒子較粗的土壤混料。

有機土壤混料

一般來說，質地粗糙且不易腐爛的有機土壤混料是最好的，有機物質在經過一段時間之後會被分解，並釋放出氮、磷酸、硫酸等必須礦物質，但如果分解的速度較快，氮就會被微生物所吸收，引發植物缺氮的狀況。

盆栽土壤混料必須選擇能符合經濟效益者，且能有效改善盆栽土質的混料中，最常見的就是泥炭蘚屬泥炭土（Sphagnum peat moss）——

（1）泥炭蘚屬泥炭土：泥炭蘚屬泥炭土（Sphagnum peat moss）一般稱為泥炭土（Peat Moss），是最常用於盆栽土壤的有機質（圖6-6）。泥炭土是堆積在濕地水面下的泥炭蘚屬植物體（sphagnum moss）被分解後所形成的一種褐色纖維質，主要產於加拿大、波蘭、德國、美國北部等濕地，組成的成分與酸度會因產地略有不同。

乾燥的泥炭土重量很輕、非常利於運送，可以吸收自身重量二十倍的水分，而且在低張力狀態下也能夠維持，所以常被用於增加土壤的保水力。泥炭土即使從潮濕變為乾燥也不會影響保水性。有一點值得注意的是，完全乾燥的泥炭土無法一下子就吸飽水，所以在製作土壤混料時，會加入有助於吸水的濕潤劑（wetting agent）。

泥炭土不容易腐爛，不會長雜草、害蟲與病菌。依照產地的不同，含有不同量的水溶性鹽。水溶性鹽是土壤成分之一，能提高陽離子交換容量（cation exchange capacity，C.E.C.），有助於留住土壤內植物所需的養分要素。不過泥炭土的酸度通常低於5.0，如欲提高酸度可增加一些石灰粉（例：壓縮至$4ft^3$的泥炭土，可添加三公斤石灰粉）。

泥炭土有多種顆粒大小，使用前務必詳讀說明書。泥炭土的壓縮包裝尺寸也很多樣，從$0.2ft^3$到$6ft^3$都有，解壓縮後的體積會非常龐大，事前最好經過計算（例：$5ft^3$相當於140L，解壓縮後會變成250L）。 市面上那些已經調整過酸度的泥炭土價格非常昂貴，必須要與普通泥炭土做出區分，將價格也列入考量。

（2）水蘚（泥炭蘚屬的舊稱）：乾燥的水蘚（泥炭蘚屬植物體，sphagnum moss）可在未經粉碎成泥炭土的情況下直接拿來使用，但由於其並無法像泥炭土一般可用以製造所需之適當厚度，故而主要只單用於蘭科、鳳梨科植物等部分附生植物（圖6-6）。水蘚較特別的是具有天然抗菌物質，可防止苗立枯病，若施以熱處理消毒會使此效果消失。水蘚重量輕且為酸性，吸水量可達自身重量二十倍，不過因為鹽分含量少，所以有施肥的必要。

（3）木材殘餘物：木材殘餘物（wood residues）有鋸末、樹皮、木屑之分，雖可用於土壤混料，但是坊間並不常使用。有些木材在幾週的時間內就會分解殆盡，要注意引發植物缺氮的問題。鋸末（sawdust）可改善土壤的物理狀態，而且使用的時間相當久。硬質（橡木、楓樹）鋸末的纖維素比軟質

泥炭蘚　四種不同顆粒粗細的泥炭蘚　乾燥水苔蘚（白苔）　樹皮

圖6-6　有機土壤混料

（赤松、雲杉）鋸末要多且更快腐爛。有香味的雪松（cedar）、胡桃樹、加州紅木（redwood）的鋸末具有毒性，請避免使用。

鋸末碳水化合物與氮的比率（C/N比）很高，此種「C/N比」有助於室內溫暖又濕潤土壤裡的微生物之生長。由於土壤微生物的生長需要氮，因此會導致植物缺氮，剛使用的前幾個月增加土壤中的氮來解決問題，然而這樣會增加成本，不符合鋸末的使用效益。鋸末腐爛時所產生的黴菌雖然無害，但是黴菌的生長會妨礙水分的浸透，而且暴露在外也有礙觀瞻，如要使用必須經過低溫殺菌，以杜絕病原菌的滋生。

樹皮（bark）主要用於栽培蘭花的土壤，當然也可以用在其他植物的土壤混料，或製作覆蓋物（mulching）（圖6-6）。赤松樹皮是最常用的，裁成適當大小後，只要調配比例合宜，就能成為良好的土壤混料。

土壤混料的顆粒以介於或小於0.32～0.64公分為最佳，大於此範圍的顆粒通常作為覆蓋物。粉碎的赤松樹皮通常會再經過熱風乾燥處理，所以不容易浸濕。而用於製作土壤混料前必須先充分浸濕，使用腐爛的赤松樹皮或增加其保水度即可。樹皮跟鋸末一樣，軟質比硬質更耐用，對於植物缺氮症的影響也比鋸末來的輕微。

木屑（wood chips）因為顆粒太大，不適用於土壤混料，主要用於花園的覆蓋物。

粗顆粒的土壤混料

為提高盆栽土壤的排水性與透氣性，需使用一些粗顆粒的土壤混料，最常見的有珍珠石與蛭石，依情況需要，也會使用沙子、陶粒與磨砂土 ——

（1）珍珠石：將珍珠岩加熱到1,000～1,300℃，結合水就會開始蒸發，珍珠岩體會膨脹二十倍，將此膨脹物壓碎所得到的白色小顆粒就是珍珠石（perlite）。珍珠石上頭有許多氣孔，再加上不規則的表面，可以保住自身重量三～四倍的水分，由於密度只有0.1g/cm^3，所以會浮在水面上（圖6-7）。

珍珠石的酸鹼值為6.5～7.5是中性，由於不帶陽離子交換容量，所以無法保留養分，業界為了彌補沒有陽離子交換容量的缺點，會加入一些養分在珍珠石中，所以有些是可以單用的，購買時必須多加注意。

珍珠石本身沒有氣味且經過殺菌，而用於土壤混料的珍珠石雖為粉碎狀，不過並不影響品質。另一項缺點是乾燥時會引起粉塵，使用上多少有些不便，不過受潮後便無此問題。

一般珍珠石的市售規格為100L，韓國的珍珠石分成兩種，一種是用於排水（大），另一種是用於植物生長（小）。珍珠石的原色是白色，與土壤顏色明顯不同，因此與土壤混合時，顏色上看起來較不自然，一般會在表面鋪樹皮、蛭石或泥炭土。

（2）蛭石：蛭石（vermiculite）除了可以當土壤混料，也是一般熟知的絕緣體。蛭石的原料是雲母族礦石，加熱1,000℃後裡面的結晶水會發泡，使層狀結構外擴膨脹。蛭石層狀結構裡有許多毛細孔隙，所以保水力非常好，粒子層之間和表面皆含有礦物質，陽離子交換容量高，所以保持養分能力非常好，含有6%的鉀（K）與20%的鎂（Mg），一般來說酸鹼值是7，不過會因產地不同而異，已經過加熱殺菌。

雖然蛭石很輕，有良好的保水性和透氣性，不過與土壤混合時，密度會減少。此外也不如沙子、珍珠石堅硬，質地類似海綿，容易受到擠壓，缺點是受潮時粒子容易碎裂。市面上販售的蛭石有30L與100L兩種包裝，分成大顆粒與小顆粒兩種，顏色則有深咖啡色和淺咖啡色（圖6-7）。

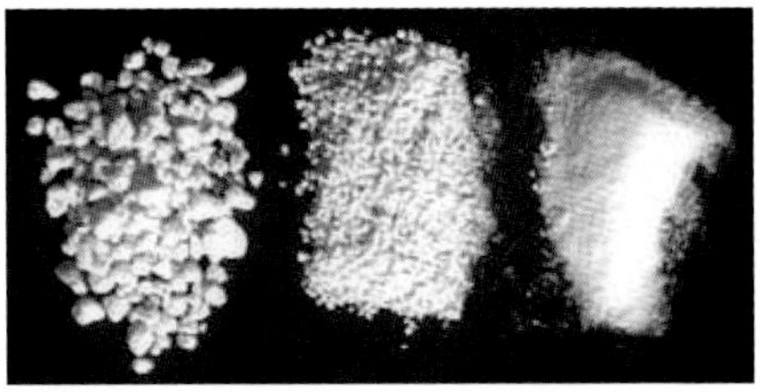

珍珠石（Carolina perlite company產品）

蛭石

沙子

陶粒

磨砂土

圖6-7　粗顆粒土壤混料

(3) 沙子：沙子（sand）在一般建材行可購得，是非常好的土壤改良料且價格便宜，不過重量比較重。適合用於建材的沙子粗細以0.5～2.0mm為最佳，用於土壤混料時，如果沙子量不夠充足，則無助排水與透氣。

沙子雖然良於排水，但是並沒有保水性，所以必須經常澆水。另外，沙子無法提供任何無機物給植物，由於不具陽離子交換容量，所以保持養分能力低下。沙子除了笨重，還可能產生病原體汙染，最好仿照天然土壤進行低溫殺菌。另外，海邊的沙子含有許多水溶性鹽，對植物有害，所以不能用。

(4) 陶粒：陶粒（calcined clay）是將黏質壤土捏成小粒後以700℃燒製而成的，因為有許多孔隙，所以有保水力，加上擁有適量的陽離子交換容量，可說是一種非常安全，而且可永久使用的土壤混料（圖6-7）。不過價格昂貴，是泥炭土與蛭石的五～六倍之多。陶粒有多款粗細規格，可依照用途挑選，一般會以陶粒做為蘭花的土壤或水耕栽培的栽培介質。

(5) 磨砂土：磨砂土是各種岩石在風化作用後的產物，是介於石頭與泥土之間的碎石土（圖6-7）。主要開採於山脈，分成白磨砂與蛭磨砂，若用於土壤混物，通常有三種粗細規格。磨砂土因為含有許多黃土，澆水後會糾黏在一起，造成排水不良，因此使用前須先用清水洗過。磨砂土在國內容易取得，而且價格低廉所以被廣為使用。由於重量的因素，用於室外盆栽更優於室內盆栽，另外也可以做為多肉植物的土壤以及覆蓋物材料。

(6) 水耕用凝膠：製作土壤混料時，可以改善土質的另一種物質是用於水耕的水凝膠（hydro gel），水凝膠能夠增加保水力，同時擁有良好的排水性和透氣性。市面上有各式品名的水凝膠，主要有乾燥顆粒狀以及水凝膠狀兩種（圖6-8）。

圖6-8　水耕用水凝膠

水凝膠可以吸收比它自身重量多達一百三十倍的水分，種在添加水凝膠之土壤裡的觀葉植物，澆水效果可以延長15～30%。如果各位想省下經常澆水的麻煩，的確可使用水凝膠來解決，不過必須認真考量價格問題。

盆栽土壤調配

最理想的土壤就是根據植物特性而調配的，但盆栽土壤和一般庭園裡的土壤所需特性大不相同。

盆栽土壤的條件

盆栽土壤不同於庭院裡的土壤，必須要是多孔性，而且排水性、透氣性，以及對植物非常重要的保水性都要很好。園藝專家認為，土壤裡必須有50%的孔隙，而進行灌水與排水時，在這50%的孔隙中，水分與空氣必須各占50%。

此外，土壤中的鹽分不可太多，而且必須擁有充足的陽離子交換容量，才能保留與供給肥料，以100g的乾燥土壤來說，2～4個毫當量（milliequivalents）即含有適量的肥料成分。擁有充足陽離子交換容量的土壤，因為緩衝力大，所以能維持酸鹼值（pH值）。尤其是置於室外，在陽光底下快速生長、開花的盆栽，肥料成分必須更加充足。

土壤的調配必須標準化，澆水和施肥也是一樣。土壤的重量、密度除了大大左右了施作難易度，也會影響植物的直立程度，密度以0.15～0.75g/cm^{3}最為理想。土壤乾燥與潮濕時，體積必須一致，膨脹率不能超過10%。土壤須均一化，才會沒有病蟲害、雜草種子、有害的化學物質。另外生物學與化學特質必須穩定，才不太快腐爛，不會因為時間而變質，還有最重要的一點就是價格必須便宜。

不管是何種土壤混料，都無法同時具有以上特性，所以必須使用多種混料來彌補各自不足的缺點。

土壤調配實例

對植物而言，最理想的土壤就是能符合植物本身特性的，不過盆栽並不像農場裡只大量生產單一植物，而必須使用各式各樣的植物、應用於各種空間，所以要針對每一種植物調配土壤是有其困難度的。尤其要在同一容器、

觀葉植物　觀葉植物　多肉植物　蘭花　盆栽

圖6-9　依植物特性調配的盆栽土壤（室內）

花槽內種植多種植物，就只能使用適用於各種植物的土壤。為了方便使用，盆栽土壤大致上分成室內盆栽與室外盆栽兩種，室內盆栽土壤分成觀葉植物、多肉植物、蘭花、鳳梨科植物、食蟲植物用，以植物類別調配土壤，凡是類似的植物都可以使用（表6-2）。

國外依據這些植物特性所調配的混合土已經商用化，然而雖有一套混合指南，不過使用者也可以透過各種方法進行調配土壤（圖6-9）。

有一點需注意的是，國內市面上的土壤混料說明書多半都不太正確，購買時需注意是否全為人造土壤、是否摻有天然土壤、有沒有加入肥料成分或濕潤劑、有無調整過酸度等等這些因素，確認無誤後再進行實驗試用。

調配時材料須均勻混合，

圖6-10　少量之土壤混合與小型電動土壤混合機

庭院植物　花草類　花草類、蔬菜　花草類　香草

圖 6-9　依植物特性調配的盆栽土壤（室外）

量少時可以直接用手或圓鍬進行，量大時則可使用土壤混合機（圖6-10）。接著將以天然土壤與人造土壤做說明——

（1）使用天然土壤調配室外盆栽土壤：使用自然土壤調配盆栽土壤時，最好價格便宜，含有所需養分，而且有重量感能支撐植物。由於排水性與透氣性不佳，所以必須加入泥炭土這類有機質，或珍珠石、蛭石、沙子等顆粒較粗的混合料。

天然土壤有感染病蟲害之虞，用於室外雖無問題，但如果要用在室內就必須經過消毒，在使用上比較麻煩。此外，使用天然土當混料比較難讓土壤標準化，因為土壤會根據產地而不同，如果要使用天然土壤中的砂質壤土，可參考表6-2，以多種混料和比例進行調配。

如果是用於室外盆栽的土壤，除了天然土壤，還必須增加堆肥或腐葉土，才能避免植物缺乏營養。

（2）人造土壤調配：人造土壤質地輕，利於植栽的施作。像室內空間、屋頂花園、垂直花園這類必須考量荷重問題的空間，使用人造土壤是最合適的。另外，由於室內盆栽植物的根部組織比室外盆栽植物少，無法承受天然土壤的密度與重量，為了根部的成長與呼吸，使用透氣性好的人造土壤是最理想的。

人造土壤通常會混合適當比例的泥炭土、蛭石與珍珠石，混合成分因為標準化、規格化的關係，所以隨時隨地都可以使用。人造土壤重量輕而且經

表6-2　國外市面販售的盆栽土壤調配範例（Briggs與Calvin，1987）

土壤材料	室外用		室內用								
	庭院盆栽		觀葉植物	多肉植物	蘭花		鳳梨科植物	食蟲植物		蕨類	球莖[a]
自然土（砂質壤土）	1/3	1/4		1/4						1/4	1/3
泥炭土	1/3	1/4	1/3	1/4	1/3		1/3	2/5		1/2	1/3
水蘚								2/5	1		
赤松葉								1/5			
樹皮					1/3	1	1/3				
蛭石			1/3								1/3
珍珠石	1/3		1/3		1/3					1/4	
沙子		1/4[b]		1/2[b]			1/3				
堆肥		1/4									

[a]使用於室內
[b]可用珍珠石代替

過消毒，有絕佳的化學性與物理性條件，用於盆栽土壤非常方便。如果需要額外肥料，可在調配時加入，甚至是植栽完成後再加入。

人造土壤的體積和密度較低，易使植物倒塌，因此不利於體積較大的喬木植栽。泥炭土首次吸水效果比較差，可在調配前或使用時先行潤濕——

・適合室外盆栽的土壤配方比：在陽光充足的室外空間開花生長的草本與木本開花植物與蔬菜類的盆栽土壤，最好能加入一些庭院裡的天然土壤。如果無法取得合適的砂質壤土，或較輕的土壤，使用人造土壤最方便。室外植物的代謝活動力強，所以土壤的透氣性、排水性、保水性相對來說要求會比室內植物高，建議可以購買含有肥料的混合土壤，或是參考表6-3混合土A，以1：1的比例混合泥炭土和珍珠石的時候，事先加入肥料。

・適合室內盆栽的土壤配方比：表6-3的混合土B主要針對需高保水性的室內植物，像是秋海棠、花葉芋、蕨類、嬰兒淚屬、竹芋、酢醬草屬、冷水花屬、千母草屬等根部組織細的觀葉植物均可適用。如果不是光度充足的室內空間，則不需事先在土壤裡加入肥料。

混合土C主要針對喜歡排水性、透氣性佳土壤的植物，像是非洲堇、喜蔭花屬、合果芋屬、草胡椒屬、蔓綠絨、花葉萬年青屬、粗肋草屬、龜背竹

表6-3 各植物特性的混合土壤（100L）調配實例（Manaker，1987）

混合土壤與肥料		室外用	室內用	
		A：室外盆栽	B：保水性高的土壤	C：保水性與透氣性高的土壤
土壤	泥炭土（1.3cm mesh）	50L	50L	33L
	蛭石（0.5～3mm細顆粒）	50L	25L	—
	珍珠石（1～5mm中顆粒）	—	25L	33L
	樹皮（花旗松，3～6mm）	—	—	33L
肥料	苦土石灰粉	14ts（211mL）		
	20%過磷酸石灰粉	6ts（85mL）		
	複合肥料(10:10:10)	9ts（127mL）		
	微量要素（極少量）			

屬、綠蘿等根部組織粗的觀葉植物，還有鳳梨科植物、仙人掌、青鎖龍屬、蘆薈、毬蘭等多肉植物、附生植物均可適用。如果不是光度充足的室內空間，則不需事先在土壤裡加入肥料。

土壤管理

土壤調配完成後，各位必須考量後續的費用及方便性，以及如何存放及消毒等管理問題。

土壤的選擇與費用

選擇盆栽土壤時，需考慮到幾個條件，像是前往購買地點是否便利、材料價格、材料搬運、混合時所需的人力與設備、如何存放與存放空間、是否經過低溫殺菌、是否有肥料或其他添加物、存放衍生的費用等等。

另外，材料購買的難易度、是否每次可以調製出相同的土壤、有沒有充分了解土壤材料也是必須考量的因素。經過充分考量過後，再來決定要買材料自行調配，還是買現成的混合土壤，然後才能決定要使用天然土壤還是人造土壤。

土壤存放

人造土壤重量輕而且有包裝則方便存放，不過開封的人造土壤存放過久，會越來越乾燥，所以一定要密封存放。若存放於室外，塑膠材質的包裝袋會因為變質而受潮，有可能讓病原體入侵，所以存放時不能接觸地面。如果將土壤存放在有作物保護劑的地方，有些作物保護劑會揮發，會造成土壤吸收而產生不良影響。

土壤消毒

珍珠石、蛭石這類人造土壤已經是無菌狀態，然而天然土、堆肥這類有機質成分就有必要進行消毒。使用天然土壤時，往往因為勞力和費用的考量，省略掉消毒這個步驟。但用於室內盆栽的土壤，最好經過消毒比較安全，需要殺菌的對象有害蟲、病原菌、雜草種子等等。

消毒有分高溫消毒和藥劑消毒兩種，除非土壤量太多無法使用高溫消毒，否則最好不要用藥劑消毒。通常進行土壤消毒需要專業設備或器具，對盆栽設計師與使用者來說難以施作。不過身為設計師由於常接觸到土壤，最好還是要熟知消毒知識，若能提供使用者一些居家簡單消毒方法，相信一定能深受使用者信賴。

一般的病原菌，以60℃的溫度消毒三十分鐘即可殺菌，雜草種子則需以80℃高溫消毒三十分鐘。但是如果以100℃以上的高溫消毒土壤，也會殺死對植物有益處的微生物，所以必須像消毒牛奶一樣，採用低溫殺菌的方式。也就是以80℃的高溫加熱三十分鐘，但是要注意不要超過100℃，一般使用乾熱或蒸氣方式可加熱到80℃，但使用活蒸氣則往往會超過100℃。針對少量土壤進行殺菌時，電氣式消毒是最有效率的；如果是大規模的土壤，則是蒸氣消毒的經濟效益最高。

以電熱器或廚房烤箱的乾熱為土壤消毒時，是利用土壤導熱與對流，如果消毒的是乾燥土壤，為使土壤受熱均勻，溫度需比原來設定的溫度更高，不過變滾燙的土壤，所含的有機質有可能會被破壞；如果消毒的是潮濕的土壤，由於受熱之後會產出活蒸氣，則可能造成加熱過度。

蒸氣消毒是指在土壤潮濕的狀態下進行消毒，如果消毒時間過長，除了土壤構造遭到破壞，也可能會釋放出對植物有害的毒性化學物質。活蒸氣可加熱到100℃，但是會提高磷酸、鉀、錳、鋅、鐵、銅、硼等成分的溶解性，而使水溶性鹽分增加，因此在進行蒸氣消毒時，需以肥料成分少的土壤為對象，或乾脆在消毒以前不放肥料。

7 裝飾物與添景材料

近來應用在生活空間、商業空間的裝飾盆栽有越來越多的趨勢，這已不只是單純把植物栽種於美麗花器，擺放在某個角落，而是發展到能利用五花八門的裝飾物、添景材料，來提高視覺效果的程度了。大規模的室內外盆栽花園裡隨處可見到為盆栽設計增色的添景材料，這些裝飾物、添景材料除了能夠提高視覺效果，還能夠創造出經濟價值，是故設計師有必要深入了解這些材料的功能與作用。

接下來的這個章節裡，將針對小型盆栽裝飾材料、盆栽造型物、設計盆栽時會用到的各式裝飾物材料、人造植物，以及在規劃盆栽空間時會用到的添景材料進行介紹。

用於容器的裝飾材料

雖然只要把植物移植到裝飾容器裡，就能算完成設計，然而若能進一步利用各式裝飾物，就可能營造出容器與植物無法單獨表現的視覺效果，並且大大提升附加價值。

針對這樣的目的，可運用的材料琳瑯滿目，大致上分成底下幾種，分別是為容器增色的裝飾物或樹枝、覆蓋在土壤表面上的覆蓋物（mulching）材料、包裝盆栽的材料與蝴蝶結、搭配盆栽的裝飾物（表7-1）。其實以上這些材料都能輕易在日常生活中找到。

如果是用於小型容器的裝飾物，可依照盆栽的主題做選擇。例如情人節用愛心，聖誕節或紀念日可用楞杖與襪子，復活節裝飾可用禮物盒、兔子、小雞和彩蛋，萬聖節可用巫婆、南瓜、幽靈等裝飾物。除了以上節日色彩強烈的裝飾物之外，還有其他更多，可以提高視覺效果的材料，例如為了營造出自然的感覺，一般會將樹枝插在容器裡或圍繞在容器邊緣，必要時也會用來當植物的支撐物（圖7-1）。

表 7-1　用於容器的裝飾材料

區分	裝飾方法	材料
添加裝飾物	容器內增加裝飾物	各種造型物、裝飾造型石頭、古木、金屬棒、樹叢、旗子、花環（wreath）、愛心（heart）、鳥蛋、貝殼、肉桂棒、葫蘆瓢、菜瓜布、鐵絲、網子、網紗、棉花、珠珠、線、布、羽毛等等。
	插入或纏繞樹枝、使用支撐物。	旱柳、紅瑞木、山茱萸屬、獼猴桃屬、梧桐、榛屬等樹枝或乾燥樹枝。
	使用有裝飾效果的支柱。	方尖碑、鐵材、木材等支撐物。
覆蓋物	覆蓋土壤表面。	青苔、椰子纖維、黃麻纖維、麻紗、小石頭、發泡煉石、貝殼、沙子等等。
包裝	包裝容器或整個盆栽	包裝紙、禮物袋等等。
	以絲帶或紙線（raffia）裝飾	絲帶或紙線等等。
	將各種材料黏或綁在容器上。	樹葉、乾燥材料、羽毛、纖維等等。
配置裝飾物	將盆栽跟各種裝飾品一起擺設。	造型物、蕾絲、鳥蛋等等。
	同一容器內使用多個盆栽與裝飾物。	造型物、裝飾瓶子等。

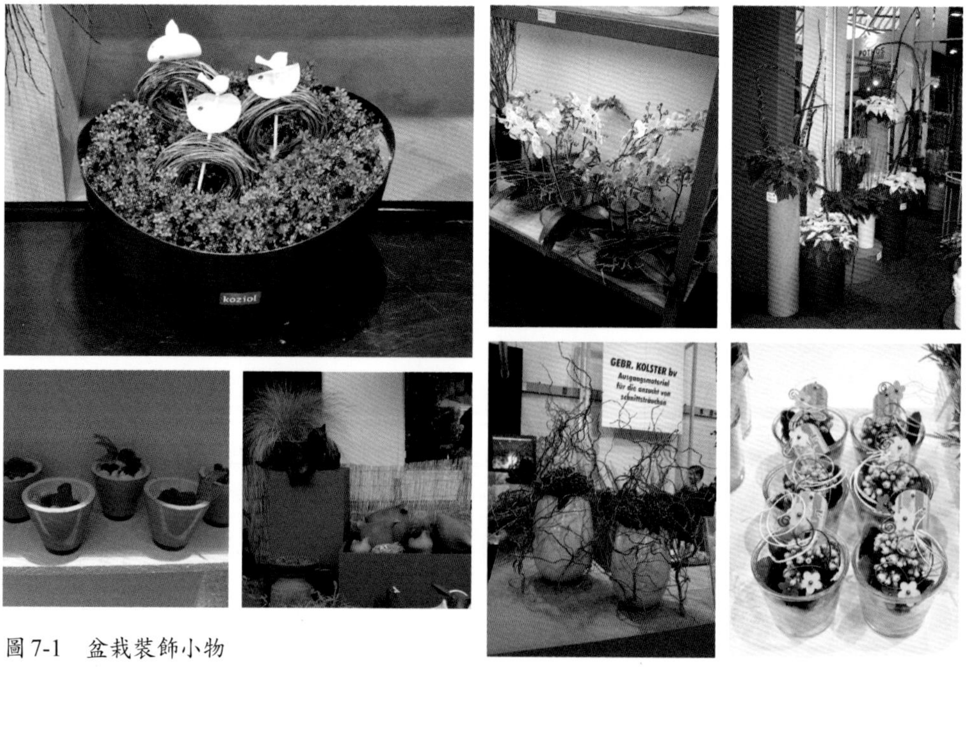

圖 7-1　盆栽裝飾小物

圖 7-2　覆蓋物

除了使用裝飾小擺件，還有另一個簡單的方法就是將染過色的椰子纖維或白髮蘚鋪在土壤表面做成覆蓋物（圖 7-2），做覆蓋物時需注意，不可將土壤表面全部蓋住，而只覆蓋部分，以利觀察土壤的水分狀態。不建議用石頭做裝飾覆蓋物，因為石頭的重量會壓迫土壤，如非不得已最好避免。

將盆栽包裝起來的目的，除了方便拿取，其實也有裝飾效果。包裝材料除了紙張和塑膠包裝紙，也可以把綠葉、乾燥花、樹枝等黏在盆栽上，有些包裝紙還能兼做花盆墊使用，小提籃也是坊間愛用的素材（圖 7-3）。為了讓盆栽有更多變化，並為提高其附加價值，除了上述這些，也值得持續努力開發新的材料和方法。近來出現的另一個提高盆栽視覺效果的辦法，是在盆栽旁擺裝飾物（圖 7-4）。

圖 7-3　包裝

裝飾造型材料

利用鐵棒、鐵絲、水管、金屬板、鐵網、木材、壓克力、玻璃、石頭等各式各樣

圖 7-4　搭配盆栽的擺飾

的材料，做出能支撐植物的造型物，再將植物掛上去或擺上去，就是最與眾不同的擺設（圖 7-5）。

這類造型物主要用於大規模的飯店、百貨公司展示空間、博覽會、展場等等，是以搭配盆栽的特殊方式製作的，只要在造型物的型態、材質、顏色上做出變化，就能達到想要的效果。至於造型物的材料，有些會巧妙地隱藏起來，有些則大方展示於人，也具有相當的裝飾效果。能與造型物搭配

圖 7-5　利用盆栽和造型物做成的擺設

圖 7-6　人造植物

的材料相當多樣化，有鐵絲、鐵絲網、漁網、布、珠珠、線、棉花、羽毛、貝殼、網子、樹枝等等。

人造植物

人造花與人造木這類人造植物（artificial flowers and plants）因為持久、容易製作、方便管理，所以常用於展示空間、樣品屋以及櫥窗等室內空間。（圖 7-6）人造植物也兼具裝飾品、添景材料的功能，在光線不足的室內空間裡，是天然植物的最佳代替品，雖然不具有天然植物的機能效果，不過卻有真正植物所無法擁有的顏色與姿態，裝飾效果非常之高。

室內外空間的添景材料

收到必須在有限空間內設計盆栽的委託時，首先必須先了解該空間的用途與目的，因為這會大大影響盆栽設計的規模、樣式以及預算範圍。雖然也可以只靠植物來布置空間，但如果能善用添景材料，就能打造出光靠植物所不能及的氣氛。一般對添景材料的狹義認知是諸如有「畫龍點睛」裝飾效果

表7-2　組成空間的添景材料種類

區別		種類	材料與特性
空間組成元素	地面	鋪磚	各種石頭、磚頭、墊腳石等。
		鋪碎石	碎石、卵石、磨沙、樹皮、石板片等。
		鋪板（decking）	各種木材、鐵路枕木等等
		水	池塘、水池（pool）水道、噴泉、瀑布、橋等。
	牆壁	牆壁	木材、鐵材、磚頭、水泥磚、自然石等。
		出入門	出入門等。
		圍籬	圍籬、格子屏（trellis）、圍屏（screens）等。
	屋頂	設施	亭子、涼亭（gazebo）、裝飾性建築（folly）、花園小屋、溫室等。
		構造物	拱門、涼棚等。
空間內元素	家具	椅子	椅子、公園長椅、日光浴床、涼亭座位（arbour seat）、鞦韆等。
		桌子	桌子等。
		家飾	遮陽傘、布棚、坐墊、抱枕等。
	造型物	雕刻	人、動物造型等。
		擺飾物件（objects）	方尖碑、吐水口、花盆、旗子、幟（banner）、牛飼料桶、鐵鍋、古木等。
		石物	石塔、石臼花盆、小石磨、石杵、天然石等。
	燈光		庭院燈、太陽能燈、LED照明、雷射等。
	聲音效果		庭院音樂、鳥、青蛙、蟲鳴等。
	動物		鸚哥、鸚鵡、鬣蜥、巴西龜、青蛙、金魚、螽斯等。

的造型物；廣義上則可指跟植物搭配的所有材料，其中還包含該組成空間的地板、牆壁、天花板等元素（表7-2）。

若添景材料搭配得宜，除了能讓空間更具視覺美感，也能發揮機能效果。有些添景材料就具有強烈的特色，能安撫情緒、醞釀美好情感，由於吸引目光，還可藉此誘導方向、空間流程以及調整視野。只要調整好光線、溫度和濕度，甚至能有保護植物的效果，另外也具有遮蔽和隱蔽的功用。在經濟效益方面，添景材料的瑕疵比植物少，若是身處不適合植物生長的環境，可減少植物的量，增加添景材料，儘管費用降低，依然可以打造有裝飾效果的空間。

當然其中最重要的，就是必須選擇能夠搭配空間個性與氛圍的添景材料，不管是型態、大小、顏色、質感，都得跟空間裡的其他元素互相配合，如此一來才能創造出和諧之美。想規劃出完美的盆栽設計，除了植物本身，也必須熟知添景材料的特性，並且懂得充分利用與空間設計、庭園設計相關的設計元素與原理。

如表7-2所示，室內外盆栽設計的添景材料，可分成空間組成元素以及空間內元素兩部分來看。空間組成元素是指地板、牆壁以及天花板，空間內部元素是指植物以外的家具或裝飾品等等，靠燈光照明、音響設備、動物也可以改變空間的氣氛。

地面

地面（surfaces）是組成一個空間的最基本元素，也是襯托盆栽的背景。以室內花園為例，可分成石磚空間與非石磚空間，非石磚空間光是靠地面材料就能讓氣氛有很大的轉變。

地面有可能是房子蓋好時的原樣，也可能必須翻新，如果得因應空間的用途或目的進行更改，鋪上可永久使用的木材、石材，或大小不等的小石子與樹皮，就能輕易改變風格，或者也可以打造水池（pool）或池塘來搭配盆栽（圖7-7）——

（1）鋪磚、鋪碎石、鋪板：善用不同的地面材料，就能營造出不一樣的庭園氣氛與風格 ——

・鋪磚（pavings）：以磚頭、馬蹄石、大理石、板岩、鋪路石等石材鋪成的地面，除了非常堅固，可做永久使用，也相當美麗。還有一種是循著動線鋪的墊腳石，使用直徑約30公分的石頭，如果是可同時讓兩隻腳踩在上面的，一般會用直徑50～60公分的墊腳石，從一塊墊腳石的中心到另一塊墊腳時中心的距離為45公分，端賴步伐大小而定。

・鋪碎石（soft surfacing）：以大小不等的小石頭、卵石、磨沙、樹皮、板石片（slate chips）等材料所鋪成的路面變動性大，是一種容易做出視覺變化的材料。有的石子路比較散亂，甚至會弄髒腳，有著種種不便，不過只要應用得當，在視覺效果上可收立竿見影之效。置於光線不充足的大型植物底下，可用來代替地被植物，此外也能裝飾地面；即使光線充足，也常會刻意鋪上小石子來強調地被植物。白色小石子鋪成的路，可用來象徵無水流經的「乾川」，而在池塘裡鋪上黑色小石子，就能塑造出一種水深不見底的感覺。

・鋪板（decking）：鋪板是指與建築相連，沒有遮蓋的裸露地，與庭院相通。通常是和家人吃飯，或有客人時舉行烤肉派對的地方。現在除了室外，也會刻意在室內打造鋪板空間，營造出彷彿置身郊外的錯覺。鋪板主要是用較為堅固的木材建造，像是美國松、柳桉（lauan）、克隆木（apiton）、柚木（teak），不管用於室內還是室外，都不容易腐蝕、磨耗。

（2）水的元素：建構地面時，如有打算設計池塘、水池（pool）等水道，就能導入與橋梁、噴泉（fountain）、瀑布、雨水相關的造型物、水底燈以及水生動物，替空間創造豐富的變化性（圖7-8）。呈現多種型態的水景（waterscape），具有美學價值、加濕效果、視覺及聽覺效果等多種機能效果，對盆栽設計有很重要的影響。不過水中風景的規模會影響施工費用，設計時必須多加注意。水耕所具有的最重要機能就是加濕效果，潺湲而流的水

圖 7-7　地面（鋪磚、鋪碎石、鋪板）

圖 7-8　地面（池塘、出水口、瀑布與水道）

面能安定心靈，而且還有倒映周邊景色的效果。潺潺水聲不但能製造清涼的聲音，還可吸收周遭的噪音。大規模的水景造景就像一件吸引人的雕刻作品，可成為視覺焦點，若能配置類似小廣場的聚集空間或通道，除了觀賞價值之外，還能成為休憩與聚會的空間。

・池塘與水池：池塘與水池（pool）的水是不會流動的，可營造出寧靜的空間，水面倒影能表現出空間的極致之美。只要利用想要的容器造型打造池塘與水池，便能夠自己建造。如欲以水泥建造水槽，就必須施作防水處理，再將外牆貼上自然石材、板石等素材或磁磚。如果是室外，可以採用挖地的方式，在泥土地上挖出水槽形狀後鋪上專用的防水布，或是埋進塑膠水池。不管是池塘還是水池，如果無法讓水流動，水質很容易就會腐敗，所以必須裝設循環、過濾裝置以保持水的乾淨。

池塘與水池往往能成為空間之焦點所在，尤其平靜的水面能營造冥想與休憩的氣氛。平靜的水面，除了具有休憩與倒影效果，也很適合養魚，如果是位於室外，只要多準備飼料和鳥窩，甚至還可以養鳥類。

・水道：水道就是地面上水流經的通道，一個空間裡若設計水道，水流聲音能營造出一種寧靜的氛圍，而且能為乾燥的空氣增加水分。水從供水口流向通道，經過排水口後，再被有過濾裝置的幫浦抽回供水口。通常水道不是筆直而是流線型的，需注意不影響到空間主要動線，最好還能夠示意方向。

若水道設計在兩種不同機能的空間之中，便會擁有劃分空間的作用。

・噴泉與瀑布：噴泉是利用幫浦將水透過各種噴嘴（nozzle）噴出的裝置，藉由調整噴嘴，可決定水柱的強弱與方向。水從噴嘴裡噴出後，通過過濾裝置與幫浦會再度噴出。若水分因為蒸發而減少，則靠水位感應裝置和供水管重新供給，過多的水則靠水位維持排水管排出，以維持一定水位。

瀑布是一種水從高處往下洩的水景，主要為垂直構造，有引人的視覺效果以及一流的聽覺效果。瀑布有能形成落差的垂直壁，水從垂直壁上的水槽流過越流堡後往下洩到下方水槽，之後經過過濾裝置，再被幫浦打上去。一般水從上面直直往下洩者稱為瀑布（waterfall），如果是經過重重關卡後往下流者，則會以小瀑布（cascade）稱之，水沿著壁面往下流者是為壁泉。

噴泉和瀑布具有動態效果，視覺與聽覺的效果很好，可讓人達到心靜自然涼的境界，而且還能阻隔噪音，發揮極高的保濕效果。噴泉和瀑布能塑造出動態感，若設計在室內空間，定有優越的吸睛效果。

牆壁

在空間設計當中，決定好最基本的地面後，接下來就是依照規劃，選擇適當的牆壁材質，牆壁可分割、遮蔽或圍繞空間。牆壁的打造可以是為了實質上的目的，也可單純用於提升視覺效果（圖7-9）——

（1）牆壁、出入門：牆壁和出入門可能是空間當初建造時就已存在，也有可

圖 7-9　牆壁（圍籬，格子屏，圍屏）

能是包含在新設計裡的，相較於地面，出入門的造型、大小、顏色、質感，能帶來更鮮明的視覺效果。出入門（gates）有可能是實際上需要的，也有可能只是形式上的裝飾門。

（2）圍籬、格子屏、圍屏：圍籬（fence）除了能夠劃分界線，一方面也有裝飾效果，主要以木材、鐵材等製作而成。格子屏（trellis）對於空間的隔離意圖比較不明顯，有時是方便讓攀緣植物依附，有時則與植物無關，單純只是部分遮蔽用。圍屏（screens）的樣式五花八門，相較於牆壁和格子屏，可設計成半固定式。

屋頂

在室外規劃有屋頂的空間，或者在有天花板的室內空間裡打造新空間的一種結構（圖 7-10）。屋頂具有可統一複雜多樣元素的作用，能讓人在底下休息——

圖 7-10　屋頂（發呆亭、涼亭座位、拱門）

（1）亭子、涼亭（gazebo）、裝飾性建築（folly）、藤架亭座（arbour seat）、花園小屋（garden room）、溫室亭子、國外的涼亭（gazebo）、藤架亭座（abour seat）、裝飾性建築（folly），都是室內外空間常見有屋頂的結構物。如果是規模相當大的室外空間，也就是庭院，可以設計花園小屋（garden room）或溫室（greenhouse），裡頭也能種植盆栽。

（2）拱門、涼棚：拱門（arch）是一種外框中央上半成圓弧曲線、可以開關的門，很多情況下只設計外框而無實際的門扇。涼棚是一種方便攀緣植物依附的結構物，上方開放、無遮蔽，光線和雨水的透入會受植物的茂密程度而異。

空間內元素

被地面、牆壁、天花板侷限的室內外盆栽園或室內花園裡，可利用椅子、長椅、桌子，甚至更進一步以雕刻、擺件、石頭等造型物創造出更出色的空間。此外也可根據需求增加燈光照明與音響設備，如果規模允許，還可以飼養鳥類、魚類等動物，這都可以為景觀做出變化，除了娛樂聽覺，也增添空間的生動感——

（1）家具：用於盆栽設計的家具（furnishings），有可以坐的椅子、長椅、日光浴床（sunbeds）、鞦韆以及桌子，而遮陽傘、坐墊、抱枕等等，則是能使家具更舒適的附屬品，此外還有各式各樣的布棚（圖 7-11）。

與盆栽設計相關的空間添景材料中，沒有像椅子（chairs and seats）與長椅（benches）、桌子這類使用度如此頻繁的家具了。光靠長椅的配置，

圖 7-11　空間內元素（家具）

就能打造出私人空間、對話空間或聚集空間，地上型花槽的外牆，可做成長椅的坐面與靠背。遮陽傘（parasol）一般設於室外空間，主要與桌子搭配使用，若是設於室內，則無遮陽作用，單純只是用來裝飾。遮陽傘是陽台、露台搭配日光浴床、鞦韆的主要家具。

圖 7-12　空間內元素（造型物）

布棚除了能滿足遮檔陽光的實用目的，只要在色彩上做變化，裝飾性一樣很高，可用於室內外空間，例如打造另類天花板等等。

（2）造型物：除了盆栽和家具以外，造型物的擺設也能為空間創造出變化，造型物可分為雕刻、擺件和石頭——

・雕刻：雕刻可分成有明顯型態的，例如人像、動物、植物的具體雕刻；還有屬於意象型態的抽象雕刻。雕刻是非常重要的添景材料，也是盆栽設計的焦點（圖 7-12）。

雕刻用的材質非常多樣，像是花崗岩、大理石、青銅、鐵、銅、鋁等等。通常擺放於室內的雕刻多使用石膏、木材、塑膠或纖維等比較柔軟的材料。如果要跟植物一起搭配，則要避免使用不耐水的材質。

雕刻的大小端賴空間規模而定，為了方便欣賞，通常會考慮到觀賞者的視線高度，仰頭角度上限不超過30度，最好是可以平行直視，而雕刻的大

圖7-13　空間內元素（擺件）

小以不超過距離長度的一半為主。

・擺件：擺件（object）的使用已經脫離其原來的用途與目的，成為一種創造空間新形象的物體。為調整盆栽設計的效果，使用的擺件越來越多樣，像是方尖碑、吐水口、花盆、旗幟（banner）、飼料桶、鐵鍋、古木等等（圖7-13）。

方尖碑（obelisk）以鐵、木材製成，可單純做裝飾用途，或讓攀緣植物依附。吐水口一般做成鴨子、水車、蜥蜴、撒尿狗、幫浦等造型，可說是盆栽設計不可獲缺的添景材料。

石臼、小石磨、牛飼料桶、水車、鐵鍋、火爐、甕器類、蒸籠、竹蔞、茅屋、瓜棚等農村用品還有古木，都是可以引起思鄉情懷的抒情材料，這些擺件可以讓人感覺到溫馨與平靜。

・石物：可以使用渾然天成的石頭原貌，也可以使用加工後做成其他造型的石頭。這些石物有許多名稱，能使人聯想起山水景緻的是山水景石頭，能使人聯想起動物或其他特殊物體的叫形象石，造型或質感異常美麗且獨特的是怪石。把石頭堆成小山溪谷，並種植小樹於其中，模仿自然山水景色的則是石假山。此外還有當作池塘使用的石蓮池，只有石臼大的水槽，可做魚缸或花盆用途的石盆、用於裝盛怪石的臺石石函、石製平床的石床，還有石塔等等。另外也有被歸類為擺件的石臼、小石磨等實用石物（圖7-14）。

(3) 照明、音響設備：還可運用照明與音響營造出不同的視覺及聽覺變化——

・照明：與室內外盆栽搭配的照明，能提供非常強烈的視覺變化。室內照明除了視覺效果，還必須能同時滿足人類與盆栽植物的需求。用於室外的照明，通常是普通電燈、太陽能燈、水底燈（圖7-15）。

圖7-14　空間內元素（石物）

水底燈能為水池、噴泉、水道等各種水景設計帶來多采多姿的色彩效果，可以提高水景的美學價值。水雖然是無色的東西，但是藉由水槽的底色可呈現出色調上的變化，一般為了強調水的清涼感，水景設施的底部大多會使用藍色系，若是要強調水深，則會以黑色處理。水底燈還可以做出豐富的色彩表現，尤其是在昏暗的氣氛下，更能發揮效果。

・音響設備：在有盆栽的空間裡，可以裝設一些效果特殊的音響設備，這些設備除了播放音樂，有些還有感應功能，可在人通過時適時播放青蛙、鳥

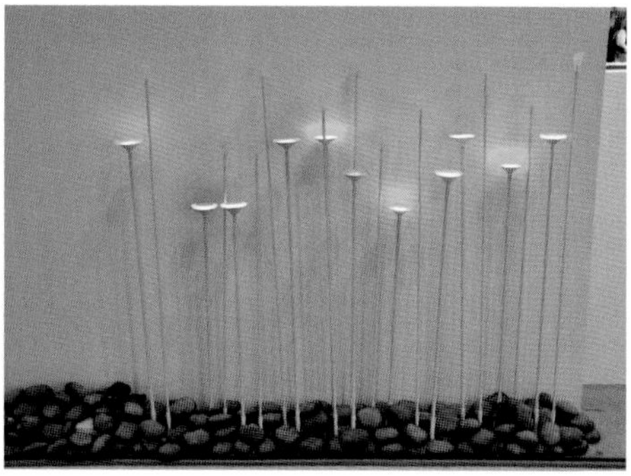

圖7-15　照明

或蟲的叫聲，如利用得宜，可以收到意想不到的效果。

（4）動物：為安靜的植物注入一些有生命力的動物元素，除了能使聽覺獲得享受，還能提供視覺上的趣味，這無疑是為無法親近大自然的現代人補上一劑清涼劑，也可以為無法觀察大自然的小朋友提供最佳的學習教材。若要飼養動物，一定要熟知動物所需的溫度與濕度等環境條件，以及食物和習性，為了能與植物和平共處，需要細膩的管理 ——

・鳥類：將小型鳥類飼養於鳥籠，擺放在室內空間裡，除了可以欣賞鳥的姿態，還可以聆聽美妙的鳥鳴，打造出接近大自然的景觀。尤其是室內，因為阻隔了室外的氣候，以植物為主的設計比較單調而沒有生動感，因此可以加入能帶來生命力與音響效果的鳥類元素。適合養在室內的鳥類有鸚哥、鸚鵡、十姊妹、金絲雀、白文鳥與九官鳥等等，另外如果是在室外，也可以用懸掛鳥窩、飼料架的方式，吸引鳥兒接近。

・水生動物：為了能更突顯水景，通常會設計噴泉或瀑布來增加生動感，在潺潺流動的水池裡，也可以飼養錦鯉魚、金魚、鱉、烏龜、鴛鴦等水生動物。噴泉和瀑布能為水裡提供空氣，形成理想的生活環境。

・爬蟲類和兩棲類：飼養巴西龜、鱉、草龜、鬣蜥、蜥蜴等爬蟲類，或兩棲類如青蛙等，可以營造出沙漠或熱帶雨林的氣氛。

・昆蟲類：如果是室外空間，自然會引來蝴蝶、蜜蜂、蟋蟀、鈴蟲、螽斯等昆蟲的棲息，這些蟲鳴就是大自然的聲音。

8 作業設施、機器，和盆栽植物管理

設計盆栽時，如能準備好適合的作業設施與機器，就能讓過程進行得更順利有效率。具備作業設施的空間，可以是盆栽設計師的工作室，也可以是花園或花園中心的一部分。依照工作內容需求，原則上需要設計室、能保管植物的溫室，以及準備土壤、植栽還有進行裝飾的工作室。這些空間為了要

表8-1　盆栽設計所需的各種作業空間設施、機器與用具

空間	作業與用途	所需設備、器具與工具
設計室	設計	製圖板、電腦、印表機等。
溫室	盆栽材料保管與展示	展示架、澆水裝置、溫度調節裝置、遮光設施等。
作業室	工作用具	工作台、洗手台、置物架等。
	植栽	花鏟、大剷、土壤勺、花剪、樹剪、推車等。
	製作裝飾與添景物	小刀、剪刀、熱熔膠槍、鋸子、多角度切斷器、電鑽、打釘槍、空氣壓縮機、研磨機、熔接機等。
	準備與管理土壤	土壤保管箱、土壤混合機、土壤消毒機、土壤水分顯示計、酸度檢測儀、鹽分檢測儀等。
	環境調節	溫度計、濕度計、照度計等。
	澆水	灑水槍、水管架、澆花器、噴霧器、點滴式澆水裝置、澆水定時器、水桶車等。
	施肥與防制	計量杯與匙、量筒、電子秤、液肥混合器、壓縮式噴霧器、冰箱等。
室外倉庫	澆水	澆水定時器、灑水槍、水管架、噴霧器、自動灑水器、點滴式澆水裝置、澆水幫浦等。
	移動	推車、放雜草的籃子等。
	植栽與除草	花鏟、大剷、鋤頭、短鋤頭、叉子等。
	堆肥製作	耙子、堆肥箱等。

存放、保管設施與材料，必須有置物架、機器和工具，如果能有具備保管室外作業所需的物品與機器之室外，那麼設計師在設計室內外盆栽時，就能更有效率地完成工作（表8-1）。若因經濟因素無法備足上列作業設施，也可依照工作的範圍與規模量力而為，只準備最基本的作業設施和機器。

畢竟設計的對象物是活生生的植物，是否能確實保管與管理好生產農場或花卉批發市場買來的植物以及設計、製作完成的盆栽，都會對設計的品質與後續業績造成莫大影響。本章將會針對作業設施、機器以及盆栽材料上的管理進行說明。

作業設施與機器

以下將說明如何完成基礎設計，挑選種植場地，最後還會詳細敘述各項工具的運用方式。

設計室

畫設計圖的時候會用到製圖板，製圖板分成可移動式的桌上製圖板，還有固定式製圖板，有多種尺寸和使用方式可選擇。如果要設計的盆栽規模不大，A2大小的製圖板就很夠用，如果還能在電腦上用軟體設計是最方便的了。設計室裡要有能夠列印A2大小用紙的印表機，如果沒有，可以委託專業的輸出店代為列印（圖8-1）。

圖8-1　設計室

溫室

為了讓盆栽設計能更順利進行，最好要擁有溫室，可以用來保管從農場或花卉批發中心買來的植物。已經移植到裝飾容器內的植物，在生長趨於穩

圖8-2　玻璃溫室與塑膠布溫室

定、尚未售出之前也一樣會需要一個能夠進行展示，且適合生長的空間。有些植物移植到容器裡之後，壽命會受到影響，因此溫室環境為了符合植物特性，必須能維持適當的光線、溫度與濕度。

如果是常用於室內的熱帶植物，最好要有光線充足、冬天時可維持暖度的小型玻璃溫室，冬天可以加溫的塑膠布溫室和有大窗戶的明亮室內也是不錯的選擇。由於偶爾必須遮擋直射光線，所以最好能有遮光設施；另外還必須有可以調節溫度的冷暖房，並且可以進行澆水。有時候溫室也能成為展示植物、盆栽與販售用植物的展示空間，如果能裝設桌子或展示架，效果會更加顯著（圖8-2）。如果要將室外溫帶植物置於溫室內，則必須導入充足的光線；雖然有些溫帶植物可以放置於室外，但溫室的存在主要還是為了熱帶植物。

作業室

作業室是進行盆栽設計、製作與維護時十分重要的空間，擁有齊全的工具和器材能使工作更順利進行，接下來便要說明作業室內不可或缺的各種常備器物——

（1）工作用具：作業室裡必須要有洗手台以及工作台，還有可以放置各種物品的置物架，另外，最好必須有能夠調整溫度的冷氣和暖氣。在工作台工

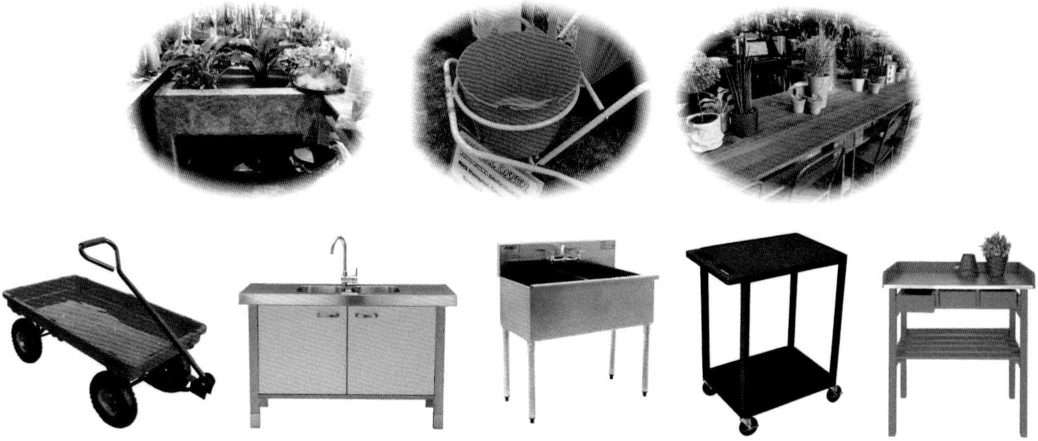

圖8-3　工作台與洗手台、推車
（Esschert Design,Kitchen Contraptions,Content injection,Offex,Sumin One Member 產品）

圖8-4　進行移植時會用到的工具
（One stop gardens,Dewit,Terrarium tools，Promo industrial, Alterra, Aliexpress,Spear & Jackson,IKea,Scheurich,Gardena等產品）

作時，也會需要各種工具和用具，如果都能備齊，工作起來會更順手（圖8-3）。

（2）植栽：盆栽設計在移植時，如果能利用工具進行，就能讓整個設計過程變得更簡單而且更有效率。建議購買有品質保證的工具，並依照工具的機能使用。如果想維持工具壽命，最好時常保持工具的銳利與清潔。

進行移植作業時，一定會用到花鏟和大鏟子，修剪枯黃葉子或樹枝時，則會用到花剪與樹剪。如果是規模大的空間設計或室內花園，就會需要用來鏟泥土的大鏟子（圖8-4）。

（3）製作裝飾與添景物：進行移植，以及製作裝飾物、添景材料時，會用到小刀、剪刀、熱熔膠槍、鋸子、多角度切斷器、電鑽、打釘槍、空氣壓縮機、研磨機、熔接機等等。

小刀有多款尺寸大小以及用途，可以選擇用起來最順手的。剪刀依照用途，有花剪、樹剪、鐵絲剪和緞帶剪刀，熱熔膠槍（glue gun）可用來黏裝飾物或進行連接。

如果遇到較粗，以剪刀無法剪斷的樹枝，則可用鋸子鋸斷，裁切木頭

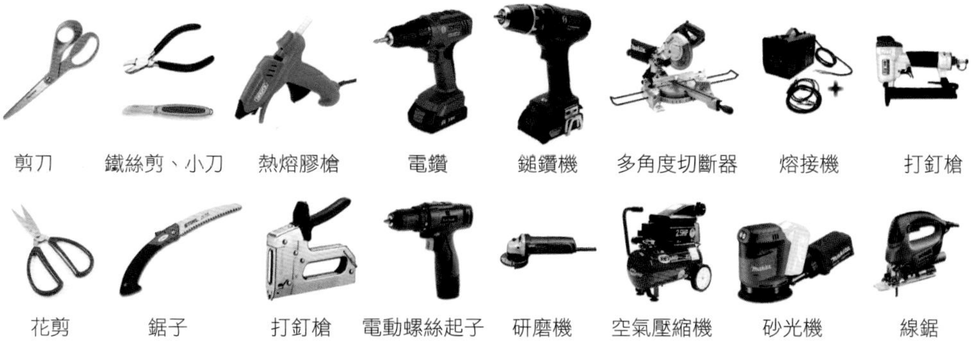

圖 8-5　進行盆栽設計時，會用到的各項工具
(Fiskars,Draper,Stihl,Apexon,Aimsack,Bosch,Makita、第一（韓國品牌），Keyang（韓國品牌）等產品）

時，使用多角度切斷器或線鋸機會非常方便。螺絲起子、電鑽、砂光機、可接空氣壓縮機的打釘槍都是進行木工時，好用又便利的工具，如果常用到鐵器五金，有研磨機和熔接機就能省下許多費用，而且操作起來也很簡單（圖 8-5）。

（4）準備與管理土壤：如果有裝各種土壤材料與土壤混料的箱子，那麼在混合土壤與進行移植作業時會非常輕鬆。如果要混合的土壤量比較多，土壤混合機便是非常方便的機器。國外常見的小型電動土壤混合機只要放入土壤材料，按下按鈕機器就會開始攪拌。如果是室內用的天然土壤或堆肥則必須直接消毒。

利用土壤水分檢視計可輕易得知盆栽土壤的水分狀態，對於不熟悉植物管理要領的人來說，是非常好用的儀器，可讓人準確掌握澆水時機，目前市面上有各式各樣的土壤水分檢視計。倘若土壤未含有適當酸度，即使施予肥料，吸收的效果也不顯著，並會因此阻礙植物的生長。這時可使用酸度檢測儀，幫助土壤維持適當酸度。使用鹽分檢測儀可得知土壤所含的鹽分狀態，如果鹽分過多就能立刻檢測出來（圖 8-6）。

（5）環境調節：不只是作業空間，還有保管植物的溫室，都必須在夏冬兩季，尤其是冬天的時候進行溫度的調節。為此除了需要溫度計，也需要照度計（lux meter），照度計是一種專門測量光度的儀表，有助於找到對植物最

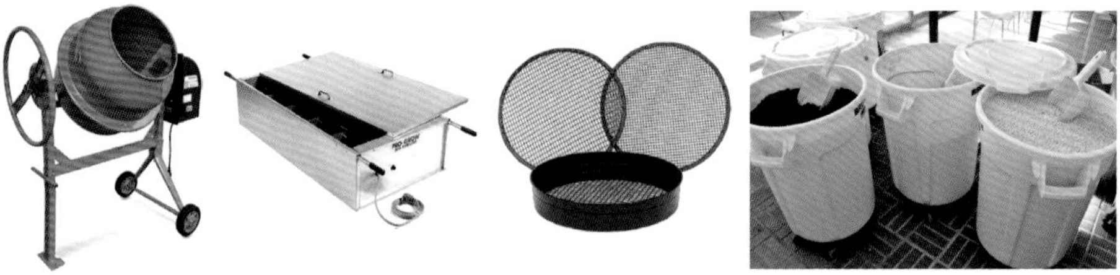

小型土壤混合機　小型土壤消毒機　土壤篩網　土壤保管容器

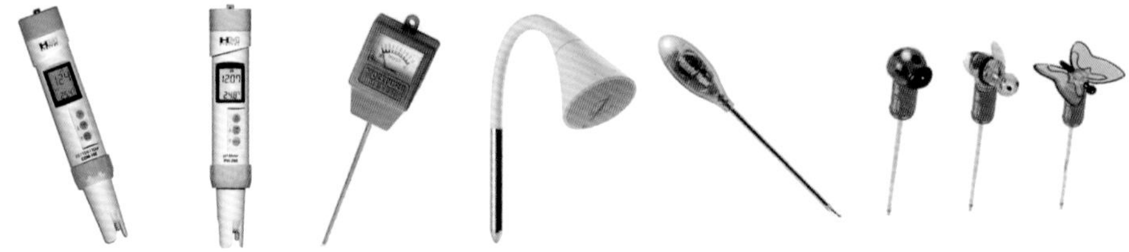

鹽分檢測儀　酸度檢測儀　土壤水分檢視計

圖 8-6　準備與管理土壤的工具
（Atika,Pro-Grow,Parasene,HM digital,New Resources Group,MONEUAL,　Thirsty light 產品）

有利、擁有適量光線的地點。此外，如果有濕度計在管理上也是非常方便的（圖8-7）。

（6）澆水相關器具與用具：替盆栽澆水是一件長期且持續性的工作，擁有方便的澆水機器與用具有助於提高工作效率。最基本的必須擁有合適的灑水槍和可以收納輸水管線的水管架、簡便的澆花器與噴霧器、可自動澆水並且有許多類型的點滴式澆水裝置、可設定澆水時間的澆水定時器。如果是水管無法顧及的地方，則必須有水桶和能夠運載水桶的推車（圖8-8）。

圖8-7　調節環境專用的照度計與溫濕度計
（Guangzhou Landtek Instruments、（股）新世界韓國產品）

（7）施肥與防制相關器具與工具：為方便施肥、防治病蟲害，以及農藥與肥料的混合，需要計量匙、量杯、量筒、電子秤以及自動農藥噴灑器（圖8-9）。若需要處理的盆栽很多，或針對的是盆栽園藝與室內花園，則需要

圖8-8　各式澆水器具與工具（Gardena,Goodman & wife,As seen on TV,Scheurich, ebay,Water sense產品）

能接水龍頭使用的液肥混合器。如果是水管所不能及的地方，則壓縮式噴霧器等等都是非常重要的器具（參考「20.肥料的組成與施作」）。

（8）其他：盆栽設計工作室，除了需要上述的器具與工具，基本上還需要備有許多材料。 這些材料能跟以上的器具、小型工具搭配使用，列計有工作籃、鐵絲、鐵網、各種膠帶、橡皮筋、針、黏著劑、線、鋁箔紙、塑膠袋、螺絲釘等等。

室外倉庫

為方便打造室外盆栽園與管理較大的施工器具，如果能有一間室外倉庫會非常便利，這樣就能把澆水、移動、植栽、除草、堆肥時會用到的各種器具存放在裡面。像是澆水定時器、灑水槍、水管架、各式灑水器、花盆專用點滴式澆水裝置，方便移動的推車、多用途籃子，移植與除

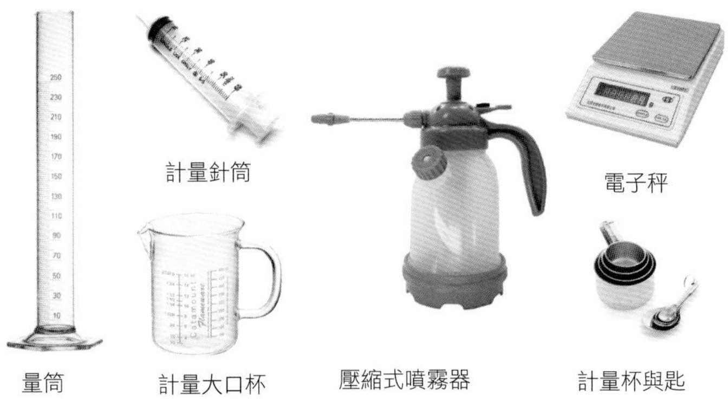

圖8-9　施肥與防制相關器具與工具
（（股）Living Angel,Growell Instruments,（股）興進精密,BHG Shop,The container store,Candle party產品）

草時會用到的花鏟、剷子、鋤頭、短鋤頭、叉子、多功能籃子；製作堆肥會用到的堆肥箱、耙子、篩網等（圖8-10）。

圖8-10　室外倉庫與推車、堆肥桶和箱子

盆栽植物管理

農場裡的花草植物，經過收成與品檢後，被運送到各大花卉批發中心與零售市場，再經過盆栽設計師的精心設計，最後輾轉進到消費者手裡。在這一連串的過程當中，除了盆栽的品質與壽命，也會影響到商品價值與裝飾效果。在每個流通階段裡，盆栽的維持端賴生產者、流通業者、盆栽設計師以及使用者之間的緊密互助。

環境條件是影響盆栽品質與壽命的最重要關鍵，這些條件分別是光線、溫度、水分、濕度還有風量等等。因此盆栽設計師必須具備克服環境條件的知識與技術，懂得利用批發商、零售花店、園藝中心挑選出品質優良的植物。接下來在本節將介紹盆栽設計師在零售花店或園藝中心執行工作時，會用到的設計資料，以及管理盆栽之要領。

農場生產的盆栽特性

盆栽植物的種類繁多，新品種也不斷地被引進國內市場。市面上販售的植物花卉，即使同一種也擁有各種尺寸，因為數量與種類龐大，對盆栽品質的評定很難有一定的標準。一般來說，盆栽的品質端賴植物的整體姿態，像是葉子、花朵顏色、是否有損壞部位、花朵有無老化症狀等等，這些對於盆栽後續的生長與維持都是非常重要的因素，因此盆栽在販售前的管理也就顯得相當重要。

裝在卡車裡的台車

台車塑膠膜包裝機

包以塑膠膜後的台車

在園藝中心展示的台車

圖 8-11　國外批發市場的盆栽裝載

盆栽植物通常一開始是在有適當光線、溫度、水分、濕度以及養分的條件下進行商業栽培的，而後被運送至批發中心、零售花店、園藝中心以及裝飾空間，這時環境條件便會產生劇烈變化。

在很多情況下，盆栽會隨著環境改變，觀賞價值也為之變調。特別是盆栽一旦置於室內空間，就會開始產生諸如葉子黃化、枝幹過長、花朵凋謝或花期延長等問題。為了解決這樣的問題，生產者在售出之前，首先必須經過適當的純化過程，而盆栽設計師也必須了解各種植物的最佳運動條件，以及批發中心和零售花店對於植物的管理方式，使用者對盆栽的管理也必須要有責任感。

韓國國內大部分的室外盆栽植物，都產自溫室與塑膠布溫室，有些植物移植到容器裡後，一旦接觸了室外的直射光線，便會適應不良。倘若初春時就種在溫暖溫室裡，但天氣尚未變暖之前便移出做室外盆栽，植物就有可能因為溫度變化而狀態變差。雖然經過一段時間後就能適應，但是在完全適應之前，恐怕會影響觀賞價值，因此盆栽設計師必須正視這些問題。

運送

一般會以卡車或小型車將盆栽從生產地運往批發中心、零售花店或園藝中心（圖 8-11），這時運送的條件也會大大影響盆栽後續的品質。

如果在冬天運送，將會面臨低溫問題；如果是夏天，就要注意光線是否會因玻璃照射而造成過熱的情形。尤其若卡車上的貨物之間並非密閉空間，外來的強風有可能增快植物的蒸散；人員在上下貨時也有可能造成或多或少的物理傷害，這些都會影響盆栽後續在裝飾空間裡的狀態。目前國內大部分都是短程運輸，所以比較不會產生光線不足的問題。長途運輸在國外較為常見，萬一過程中有所疏失，便會造成花蕾與葉子凋落、枝幹過長、花朵與葉子褪色、感染灰色黴菌、冷害等問題，可能會降低盆栽的品質。

因消費者的喜好，室內觀葉植物在每一個發育期都能販售，如果是會開花的盆栽，最晚也必須在花蕾開到三分之一～二分之一之前就盡快裝貨。

越是熟成的花越容易在運送過程中受到物理性傷害，對乙烯的反應也會因更敏感而加速老化。如果是球莖植物，在花蕾開始有顏色時就必須趕快裝貨，雖然部分觀葉植物可以長時間忍受昏暗的運送條件，但是其他植物如果面臨相同情況，品質便有可能急速敗壞。倘若是對灰色黴菌敏感的植物，則必須要噴灑殺菌劑；尤其是對乙烯敏感者，若能在裝貨之前噴上STS溶液，就可避免運送途中花蕾或花朵、葉子掉落的可能。

盆栽的包裝必須能承受物理性傷害、水分流失以及溫度的變化，如果是小型植物，可先用紙套或塑膠套（sleeve）包裝，然後再放入進塑膠或保利龍（polystyrene）架上。接下來的程序，一種是把盆栽放在特殊台車（trolley）上，再整車送進有溫度調節功能的卡車上；另一種則是先將小型盆栽裝在箱子裡，大型植物則以塑膠袋或紙袋層層包起來，再放到卡車上。

每一種植物在運送過程中的所需溫度都不一樣，大部分已經純化的觀葉植物所要求的溫度是16～19℃，至於耐低溫的觀葉植物，即使是在13℃的狀態下也可以進行裝載，而鬱金香、百合、喇叭水仙、番紅花這類球莖類植物，可於4～5℃之下運送。在夏天陽光充足且高溫環境底下栽培的植物，則需要在更高的溫度底下運送。若是室外溫帶植物處於開花期，運送溫度只要與室外溫度相當即可。運送最合適的溫度，雖然必須視運送期間的長度而定，然而國內鮮少有超過一天以上的路程，所以只要注意夏天高溫與冬天低溫即可。

由於運送過程中不會幫植物澆水，在裝載前就要補足水分，澆水後盆栽重量會增加，所以要考量裝載前的澆水時機。觀葉植物的相對濕度最好能維持在80～90%，裝載後會有一段黑暗期，每種植物對於黑暗期所產生的影響都不一樣，如果黑暗期過久，會形成葉子黃化、葉子和花朵凋落、幼芽過長的問題，不過國內的運送時間並不會太長，有些植物在抵達花卉批發市場後，即使沒有立刻拆箱也不會有大礙。

若觀葉植物在運送途中沒有感染到病菌或害蟲，即使產生乙烯，然而因為量不多，所以不會造成問題。開花植物盆栽對乙烯的敏感度會比觀葉植物高，過熟花朵所釋放的乙烯比花蕾跟幼花多，所以運送植物時，最好選擇在植物發育尚未完全成熟時進行。

零售花店與園藝中心的植栽保管方法

不論是零售花店或園藝中心，想要將植物保管照顧得當，就必須注意以下條件 ——

（1）光線：每一種植物對光照的要求不盡相同，所以不管是零售花店還是園

園藝中心

零售花店

圖 8-12　零售花店與園藝中心裡的植栽展示

藝中心，都必須考量到植物所需的光照條件（圖8-12）。有些盆栽在經歷很長的運送黑暗期後，若再重新接受光照強度6,000～12,000勒克斯（lux）的照明，很快就能恢復生氣。萬一零售花店或園藝中心裡的展示室直線光線照不進來，可以讓植物每天接受十二小時2,000～3,000勒克斯的光照強度，這麼做能讓盆花維持一星期，而且不會失去商品價值。

如果植物長期待在照明不充足的商店裡，盆栽的品質會日益下降，並且將會影響到出售後的狀態，尤其是開花植物受到的影響遠超過觀葉植物。對植物來說，紅色光與青色光混合的照明效果最好，可混用螢光燈或白熱燈，或使用紅色光較多的螢光燈。室外植物如果欠缺光照，整體狀態便會快速走下坡，所以必須置於室外（參考「16.光線與照度」）。

（2）溫度：盆栽植物依照原產地，分成溫帶、暖帶與熱帶植物，因此必須依照植物的需求調整溫度。大部分為人使用的室內盆栽植物，是屬於熱帶與亞熱帶的觀葉植物，所以花店與園藝中心必須盡可能維持在18～24℃。當溫度低於18℃，大部分的植物會停止生長，若低於10℃，不耐低溫的植物便有可能受到傷害，尤其要特別注意冬夜裡的溫度。

若是像鬱金香、風信子、番紅花、葡萄風信子、水仙花、百合、仙客來這類秋植球莖植物，因為屬於溫帶植物，所以5～12℃的溫度是最適當的；其他像三色堇、碧冬茄、蒲包花、瓜葉菊等秋播一年生植物，相對來說也比較能耐低溫，處在高溫的環境裡反而會使花蕾快速發育、加速老化，而更快失去裝飾價值。

溫帶植物通常展示於室外，如果想強制溫帶植物在非開花期開花，就必須把溫度調整到自然開花期時的溫度，可以在展示室植物附近設置溫度計，隨時監測溫度（參考「17.溫度的影響與管理」）。

（3）濕度：大部分需要高濕度的室內熱帶盆栽植物，都必須維持在50～60％的濕度。冬天的濕度會降到30%以下，這時可用加濕器或在花盆墊裡倒水的提高濕度。由於一定面積的空氣濕度會依植物的數量比例上升，所以可讓盆栽緊密聚集（參考「19.空氣的潔淨與植物呼吸」）。

（4）澆水：經過運送的植物，可觀察其土壤狀態，必要時進行澆水，尤其是花卉批發中心裝在紙箱裡的盆栽，由於不便澆水，很多都乾脆不進行水分供給。過當的澆水對植物是有害的，盆栽若已經包裝、裝飾完成，澆水難度會增加，這點必須多加注意（參考「18. 水分與灌溉」）。熱帶盆栽植物的澆水溫度最好在12℃以上，冬天若在植物的葉子上施以冰水，可能會使得植物生病，葉子出現白色斑點。對冰水敏感的觀葉植物有粗肋草、花葉萬年青、網紋草、大岩桐、蔓綠絨、非洲堇、虎尾蘭、綠蘿、合果芋等等。

（5）施肥：盡可能不要為花店或園藝中心裡的盆栽施肥，有一些室內盆栽為了避免土壤裡含有過多鹽分，甚至會將土壤表面農場施的長效肥料粒拿掉。農場所施的肥料可供使用者家裡的盆栽使用二～三個月，盆栽設計師與販售者必須向客戶說明施肥方式（參考「20. 肥料的組成與施作」）。

（6）乙烯：觀葉植物對乙烯的敏感度小，零售花店與園藝中心可不用過於重視此問題。不過開花植物卻會因為乙烯而加速老化，使得花蕾、花朵、葉子凋落。因此，包含開花植物在內，凡是對乙烯敏感度高的植物，運達目的地後都必須立刻拆開包裝，放置在空氣流通的空間，以免累積過多乙烯。零售花店或園藝中心為了避免乙烯對植物產生影響，會噴灑一種名為STS的溶液，STS溶液是不能重複噴灑的，所以必須先確認植物在農場裡是否已有施作過（參考「19. 空氣的潔淨與植物呼吸」）。

盆栽的居家管理方法

盆栽買來放在需要的空間後，可由使用者或委託專家進行管理，盆栽所在的空間，有可能是適合植物生長的環境，也有可能不是。盆栽依暫時、持續、半永久的使用目的，管理方法不盡相同，盆栽設計師必須向使用者說明管理方法。在管理方法之中，光線、溫度、水分的調節最為重要。

隨著盆栽植物的成長，外觀也會產生變化，但是如果管理不當，有可能阻礙植物生長，使之提早枯萎。關於管理植物的詳細方法，請參考「Part 6 室內植物生育環境與盆栽管理」、「Part 7 室外植物生育環境與盆栽管理」。

KLER

Part 3
各式盆栽的製作與設計

第三部為延伸盆栽設計最主要的四種材料植物、土壤、容器、裝飾物與添景材料的基本知識，進一步說明裝土、移植植物的基本技巧，以及如何讓裝飾物與添景材料，跟植物、容器、周圍環境進行搭配。

雖然室內與室外盆栽的設計基本技巧大同小異，但畢竟室內外的光線、溫度、水分條件不盡相同，使用的植物與土壤也會不一樣。盆栽在使用上有暫時、持續、永久之分，有不同的用途與目的，這也會影響植物種類的選擇、盆栽樣式以及管理方法。以下將會以室內、室外為劃分，介紹將植物移植到容器裡的基本技巧。

9 室內盆栽

室內盆栽設計的工作內容與規模非常多樣，像是將植物從生產容器移植到裝飾容器、利用裝飾物與添景材料增加盆栽美感、盆栽後續的管理，或按用途與目的將大型植物移植到大型裝飾容器或花槽中，再擺放於空間。

室內盆栽設計靠著容器種類、造型與大小，植物的種類、大小與數量，還有植物以外的裝飾物或添景材料，就能有千變萬化的表現。基於室內空間的美感以及機能效果的要求，大多數盆栽打造的盆栽園藝，或規模直逼樹林的室內花園，都必須經過體系化的設計，不過就種植植物的技巧而言，基本上是與小型盆栽相似的。

室內盆栽，除了一般常見盆栽，也可使用水耕容器，多半是利用水生植物，或根部可適應水栽的植物。水耕盆栽很多是以發泡煉石（陶粒）做為支撐物來代替土壤，此方法常見於歐洲。附生植物的根部除了能吸收水分與養分，還有吸附的效果，而且不需要土壤，可以用於裝飾室內空間。最近盆栽的形式花樣越來越多，例如栽種於牆面的垂直花園（vertical garden），還有與耗電量少的LED照明結合的盆栽設計。

美麗、造型多變的室內盆栽，除了具有裝飾效果外，還可以解決室內環境的問題，儼然已經成為人類生活的必需品。從古至今每段時期都有流行的盆栽風格，部分甚至擁有專有名稱。盆栽的基本就是將種植於容器裡的觀葉植物，擺放到室內空間，並維持其短暫或永久的效果；如果是蘭花、一年生植物、多年生植物、球莖類植物等以觀賞花朵為主的花草類，會在開花期做短暫欣賞用途；熱帶花草與花木類則多半養在陽台等明亮空間，可做永久觀賞。

在本章裡，將介紹利用一般容器做盆栽設計的基本技巧，以及幾種常見類型的盆栽設計。

室內植物的挑選

跟室外空間比起來，室內空間比較暗，因季節變化產生的溫差比較小，而且也不會下雨，所以不會選擇常用於室外盆栽的溫帶植物，主要以能夠適應室內環境的熱帶、亞熱帶觀葉植物為主。

如果只是開花期做短暫觀賞用途，那麼任何植物都可以使用；若想要半永久、永久觀賞，就要考慮植物生長時所需的光線、溫度、水分等條件，再進行選擇。

農場生產的植物賣到花卉批發中心後，再被盆栽設計師購買。花卉批發中心裡有各式各樣性質不同的植物，加上不斷有新品種被引進，盆栽設計師必須具備挑選適合室內盆栽之植物的能力。一般來說，植物上都會有學名與產地的標籤，但是常可發現許多標錯一般名稱、學名的植物在市面上流通的情形，就連專家也難以辨清。花卉批發市場所販售的植物，有些是當日從農場配送，有些則是已經過了好幾日久未澆水，盆栽看起來卻似乎原封不動放在箱子裡，在選購時必須注意。

挑選植物必須考慮到用途，若目的是希望能長期擺放在室內，那麼可以選擇觀葉植物；如果要觀賞六個月到一年，則以多肉植物為佳；若是一～二個月，可用蘭花與鳳梨科植物；如果一個月以內，那麼任何植物都可以使用。近來花卉批發中心有許多產自溫帶與熱帶的開花植物，挑選時如果忽略植物生長特性，只著重視覺效果，那麼在購買後很有可能會碰到植物逐漸枯萎凋零的窘境。

室內空間除了窗邊和陽台，大部分的空間因為光線不足，即使是觀葉植物也難以承受。另外有一點要注意，那就是有些人對必須澆水的室內盆栽會抱持負面的想法。

將植物移植到裝飾容器的方法

想要將植物移植到自己挑選的容器時，必須注意以下事項，才能幫助植物持續生長。

間接植栽

植物買來後可直接連同生產容器放在裝飾容器裡，這時如果裝飾容器沒有排水孔，就能兼有花盆墊的功能（圖9-1）。為避免露出生產容器，可在上面鋪椰子纖維等覆蓋材料。若室內條件過差，必須經常更換植物，保留生產容器會很方便更換。

連同生產容器種植到裝飾容器中，有可能發生容器大小不合、種植間隔不理想的情形，抑或環境不適合植物生長；若想永久栽種植物最好還是拿掉生產容器，讓植物可以在土壤裡紮根。

排水層

設計室內盆栽在選擇容器時，首要考慮的一個因素就是排水孔的有無，為了排出多餘水分，有排水孔的容器和花盆墊是基本配備。

然而有排水孔之裝飾容器搭配花盆墊的組合商品在市面上較少見，因此也可用各種生活容器取代花盆。雖然可以在生活容器上打洞，不過在室內，花盆墊的使用還是必必須的。美中不足的是，要找到有裝飾效果的花盆墊並不容易，而且如果花盆墊太淺，一旦排水孔排出的水太過氾濫而往外流，往往會破壞地板，因此很多室內盆栽容器都沒有排水孔。有排水孔的花盆除了澆水方便，也有利於植物生長；但只要知道澆水和製作排水層的要領，設計室內盆栽時也是可以使用無排水孔的花盆的——

圖9-1　將植物連同生產容器種到沒有排水孔的裝飾容器裡

圖 9-2　無排水孔容器之排水層

（1）有排水孔的容器：在排水孔上方鋪不織布，以防排水時連泥土也一併排出，然後在不織布上鋪五分之一滿顆粒較粗的排水專用珍珠石或發泡煉石。如果是小型容器，土壤的排水性較好，則可不必做排水層。而且容器裡的土壤層若厚到可供植物根部充分生長，基本上也對製作排水層有利，換句話說，深度越深的容器越有利於製作排水層。

排水層可用顆粒較粗的排水專用珍珠石、發泡煉石、磨砂土、碎石、沙子、樹皮、保麗龍塊製作；若要考量室內移動盆栽的方便性，建議可用較輕的珍珠石、發泡煉石做排水層。

（2）沒有排水孔的容器：沒有排水孔的容器，也能以相同手法做出排水層，將土壤填滿後，再將植物種入（圖 9-2）。排水層由於碎石間的孔隙太大，不會產生毛細管現象，多餘的水分即使積在排水層，也不會回滲到土裡，因此不必擔心土壤過濕。不過如果澆水量太多，滿到排水層上的土壤層，那麼排水層就會失去效果。沒有排水孔的容器只要深度夠深便能做出排水層，若是大型容器，可垂直插入塑膠水管，透過水管觀察排水層的積水狀況，必要時可藉手動幫浦將水抽出。若使用無排水孔的容器，澆水時必須注意水量的控制。

無排水孔的小型盆栽使用噴霧器澆水，可讓水分均勻滲透到土壤裡，降低澆水過多的機率。萬一施水過多，可將盆栽傾斜一邊，倒出多餘的水。

土壤的移植

從生產容器中取出植物時，需小心別傷害到根部，而且盡可能不讓土壤掉落。填土時，要從排水層往上填滿至植物原來的埋土高度，接著將植物根部放置於土壤上，把植物往前後左右方轉一轉，決定好位置後，再將根部間的空隙填滿。

土壤的平面必須略低於容器口，以免澆水時溢出，此外中心位置最好高於邊緣四周，除了看起來會更有立體感，也便於澆水（圖9-3）。

可使用單一土壤、加入土壤混料或混合土壤（參考「6.土壤的組成與分類」）。混土時可利用土壤混合機，如果量比較少，也可把土壤裝在桶子裡用手攪拌。珍珠石的粉塵較多，如果使用乾燥泥炭土，由於不容易沾濕，可以加少許水先行濕潤再混合。

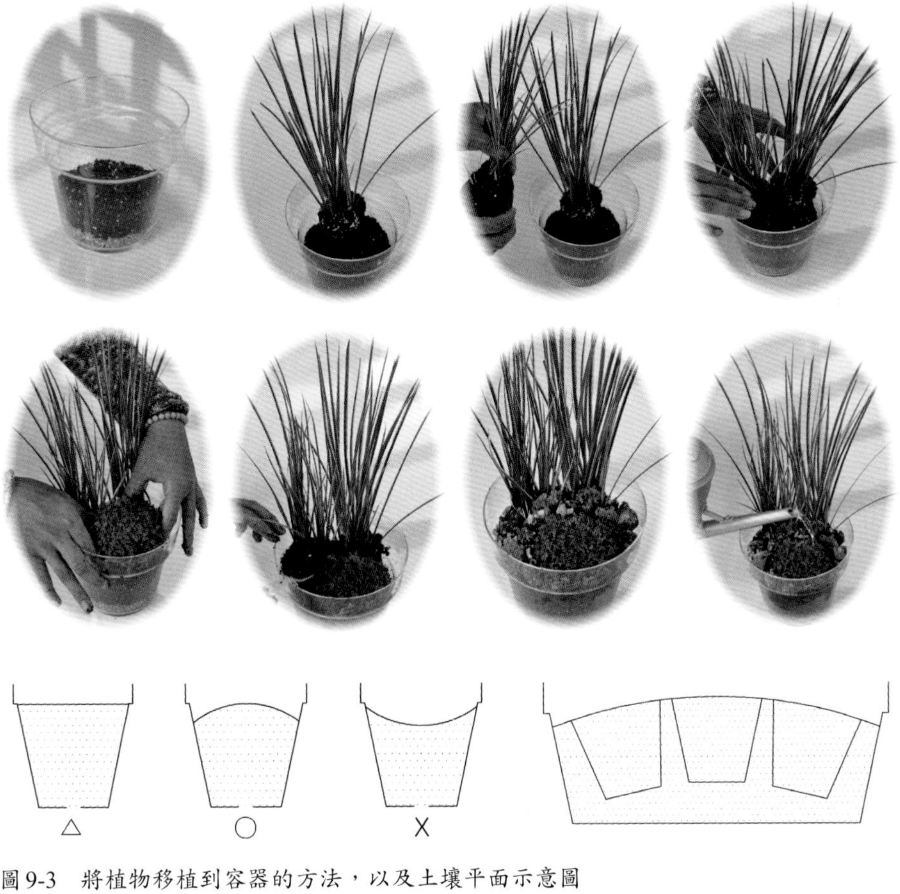

圖9-3　將植物移植到容器的方法，以及土壤平面示意圖

植物的配置與組成

將植物配置到容器裡，可營造成植物在大自然中生長的姿態，也能發揮想像力，呈現不同於大自然的其他面貌。

植物配置技巧

一個容器如果只種一棵植物，種植與後續管理都相當輕鬆，不過若單棵植物盆栽無法呈現視覺效果，或看起來過於單調，就得靠種植多棵相同植物或不同植物的方式來營造獨特感。在同一容器內種植多棵相同植物時，植物高度相似、單一化，與容器、週邊環境比較好搭配，管理上也方便。若想增添多點變化，可在同一個容器內種植多棵不同植物，不過必須是生育習性接近的植物，才便於調整澆水、光線、溫度、濕度等環境條件，這樣即使經過一段時間，外觀也不會走樣。可依照觀葉植物、多肉植物、食蟲植物、水生植物等分類，或就以上類別下的同科植物進行選擇，除了生育條件類似，大小、顏色、質感上也能互相搭配，創造出視覺效果（表9-1，圖9-4）。

依植物生育習性配置的方法

想營造出植物在大自然中生長的感覺，可依植物的生育習性，以結構植物、中段植物以及地被植物三種類型挑選植物（表9-2）。這不代表一次就要種齊以上三種類型的植物，而可依照想要的效果進行搭配，例如結構植物搭地被植物，或中段植物搭地被植物等，這樣任意搭配兩種類型的植物，或只使用其中一種類型的植物（參考「14.室內花園」）。

比較高的結構植物，通常會設計於中央處，這類植物會決定盆栽的高

一個容器種單棵植物　　一個容器種多棵相同植物　　一個容器種多棵相同植物

圖9-4　小型容器植物選擇方法

表9-1　選擇盆栽植物的技巧

容器數量	植物數量	植物種類	植物大小	參考
一個容器	單棵植物			方便管理
	數棵植物	同種	相同大小	方便管理
			不同大小	
		不同種	相同型態／大小	選擇生育特性（光線、溫度、水分）類似的植物
			不同型態／大小	選擇生育特性（光線、溫度、水分）類似的植物 結構植物＋中段植物＋地被植物
多個容器	使用多達2、3、4、5個容器組合（種植相同種類的植物，或種植不同的植物）			

度、規模還有設計的整體框架。若只會從一個視角欣賞盆栽，通常會把最高的植物擺放在中央後方，如果是多方視角，則必須擺放在正中央（圖9-5）。較大較寬的容器與花槽，可嘗試種植多棵結構植物。依樣式的構成方法，可參考「11.盆栽設計過程」。

相同大小的結構植物可以固定間距排列，不同大小的結構植物則可以非對稱方式排列。雖然焦點植物不是必須的，不過選擇結構植物時，最好選能引人注目的，這樣才有吸睛的效果。

完成結構植物的移植後，依照設計所需，會在視線集中的地方增加一些裝飾物或添景材料，這也有可能是在植栽告一段落後才增加。

下一個階段就是在結構植物附近配置中段植物，中段植物與地被植物通常體積較小，為了跟結構植物達到視覺平衡，配置的數量會比較多，中段植物主要以開花植物、外觀華麗或顏色顯眼的植物為主，跟裝飾物、添景材料

一個容器種多顆不同植物

兩個容器組合

九個容器組合

表9-2　面積植栽類型

區分	功能		室內植物實例
結構植物	規模	結構	垂榕、龍血樹屬、異葉南洋杉、黃金柏等
中段植物	體積	變化	粗肋草、蔓綠絨、白鶴芋、火鶴花（花燭屬）等
地被植物	背景	收尾	綠蘿、吊蘭、冷水花、卷柏等
焦點植物	差異	強調	結構植物或中段植物中最引人注目者

表9-3　容器植物配置順序

結構植物 → 裝飾物與添景材料 → 中段植物 → 地被植物 → 覆蓋物

一樣都能吸引視線焦點。配置中段植物的方法有很多種，例如安排在結構植物附近，或者與結構植物區隔開來，只要能跟結構植物達到平衡即可（參考「7.裝飾物與添景材料」）。

最後，再加入體積小、會蔓延地面而舖展生長的攀緣植物等地被植物，做為結構、中段植物的襯底，地被植物不需把土壤全部覆蓋住（圖9-5與9-6、表9-3）。

圖9-5　結構植物，中段植物，地被植物

覆蓋物

地被植物移植完成後，剩下裸露的土壤表面可利用覆蓋物（mulching）來裝飾，能使用的材料有白髮苔、磨砂土、椰子纖維、樹皮、碎石等等。建議不要將所有裸露的土壤全部覆蓋，只做部分覆蓋，如此一來除了可在視覺上提供變化，也

圖9-6　容器植物配置實例

可以增加土壤的透氣性，有利觀察水分情形（圖9-7）。

室內盆栽覆蓋物之目的還是以裝飾為主，但還有另一個好處是能在澆水時避免水的噴濺。使用石頭這類較重的材料當覆蓋物，會減少土壤的透氣性。使用水蘚（泥炭蘚）或白髮苔等有機物質，則會製造出土壤與覆蓋物間的潮濕環境，如此一來將促進微生物生長，微生物便會慢慢地將有機物質分解；另一項需注意的，就是也可能會招來存在於有機物質內的害蟲。

植栽的要點

室內觀葉植物會生長到一定程度，為避免種植

圖9-7　容器土壤表面的裝飾覆蓋物

得太密集導致經過一段時間就必須更換容器或植物，植物間最好要隔出一段間距。要注意間距不能過大，種得太鬆將影響視覺效果，恐會波及銷售，尤其是用於室內設計的盆栽，視覺效果會大打折扣。盆栽在製作完成的當下，就必須具備雛形，記得稍微留一些讓植物生長的空間。

栽種植物時，要盡可能避免植物受到物理壓力，盆栽設計師前往花卉批發中心購買植物後，將再次往花店或園藝中心移動，這時植物就會因為運送、環境的變遷而處於壓力狀態。因此，必須盡可能不讓植物受到任何衝擊，盡快讓植物進到穩定的空間適應環境。另外要小心別讓土壤散落在葉子上，除了葉子上的土壤很難揮掉以外，由於容器沒有排水孔，也不能用水沖。待植物移植完成，擺放於空間後，在葉子完全固定朝向陽光之前，最好不要碰到植物。關於如何在室內大型花槽栽種植物的方法，請參考「14.室內花園」。

各式盆栽的製作技巧

盆栽因其外觀，在歷史上每個時期所流行的風格都不一樣，有些盆栽雖還有特定名稱，不過基本上各種盆栽的種植要領都很類似。只要靠容器、植物、裝飾物，就能做出千變萬化的造型。

多變化的盆栽設計

有持續觀賞效果的室內盆栽，光靠容器數量、大小、造型、材質、顏色、有無排水口、種植單棵或多棵植物等條件的變化，就能有五花八門的設計，大多數盆栽為我們日常生活所利用，而無特定名稱。

碟盆花園

碟盆花園（dish garden）的種植方式與其他盆栽類似，差別在於主要使用較淺容器，搭配體積小且生長速度緩慢的植物。由於土壤層很淺，種植耐旱植物會便於管理。若使用沒有排水孔的容器，因土壤層太淺，澆水的技術便非常重要。

今日的碟盆花園發展出的風格越來越多樣，利用多肉植物、鳳梨科植物、古木、石頭、樹枝，可打造出沙漠或熱帶林的場景；以葉子垂直發展的石菖蒲或黃紋石菖蒲這類植物，做出池塘風格的碟盆花園更是非常有意思，也有很多是採用相同的植物，做出簡單風格的設計（圖9-8）。

將植物移植到比較淺的容器裡，有些植物可能會面臨必須修剪根部的情況，如果植物恢復得慢，建議可種在土壤正中央，並盡可能把中央的土填高，大部分碟盆花園的盆栽，中央部位都是最高的，越靠邊緣土面就越低。

玻璃盆栽、生態盆栽、水族盆栽

玻璃盆栽（terrarium）的流行，主要是起源於美國沃德箱的實用化，一九七〇年代中半引進韓國，隨著各種造型容器的開發，玻璃盆栽在一九八〇年代蔚為風潮。玻璃盆栽將植物種在密閉容器內，亮晶晶的玻璃襯托出植物的美麗，也增添了一份神秘感。

玻璃容器在密閉前，只要澆水量控制得當就可維持甚久，剛開始若不知如何控制澆水量，可以使用有蓋子或孔洞的容器，方便澆水與透氣（圖9-9）。

至於容器內部，可打造成熱帶雨林、沙漠、池塘等自然風光，或者發揮創意布置出新風格；容器造型、適合的植物、有特色的添景物是提高裝飾效果的關鍵。與其在容器裡種滿植物，有一些留白會更好，適當的留白會使植

圖9-8　現代風格的碟盆花園

圖 9-9　玻璃盆栽

物更加顯眼。玻璃盆栽規模很多，小至書桌裝飾，大到玻璃盆栽牆都可行。

玻璃盆栽的種植要領好比在沒有排水孔的容器內種植植物，在排水層上鋪木炭，可吸收土壤裡的有害物質，增加玻璃盆栽的壽命。喜歡潮濕環境、成長速度緩慢的小型植物都適合做成玻璃盆栽，例如黃瓶子草、捕蠅草、圓葉毛氈苔等食蟲植物，鐵線蕨、鳳尾蕨等蕨類植物、空氣鳳梨（Tillandsia usneoides）、姬鳳梨等鳳梨科植物，還有像卷柏這類的觀葉植物都可以使用。如果是生長速度快的植物，雖然可施以成長抑制劑，不過並不建議使用。

澆水過後的玻璃盆栽內部濕度雖然偏高，對於喜歡乾燥環境的仙人掌與多肉植物不利，但只要水量控制得宜，依然可做成玻璃盆栽。要維持玻璃盆栽，最重要的因素就是水分，跟對沒有排水孔的盆栽澆水的方法一樣，蓋子蓋上後，容器內不會起霧即可，如果能讓土壤維持得比較乾燥，除了可以減緩植物的生長速度，也有助於維持健康。值得注意的一點是，當玻璃盆栽接受直接光線照射時會產生溫室效果，裡面的溫度將急遽上升，所以最好把玻璃盆栽置於明亮但直接線光線照射不到的地方。

充滿沙漠風情的生態盆栽（vivarium），與蜥蜴、蛇類、美洲鬣蜥等動物尤其搭配，主要使用沙子、石頭、古木、多肉植物進行布置，要留意的是不能太潮濕，溫度要維持在20℃以上，如果陽光不夠充足，每天可照十小時六〇瓦的白熱燈，另外還要準備可供動物隱身的岩石、洞窟還有沙子。

如果要布置成森林，則以變色龍、青蛙、蜥蜴、蛇等動物為佳，不過這些動物需在潮濕的環境生存，需置於半陰暗處或使用人工光照，並維持50%的溼度，植物則以原產自熱帶雨林的觀葉植物最為合適。想製作生態盆栽，選擇的動物和植物之生長條件必須相似，所以必須弄清楚動植物的原產地。

圖9-10　吊盆（石松，圓葉蔓綠絨，絲葦）

水族盆栽（aquarium）主要使用莎草屬、大薸（water lettuce）、槐葉蘋屬（salvinia）這類漂浮在水面上的熱帶水生植物與沉水植物。造景完成後，可以放一些烏龜、魚類，記得需挑選生育條件類似的動物與植物。

吊盆

吊盆（hanging pot）就是垂吊在空中的盆栽，主要使用莖葉較長或往下蔓延的攀緣植物，市面上有各式造型的室內吊盆，挑選要領就是選擇有附花盆墊或排水孔塞的。若真的找不到合適的吊盆，即使澆水比較麻煩，也至少要選擇沒有排水孔的。

人走在枝葉茂密的森林裡，內心會感覺到平靜與幸福，如果室內空間因為條件上的限制，無法擺放大型盆栽植物，那麼不妨利用吊盆，將吊盆垂掛在頭頂高度，也能營造出類似的氛圍（圖9-10）。

適合做吊盆的植物有綠蘿、合果芋、圓葉蔓綠絨、草胡椒、紫背萬年青屬、常春藤、口紅花等攀緣觀葉植物，或是愛之蔓、綠之鈴、絲葦、三角柱屬等莖葉較長的多肉植物。石松屬也是不錯的選擇，另外還有吊蘭、虎耳草這類植物，雖然不如攀緣植物那般細長，但是匍匐莖會生節長芽，莖葉也有延伸效果。

常養在家裡的蘭花之中，屬於附生植物的萬代蘭（Vanda）吊盆，不能使用土壤，而必須使用裸根吊掛種植的方式，可欣賞萬代蘭往下伸展的氣根姿態，然而因為養在室內，也必須要有能夠承接水滴的花盆墊。豬籠草、空氣鳳梨也很適合做吊盆，獨特的外觀增添了幾分異國情調，不過需注意，必須讓這些植物保持高濕度狀態。

造型修剪盆栽

造型修剪盆栽，就是將黃金柏這類植物的盆栽，修剪成球型、圓錐型或者是動物造型；但是若使用觀葉植物或多肉植物，則不建議修剪。或可用鐵絲、鐵網或樹枝折出想要的造型，然後讓攀緣植物沿著造型框架生長；或將塑膠網圍在造型框架上，鋪好水蘚和人造土壤後，再把植物種上去，一樣可以做出造型。

這類盆栽通常會使用薜荔、長春藤、愛之蔓、竹節蓼等攀緣植物，讓植物沿著框架生長到最後定型。製作室內造型修剪盆栽時，如果不是在花盆內進行，為防將來澆水時水柱噴濺，必須準備能夠接水的容器。造型修剪盆栽的造型以愛心、立體球型、圓錐形最多，各種動物造型則可以帶來強烈的趣味感（圖9-11）。

附生植物盆栽

附生植物盆栽常用於裝飾空間，將空氣鳳梨、姬鳳梨屬等鳳梨科植物，

圖9-11　造型修剪盆栽

或萬代蘭、風蘭、狹萼豆蘭等蘭科附生植物（epiphyte）種在樹枝或岩石上，打造成彷彿在大自然中生長的景觀（圖9-12）。

尤其是鳳梨科植物當中，有許多體型小、有著美麗綠葉的鐵蘭屬植物，利用其五花八門的外觀，種在樹枝、石頭或裝飾物上，就能打造出不同凡響的風景。種植附生植物時，需先鋪上水苔，然後用線綁起來固定，等到時間一久，植物緊密貼附上支撐物後，線就會腐爛掉。

熱帶附生植物在濕度高、溫暖且明亮的地方會發育得很好，然而大部分的室內環境濕度較低，所以生長狀態並不太理想，韓國主要是將溫帶風蘭種植在石頭或造型土器上。

水耕盆栽

水耕盆栽是以在水中施肥代替土壤的方式供給養分，若用於種植蔬菜或花卉植物稱為「水耕栽培（hydroponics）」。水耕栽培現已發展出許多方式，其中也有以裝飾室內為目的而種植觀葉植物等熱帶植物，水耕盆栽在荷蘭、德國、瑞士尤其盛行，室內盆栽當中就有三分之一是水耕盆栽，優點是植物長得好，而且不必經常澆水，很方便管理（圖9-13、9-14）。

以裝飾為主的水耕盆栽內，大部分都鋪有發泡煉石，此外也會有水位指

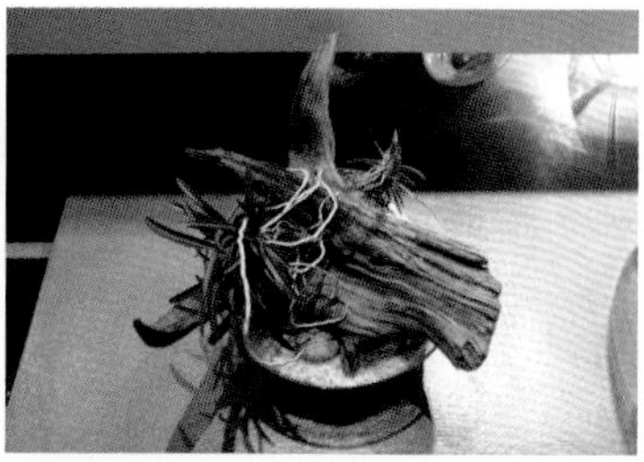

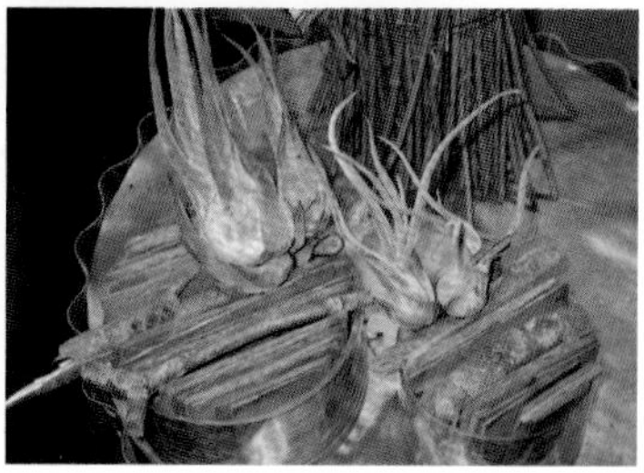

圖9-12　附生植物貼附完成的效果

示器，水位指示器會跟培養液供給桶相接，要保持水位只到容器底部幾公分的程度，植物的根部落在濕潤的發泡煉石之間，大部分的根部組織都能獲得充分氧氣，因此生長速度比較快。

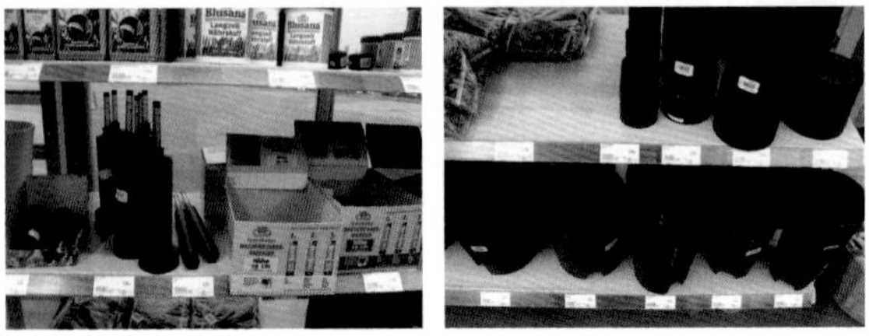

圖9-13　水耕栽培使用的浮標與內部容器

如果要在室內空間種植水耕盆栽，比起土壤栽培：（1）盆栽的管理會變得更輕鬆；（2）植物死於施肥不當、疏於照顧、土壤疾病、鹽分累積過多等問題的機率較低。然而水耕方式還是有其缺點，例如原本在生產農場良好環境底下生長的水耕植物，在歷經花卉批發市場、園藝中心再輾轉移到生活空間後，會因為環境變化以及使用者管理經驗不足，發生根部浸水腐爛，或生長遲緩等狀況，往往讓使用者陷入混亂。水耕雖然看似簡單，還是有該注意的地方，這點需多加注意。

圖9-14　水耕栽培觀葉植物

（1）水耕材料與方法：最好使用塑膠或塗過釉藥的陶瓷材質，才不會跟培養液產生化學作用，支撐植物的栽培介質（media）必須經過消毒，而且不會起化學作用，不會阻礙養分的供給以及影響培養液。植床的顆粒直徑最好介於0.32～0.96cm，並具備適當的透氣性，能使植物根部固定於其上，但是將植物拔出時，又必須能夠輕易脫落，可以重複使用，通常使用發泡煉石、石頭、玻璃珠、珍珠石等等。

凡是生產農場裡能以水耕種植的大部分觀葉植物，包括多肉植物，都可用於室內水耕盆栽。如果是原本栽種在土壤裡的植物，則不建議改為水耕方式栽培，因為將植物從土壤取出時，一不小心很容易造成根部的損害，再者，土壤裡的根部比生長於水中的根部直徑更細且瘦小，因此，即便可完整將植物從土壤中取出種到水裡，根部組織還是有可能適應不良。植物移到水耕器皿後，至少需要六～八週的適應時間。另外，將土壤植物移到水耕器皿，還有一個風險就是會傳播病菌。

（2）養分：很多盆栽設計師剛開始養水耕盆栽時，只使用自來水，植物並非只靠水就能存活，除了必須知道水裡所含的正確成分與比例，也要了解正確的酸度，這方面需要借助專業的檢測儀器才能得知。盆栽設計師通常會購買現成的肥料混合物，表9-3是一般用於水耕的培養液肥料公式。

大部分肥料裡的氮、磷酸和鉀的比例是3：1：2，當然還有其餘少量的養分，另有一些微量營養素來自於水中雜質。一般家庭裡所能提供的光線，以及包含氮在內的其他所需養分，只佔生產農場裡提供的十分之一～二十分之一左右。

培養液的量、養分均衡以及酸度會隨時間而改變，酸度可以石蕊試紙或酸度檢測儀測試，養分雖然也可以用養分檢測儀來測試，但是難以計算出實際不足的量。所以一般家庭若要維持適度養分，可二～三週更換一次培養液。日本有許多以水耕盆栽打造的大規模室內花園，為了能供給適當養分，

表9-3 培養液成分範例（Briggs與Calvin，1987）

夏夫氏（Shive）液	濃度（mg/L）	霍格蘭氏（Hoagland）液	濃度（mg/L）	微量營養要素[a]	濃度（mg/L）
硝酸鈣	1060	硝酸鈣	1180	硼酸	600
磷酸鈣	310	硝酸鉀	510	氯化錳	40
硫酸鎂	550	磷酸二氫鉀	140	硫酸鋅	50
硫酸銨	90	硫酸鎂	490	硫酸銅	50
硫化亞鐵	5	酒石酸鐵	5	鉬酸	20

[a] 1公升（L）夏夫氏液或霍格蘭氏液添加1cc時的微量營養要素

圖9-15　居家水耕栽培系統

通常有裝設培養液供給與排水設施。

（3）居家水耕栽培系統：目前市面上有許多居家水耕栽培系統，可在高光度室內空間栽培蔬菜與花，大部分都是使用LED燈當輔助光，也有些是專為有直射光線照射的空間所設計。使用時以水將培養液稀釋，每二～三週更換一次，照明和培養液的循環都可以自動調整（圖9-15）。

（4）水生植物、觀葉植物、球莖類、蔬菜類的水耕栽培：即使沒有特別準備培養液與栽培介質，把植物放進裝水的裝飾容器裡，一樣也可以裝飾空間。雖然使用暗色、光線不易透射的容器最好，但是為了提高裝飾效果可以使用玻璃容器，放入一些彩色石頭或澱粉物質，最後再放入植物即可。

如果另外放一些活性炭，雖能吸收水裡的有害物質，使水質不易腐爛，但經過一段時間後，反而會阻礙植物的生長，因此，對於放置時間以及濃度

圖9-16　各種水耕栽培方式

圖9-16　各種水耕栽培方式

有進行驗證的必要。

將合果芋、綠蘿這類天南星植物，紫露草、紫背萬年青屬等鴨跖草科植物，還有吊蘭等觀葉植物的根浸在水裡，也能生長良好，甚至是隨便剪一段莖插在水裡，很快就會長出根來。將吊蘭匍匐莖上簇生莖葉的氣根部位浸在水裡，很快就會長出新根（圖9-16）。

初春時，把風信子、水仙、孤挺花的球莖放在盆子裡加水，並且移到有陽光的地方，很快就會開始發根並且開出清香花朵。以水耕方式栽培的芋頭、芹菜、地瓜等蔬菜，也可以用來裝飾室內，尤其是像莎草屬、紙莎草這類熱帶水生植物，跟水耕容器特別搭配，是非常適合水耕的植物，其餘像大薸、槐葉蘋等熱帶浮水植物，則可以放在寬口容器裡欣賞。

10 室外盆栽

室外盆栽主要使用能夠在室外空間良好生長的植物，所需光線、溫度、水分等環境條件與庭院裡的植物類似，大部分使用具有觀賞價值的溫帶植物，如果是用於春天到秋天，那麼熱帶植物也適用。雖然是置於室外，不過也與建築息息相關，隨著擺放空間的不同，光線、溫度、水分、風量等條件

圖 10-1　室外盆栽設計

也會不一樣。

室外盆栽主要擺放在建物窗邊、陽台（balcony）或迴廊（vanranda）、露台（terrace）、天井（patio）、玄關與大門口、屋頂、牆面（wall garden）、庭院，以及多用途庭院與都心街道（圖 10-1）。

室外盆栽的製作方式，除了不能使用玻璃容器以及沒有排水孔的容器之外，其餘跟室內盆栽相差不多，不過絕大部分為使用大型容器。另外，室內盆栽多使用熱帶觀葉植物，室外盆栽則多使用溫帶植物與開花植物。

原則上室外盆栽並沒有侷限於使用哪些植物，不過各國還是有偏愛的盆栽樣式。在傳統上，韓國喜歡以木本植物做盆栽，在景觀的表達上喜歡以草本植物做盆景，這樣的慣例現在仍可以見到。最近流行的室外盆栽，主要以一年生植物或多年生植物等花草類所做成的盆花為主，有原生草本植物、國外引進的造型修剪盆栽、芳香性植物、香草，或是像東北紅豆杉、黃楊木等木本植物，還有蔬菜、藥用植物等等，除了有五花八門的植物，盆器造型更是多樣，而得以設計出各形各色的盆栽。

室外盆栽容器的挑選

室外盆栽容器必須有排水孔，這一點跟室內盆栽並不一樣，如果是擺放在露台、天井等地方，排水可能會弄髒地面，如需要也須使用花盆墊。

室外盆栽容器越大越好，相較於室內熱帶植物，溫帶花草類的根部延伸得更長，所以必須給予充分的土壤，讓植物可以像是種在土地裡那樣生長。土壤越多表示水分含量就越多，所以可不必經常澆水，不過若是夏天置於大太陽底下，就必須經常澆水，會變的比較麻煩。容器重量越輕越有利，若是太重，會使採購、植栽作業、移動變的吃力，不過有時候也要依照用途與設計目的而採用沉重的容器，例如從以前就很常用的瓦盆（terracota）或石盆等等。

至於容器的型態，基本上花盆，花架、吊籃很常見，當然還有其他各式各樣的容器。不過容器體積越大價格越高，準備好看、價格實惠的容器是非常重要的（圖 10-2）。

排水層與土壤的準備

室外盆栽的基本栽種與室內盆栽並無太大差異，依照空間需求選擇合適的容器與植物後，接下來就是著手準備土壤。由於室外空間會接收大自然的

圖 10-2　室外盆栽容器

雨水，所以容器必須有排水孔，如果能在排水孔上鋪層不織布，這樣排水的時候土壤就不會一起流失。

體積較大的容器需做排水層，這樣排水才會順暢，可用顆粒較粗的排水專用珍珠石將容器填滿五分之一的程度，如果容器內的土壤有足夠的空間讓植物根部生長，那麼排水層做得越深，對排水和透氣就越有利。尤其是體積龐大的室外容器，如果排水層夠深，除了有助於排水和透氣，還可以節省遠比排水層材料昂貴的土壤費用。而排水層的材料，像是小石頭、粗顆粒磨砂土、發泡煉石、顆粒較粗的排水專用珍珠石、沙子、粗樹皮等等都可使用（圖10-3）。

如果盆栽有搬動的必要，則建議使用質地較輕的珍珠石與發泡煉石，若無須移動，則使用低價的沙子、磨砂土是最經濟的。排水層做好後，接下來就是填土，雖然可以使用泥土，但是恐會降低排水性，為了排水順暢需進行改善。而想要讓開花植物生育旺盛，必須製作含有足夠養分的土壤。

改善庭院土的排水性，通常會以混和粗顆粒土壤混料的方式，這類材料有排水專用珍珠石、沙子或磨砂土。若是為了保肥性，則可以混合熟成的堆肥。如果要使用人造土壤，可加上粗顆粒的排水專用珍珠石與堆肥。若是考量到重量問題，可以使用添加肥料成分的混合人造土壤。

至於混合肥料，如果沒有分析過庭院土的成分、材料顆粒粗細、堆肥成

圖 10-3　做好排水層後填土

表10-1 室外盆栽土壤材料

區分	土壤[a]	排水層	排水孔處理
輕土壤	添加肥料調製的人造土壤 排水專用珍珠石＋堆肥	排水專用珍珠石	不織布
重但是廉價的土壤	庭院土＋細磨沙土＋堆肥	粗磨沙土	不織布或小石頭

[a]土壤混合比可比照庭園土壤或進行土壤分析之後，依照結果決定

分，會很難掌握正確的配方比，這時需靠經驗來決定，可添加少量材料後試行澆水，便可知道大概（參考「6. 土壤的組成與分類」）。為了保水性和保肥性，可以多種方式混合土壤（表10-1）。

若將植物直接種在庭院土之上，之後若遇到下雨天或澆水，經過一段時間後，排水孔便容易阻塞。所以在土壤和排水孔之間必須鋪上石板，將兩者區隔開來，或者在排水孔上鋪不織布後，再放入一些粗顆粒的材料也是不錯的方法。

室外盆栽移植方法

室外盆栽的移植方法與室內盆栽類似，室外溫帶植物因為生長旺盛，所以根部比室內熱帶植物粗大，如果要以木本植物作為結構植物，會發現往往會因為根部的體積太大，而沒有多餘的空間種植中段植物或地被植物。打算分成結構、中段、地被植物栽種時，建議可單獨種植木本植物，如果嫌設計過於單調，或外觀太冷清，可以在沒有根部的邊緣種一些地被植物。根部上方的土壤只要填厚一點，也可以種地被植物，但是如果根部太過於深入土壤，恐會降低透氣性，所以不建議將地被植物種在根部上方。

木本植物種在太小的容器裡，根部會因為無法完全伸展，生長受到阻礙，不妨改種體積較小的喬木或灌木。全世界常見的木本植物盆栽多使用東北紅豆杉、黃楊木、側柏、白雲杉、玫瑰繡球花造型樹等等。

花草類也是室外盆栽常用的植物，雖然可以單棵種植，不過大部分一個容器裡會種植多棵不同種的植物，通常按一年生植物、球莖類、多年生植物種植，或者可以任意搭配，四季都可以欣賞到嬌豔欲滴的美麗花朵。有些植

物從春天開花開到秋天，不過大部分的植物都是在特定季節、月份開花。打算種植多種花草類時，可依照用途與目的，針對開花期、花色、高度進行挑選。

做好排水層填上少許土壤後，將植物從生產容器拔出後放進容器裡，這時植物的埋土高度需與原來的一致。花草類植物的成長速度快，很快就會長高，所以種植時需留適當間距，間距大小需視是否為幼苗、已經生長到某種程度、是否已經開花的程度而定（圖10-4）。

決定好植物的種植位置後，再將土壤填滿即大功告成，土面雖然可以填平，但是如果中央位置能夠稍微填高點，看起來會更有立體感，另外土面需比容器還低，後續澆水時，泥土才不會滿溢出來。

造型風格多樣的室外盆栽設計

不論將植物種到什麼容器裡，方法幾乎是大同小異，但是要讓盆栽設計變化多端，端看容器、植物、裝飾物、添景材料之間的搭配。盆栽設計的造型樣式，會因為國家、時期的不同而迥異，例如韓國原本偏好盆栽與盆景，但最近則流行實用性更高的花草盆栽，當中更可能融合了國外的傳統樣式與現代樣式盆栽，而自成特殊盆栽風格。這些室外盆栽可分成類型、樣式以及特性來看。

以木本植物為主的盆栽設計

在過去，主要是將木本植物做成盆栽或盆景放在室外做觀賞，最近則偏向於採用常綠樹、落葉樹、闊葉樹、或針葉樹的喬木或灌木等大型植物為室外盆栽，雖然養這類大型植物並不需要什麼特別技術，不過因為體積龐大，所以必須準備大型容器和合適的土壤，特別是喬木的移植必須考量到時機。

種植喬木盆栽時，移植時只要保持根部的完整，基本上不會有任何問題，大部分的情況是將農場種植在泥土裡的喬木以挖掘的方式進行移植，這樣的方式往往會傷到植物的根部。移植時以三、四月為最佳，不過只要處理得當，基本上是不限月份的。

挑選符合室外生育條件與視覺環境的容器與植物是非常重要的，基本上

圖 10-4　將植物移植到容器裡的方法

圖 10-5　木本植物盆栽

要考量到植物大小、型態、顏色、質感、花朵以及氣味，將來植物會因為持續性的成長，型態與大小都會不斷改變。如果是要長期置於室外的木本植物盆栽，與其使用成長變化多的植物，選擇成長速度慢，外觀變化少的植物會比較有利。

東北紅豆杉、黃楊木是成長速度慢，適應能力好的木本植物盆栽代表，另外黃金側柏、白雲杉也為許多人使用，特別是東北紅豆杉，因為耐陰性較佳，在陰暗的室外空間也能適應得很好。七姐妹、鐵線蓮這類攀緣植物，也可以做成盆栽放在玄關兩側，黃楊木通常會修剪成球型，東北紅豆杉則是修剪成圓錐形，在國外，也會把玫瑰、薰衣草、迷迭香盆栽修剪成球型。若木本植物下部的土壤空間夠大，可以種植一些多年生植物、禾本類、香草植物，可增添一些變化，看起來不會那麼單調（圖 10-5）。

草本植物的盆栽設計

使用草本植物，尤其是花草類的盆栽設計，主要以花朵為觀賞對象，所以花色、開花期、植物高度也就顯得格外重要，大部分都是以開花期作為使用期（圖 10-6）。而像玉簪屬（Hosta）、鞘蕊屬、連錢草屬、常春藤屬、禾本類等植物，即使不是處於開花期，觀賞價值也很高，若能選擇此類植物，便能延長植物的觀賞時間。

選擇花草類植物時，可先分出多年生植物與一年生植物，然後再從多年

圖 10-6　草本植物盆栽設計

生植物當中挑出特徵較明顯的植物群，例如球莖類、禾本類、岩石植物、蕨類、水生植物等等，最後再依照用途與目的選擇植物。除了要考量到光照、溫度、水分、使用的盆栽土壤等植物的生育環境條件，也要考慮到植物的型態、大小（高度與寬幅）、質感、花色、開花期的視覺特性、香味等等，接下來將介紹依照植物的視覺特性進行選擇的要領 ——

（1）大小與型態：花草類的大小取決於長度與寬幅，寬幅決定種植的間距，可計算出一個容器裡所能種植的花草類數量。

花草類型態的每種植物大小都不同，而且會因生育環境而改變，所以難有分類的標準。不過也正因為生育習性會影響型態，所以可以分成如表 10-2 幾種類型。種在盆栽裡的花草類不同於種在庭院泥地裡，可以單棵種植，也可以多棵種植。加上主要做近距離的觀賞用途，所以型態對於視覺感覺的影響也比較大。

（2）花草類的顏色與開花期：花草類的顏色以花朵顏色為主，葉子顏色為輔，可以呈現出白色、粉紅色、紅色、紫色、藍色、銀色、綠色、紅色、橘色等九種顏色；其中銀色是葉子的顏色，紫色、綠色、黃色可以是花朵或是葉子的顏色。

每一種花的開花月份和開花時間都不一樣，設計時可依此進行選擇，有

表10-2 花草類生育習性與型態分類

型態		種類
直立型（erect）	植物莖挺直而立，能夠支撐葉子與花朵。	蛇鞭菊展，向日葵，紫錐花屬，木賊等。
團簇型（clump-forming）	花與葉子的莖梗從植物體底部往上密集著生，形成穗狀的團簇。	毛地黃屬，多葉羽扇豆，火把蓮屬等，狼尾草等。
墊狀型（cushion- or mound-forming）	密密麻麻的莖形成矮叢，花朵位置靠近葉子。	礬根屬，長藥八寶，堪察加景天，朝霧草（蒿屬）。
鋪地型（mat-forming）	莖密密麻麻覆蓋在土壤表面，花朵長於其上。	百里香，石竹，針葉天藍繡球，長生草屬等。
擴散型（spreading）	莖往水平方向伸展而上，形成密密麻麻的葉叢。	馬藻荷，綿毛水蘇，薰衣草（半灌木），棉杉菊屬，辣薄荷等。
匍匐型（prostrate and trailing）	莖往土壤表面蔓延，花朵位置靠近葉子。	珍珠菜屬，圓葉苦蕒菜等。
無莖型（stemless）	花朵與葉子的梗直接從地面往上長出。	三色堇，蒲公英等。
蔓藤型（climbing or scandent）	莖的長度很長，而且能彎曲，會靠在其他植物或結構物之上。	碧冬茄屬，旱金蓮，連錢草，馬蹄金等。
著生型（epiphytic）	根部會附著在樹木或石頭上生長。	風蘭，鹿角卷柏，山蘇花等。
浮葉型（floating）	浮在水面上的植物。	布袋蓮（鳳眼藍），槐葉蘋，紫萍等。

表10-3 多年生花草類（包含球根、禾本、岩石植物、水生植物）之高度、花色與花期

高度	花色	學名	各月份顏色變化											
			1	2	3	4	5	6	7	8	9	10	11	12
矮小（0～60cm）	白色	*Astilbe chinensis* 'Finale'（落新婦"終曲"）						6	7					
		Chrysanthemum zawadskii var.latilobum（朝鮮野菊）									9	10		
	粉紅	*Armeria pseudarmeria* 'Mardi Gras'（海石竹"懺悔星期二"）				4	5							
		Origanum vulgare（牛至）					5	6	7	8	9			
	紅色	*Astilbe chinensis* 'Vision in Red' 落新婦（紅色）						6	7	8				
		Lychnis coronaria（毛剪秋羅）							7	8				
	紫色	*Aster novi-belgii* 'Purple Dome'（荷蘭菊"紫球"）						6	7	8	9	10		
		Astilbe arendsii 'Etna'（落新婦"埃特那"）						6	7	8				
	藍色	*Salvia nemorosa* 'Blauhugel'（鼠尾草"布勞哥林地"）					5	6						

高度	花色	學名	各月份顏色變化											
			1	2	3	4	5	6	7	8	9	10	11	12
	藍色	*Veronica spicata* 'Ulster Blue Dwarf'（穗花婆婆納“阿爾斯特藍矮人”）						6	7	8	9	10		
	銀色	*Stachys byzantina*（綿毛水蘇）					5	6						
		Artemisia stelleriana 'Silver Brocade'（白蒿“銀錦”）												
	綠色	*Equisetum hyemale*（木賊）												
		Hosta yingeri（朝鮮蜘蛛花玉簪）						6	7					
	黃色	*Inula britannica var.japonica*（旋覆花）							7	8	9			
		Narcissus tazetta var.*chinensis*（水仙花）			3	4								
	橘色	*Achillea* 'Walther Funcke'（沃爾特蓍草）						6	7	8	9	10		
		Echinacea 'Sunset'（松果菊“日落”）						6	7	8				
中等（60～120cm）	白色	*Chrysanthemum maximum*（大花濱菊）					5	6	7					
		Cimicifuga heracleifolia（大三葉升麻）								8	9			
	粉紅	*Lythrum salicaria*（千屈菜）							7	8				
		Chelone obliqua（龜頭花）							7	8	9			
	紅色	*Achillea millefolium* 'Paprika'（千葉蓍“紅辣椒”）						6						
		Phlox paniculata 'Red Riding Hood'（天藍繡球“小紅帽”）						6	7	8	9	10		
	紫色	*Agastache rugosa*（藿香）							7	8	9			
		Serratula coronata var.*insularis f.insularis*（偽泥胡菜 海島種 海島型）							7	8	9	10		
	藍色	*Delphinium grandiflorum*（翠雀）							7	8				
		Phlox paniculata 'Blue Paradise'（天藍繡球“藍色天堂”）						6	7	8	9	10		
	銀色	沒有中等大小的銀色多年生植物												
	綠色	*Asparagus schoberioides*（龍鬚菜）					5	6						
		Arisaema heterophyllum（天南星）					5	6						
	黃色	*Solidago virgaurea* spp.*asiatica*（毛果一枝黃花）							7	8	9	10		
		Ligularia taquetii（全緣橐吾）						6	7					
	橘色	*Phlox paniculata* 'Dohong'（天藍繡球 '*Dohong*'）						6	7	8	9	10		
		Helenium 'Indiansummer'（堆心菊屬“印度夏天”）							7	8				

些花的花期不到一個月，有些至少一個月，有些可維持一整個季節，甚至也有一些是整年開花，不過比較少。常見的花草類盆栽有碧冬茄屬、老鸛草屬，不過這些花在韓國炎熱的夏季中生育狀況不佳，所以並不常開花，可用耐暑能力較強的喇叭花代替碧冬茄屬。

即使在國外是常用花草類植物，但是選擇時也得考量是否能適應本地氣候條件，像熱帶植物在韓國炎熱的夏天也能持續開花，可用於該國冬季以外的所有季節，請參考表10-3了解各植物的高度、花色與開花期。

（3）移植方法：花草類盆栽設計最重要的要素，就是能夠依照用途與使用時間，從開花期、顏色各自不同的植物中，選出合適者，然後再決定要混搭哪幾種植物。

相異於為一般住宅所設計的盆栽，商業大樓、商業目的、裝飾市區街道的盆栽因為每個季節都會更換植物，所以選擇時不必考慮一年生植物或多年生植物，如果預算充足，還可以經常進行補植或更換，因此一年之中幾乎都能看到花朵盛開的面貌。

設計師若要混搭花期相似的幾種植物，要考慮到植物的花期雖然類似，但花期長短卻有可能不同，有一些植物花期過後觀賞價值大大降低，這時就要考慮到更換的問題。例如夏天時可以混搭底下三種類型的植物，有紫錐花、馬薄荷屬、棉杉菊屬、歐蓍等花朵較為亮眼的植物，以及像綿毛水蘇、木賊、莎草科植物、連錢草這類葉子較有特色的植物，還有蒔蘿、茴香等香草植物，一定比種植單一植物更多采多姿。

香草植物的盆栽設計

芳香性植物中的香草植物，是以草本植物為主、並包含一些小型灌木的一大類。不同於以花朵為中心的花草類植物，多數都是以葉子為觀賞對象，因此用於盆栽時可不必考量到花期，香草植物因為本身散發氣味的關係，病蟲害相對較少，絕大部分都可以食用，是非常適合用於盆栽的植物。

多年生植物若在室外接收充分陽光可長得非常好，隔年春天就會再次長出新芽，迷迭香、香葉天竺葵屬因為耐寒性較弱，冬天時需移到光線充足的室內空間才有辦法度過冬天，薄荷、藥用鼠尾草、綿毛水蘇等多年生植物也是在隔年春天長新芽，不過冬天也必須移至溫室才能繼續生存。國外引進的香草植物通常知名度高，而且普遍受大眾喜愛，而像韓國原生植物藿香、香薷、朝鮮當歸、球序韭等等，不論氣味或觀賞價值都非常高。

通常香草植物是種在小型容器裡放在窗邊裝飾，如果要種在大型容器裡，可以採用同種多株，或不同種多株的方式，混搭開花植物也是不錯的方式。香草植物與瓦盆尤其搭配，不拘泥於任何形式的容器，能變化出各形各色的盆栽（圖10-7）。

盆栽與盆景

盆栽（bonsai）就是將木本植物種植在淺容器裡並抑制其生長，就像是自然界縮小版的參天古木、風霜老木或大自然之中樹型美麗的樹木，能夠感受到一種情趣與詩意。韓國從高麗中葉開始流行這種類型的傳統盆栽，此類盆栽的姿態無法於短時間之內形成，與其稱為實用的空間裝飾，倒不如說盆栽本身就是一件藝術品，因而深受愛好者喜愛。

盆栽主要可分成三種，分別是以松樹類與檜柏等常綠樹等做成的松柏盆栽，以春榆、朴樹、櫸樹等落樹木做成的雜木盆栽，還有桃花樹、三葉海棠、矮型大字杜鵑、皺皮木瓜等花朵美麗異常的樹木所做成的花樹盆栽，其餘還有果實盆栽、以草本植物為素材的草類盆栽以及盆景。依照樹枝型態，有直幹、斜幹、半幹、曲幹、懸崖、文人木之分，

圖10-7　香草植物

依照樹枝數量，有短幹、雙幹、三幹、叢生幹、連根之分，至於栽培類型，則有寄植、石付作、根上等方法（圖10-8）。

對於這類盆栽，韓國多使用原生木本植物，因為耐寒，所以冬天也能置於光線充足的室外。畢竟是將生長於大自然的木本植物移植到花盆裡，要抑制其生長才能達到想要的型態，因此，養這類盆栽除了需要專業的技術，也要熟知管理要領，而且植物會因為季節變化有生長期與休眠期，就連澆水也絕非是簡單工作，必須確實做好光線、溫度、土壤、肥料等環境上的管理。

盆景是一種利用木本植物或草本植物，搭配石頭、古木等等，打造出大自然景觀的盆栽設計，可算是盆栽的一部份，會以草類盆栽的方式表達，雖然與西方的碟盆花園意義相近，不過使用的植物種類與呈現出的樣式卻存在著許多差異。韓國傳統盆景主要使用溫帶地區的木本與草本植物，目的在呈現出自然的景觀之美，然而碟盆花園主要使用熱帶或亞熱帶植物，多半呈現熱帶密林或沙漠的氛圍。

盆景常運用一年生與多年生草本植物，必須注意植物生長期與休眠期的變化。一般盆景所要呈現的意境為山、森林、原野、池塘邊、溪谷、峽谷等等，利用石頭、古木、木本植物、草本植物、青苔營造自然風景，有些需要極度細膩的技術才有辦法達成（圖10-8）。

很多時候盆景的意境表達，不在於營造何種氛圍，而是更著重在突顯原生植物之美，多半使用陶瓷器、土器、石器、瓦器等容器，有些容器甚至有搭配的桌子與添景材料。

圖10-8　盆栽與盆景

造型修剪盆栽

造型修剪盆栽（topiary），

顧名思義就是為庭院裡的常綠樹、闊葉樹修剪造型，自西元一世紀時園藝師普林尼（Pliny）發明以來，被廣泛運用於盆栽上。

室內造型修剪盆栽，主要以鐵絲折出形狀，讓熱帶攀緣植物附著生長於其上至成形；室外的造型修剪盆栽多半是利用樹剪剪出造型，最常見的是球型和圓錐形，以及動物造型，還有將樹枝末端修剪成圓形的，如果是像垂柳這種樹枝垂長的，可做截頂修剪，讓樹枝能從樹幹往下垂長。為了讓樹木左右對稱，可用硬紙板或薄木板挖出樹木一邊的形狀做成模子，然後再以這個模子修剪另一邊。要注意的是如果修剪過多，會對植物生育產生不量影響，雖然造型修剪盆栽是各國非常盛行的盆栽技法，不過在韓國並不常被使用（圖 10-9）。

最近造型修剪盆栽更以「馬賽克鑲嵌花壇」（mosaic culture）之名，被應用於花園與花卉博覽會展示，主要被做成小型盆栽。先做出想要的造型框架，接著套上網子，裡面填裝較輕的人造土壤，決定好使用的植物與想要的設計效果後，網子戳洞再將植物密密麻麻種入。規模大，就必須設計自動給水裝置，維持植物的生命力。如果使用的時間較長，也必須將給水裝置調整到能夠均勻澆水的程度。

圖 10-9　造型修剪盆栽

Part 4

盆栽的空間設計

盆栽應用設計有各式各樣的規模，小至小型裝飾盆栽的設計，大至利用大型盆栽美化室內外空間、組成盆栽園藝或室內花園等等。盆栽設計不同於其他設計之處在於，是以持續性或永久性佔據空間的植物為主體的設計，除了必需符合空間用途的視覺效果還有機能條件，也要顧全植物的生育環境，複雜程度可想而知。

由盆栽設計的規模越大作業內容也相對複雜，因此在第四部將介紹盆栽設計的過程，以及務必要了解的設計元素與原理，具備這些知識，才能讓盆栽設計進行得更順利。

11 盆栽設計過程

單純以盆栽做為空間的裝飾素材，或者改變盆栽的排列與擺設方式打造盆栽園藝或室內花園，都無法完成美觀且兼具機能的盆栽設計。尤其是應用盆栽的空間設計，必須經過設計過程（design process）才能解決複雜的空間問題，並得到令委託人、使用者與設計師全都滿意的結果。在設計過程當中，委託人、使用者與設計師三者之間須相互合作以及達成共識，才能讓設計師規劃出有邏輯有系統的設計方案，設計師有義務讓委託人了解在兼顧美觀與功能的原則下，所遇到設計問題的解決之道。

設計過程依照設計的特性，有多樣化的展開順序，至於必須套用何種流程，主要靠工作內容以及設計師本身的經驗和感覺導出方式。使用目的、規模、製作與施工方式都會影響盆栽設計的過程，大部分的設計過程為「設計目的設定→調查→分析→構思→設計」，待設計方案出爐後，再進行盆栽的設計、建造盆栽園藝或室內花園。施工完成後，除了需對盆栽與空間進行評價，也要提供後續植物的維護方式。由於植物是整個盆栽設計的主體，管理與維護對設計可說是影響甚鉅。

設計過程雖然是系統化的，但不代表一定要按部就班進行，在設計過程當中，可多個步驟同時進行，必要時甚至可以重複所有步驟。換句話說，設計過程是具有循環性（cycle）與交替性（alternative）的，但是要注意的是，不能隨意更換順序，也不能任意切換步驟做為起點。設計過程的另一項特徵就是圖像式（graphic），也就是說大部分都是以圖像進行表達。雖然設計過程也有以大綱（program）與檢查表（check list）表達的部分，但是用圖像表達對於理解是最快的。

設計師在初期規劃階段就該致力於將缺點最小化，讓優點最大化，針對所有部分都能做出最準確的判斷。所以設計師本身的能力、經驗、知識、洞察力、審美觀、判斷力、創意等等無不對設計造成莫大的影響。等熟知設計過程後，就能輕易理解許多步驟的內容，也能夠加速處理的速度。

本章將會分成兩個部分做說明，一是針對小規模裝飾盆栽之設計過程，二是針對大規模空間的盆栽配置以及室內花園之設計過程。

小規模裝飾盆栽的設計

小規模裝飾盆栽設計，很多都是做暫時之用，或者完全不必考量到空間問題。不同用於大空間的大型盆栽與室內花園，設計過程並不會太複雜，可以馬上進行，而小規模盆栽的設計過程如下（表11-1）。

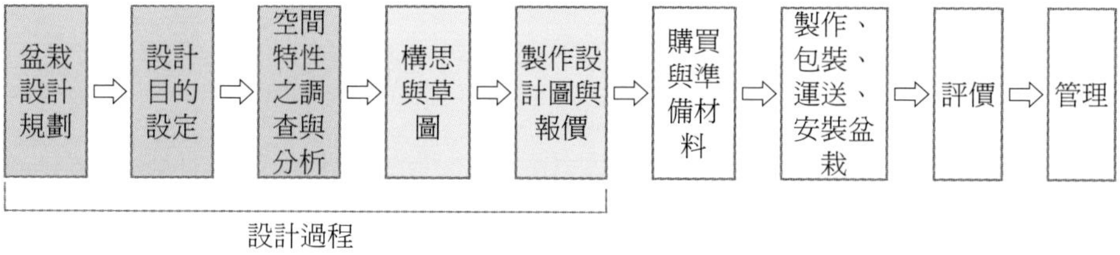

表11-1　小規模盆栽的設計過程

盆栽設計程序

以下將詳細說明小規模盆栽設計的四大程序——

（1）盆栽設計規劃與設計目的設定：第一個階段就是透過與委託人或使用者的討論，掌握盆栽與使用空間的用途與目的，決定主題和概念（concept）。配合裝飾生活空間、祝賀、活動、展示、展場等用途與目的，設定好所要表達訊息的主題概念，再依照委託人想要的樣式與預算，進行下一個階段，也就是空間的調查與分析。與委託人對話時，如果能使用作品集（portfolio），有助於更快速做出各種決定。

（2）空間特性調查與分析：跟委託人討論過後，一旦決定好盆栽設計的主題，接下來就是調查空間與環境。調查空間的用途、大小、環境條件（光線、溫度）、家具、照明後，就能決定所需盆栽的大小、類型、數量以及顏色。調查空間使用者的特性與空間上的視覺特性，則有助於盆栽擺放位置的決定。掌握調查的利與弊之後，接下來就是提供解決方案。

（3）構思與草圖：利用收集而來的資料與調查的分析結果，規劃符合設計目的方案，也就是配合設計空間的規模、型態、樣式、配色，構思盆栽的大小、型態、數量、顏色、質感。對於盆栽設計的構思，首先決定是以單一還是多個視角欣賞，再來就是決定「典型構思」（抽象構思）還是「非典型構思」（接近大自然的構思），然後「對稱」還是「非對稱」，是否進行能清楚呈現植物線條與輪廓的「線條設計」（line design），還是將大數量盆栽配置在一起以獲得整體協調的「大量設計」（mass design）；請見表11-2的整理。

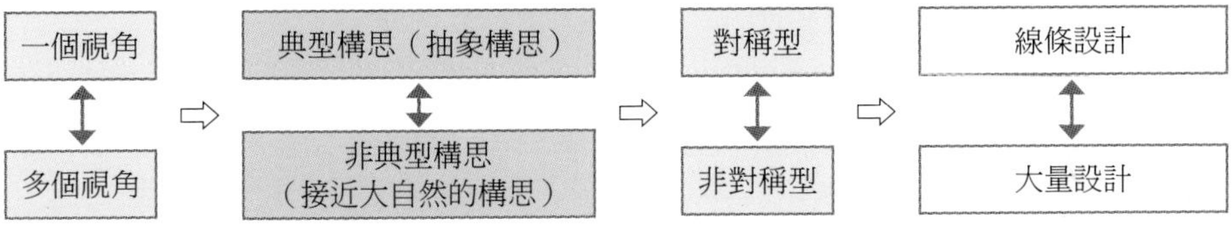

表11-2　盆栽設計的個別構思內容

接下來就是決定能夠傳達主題訊息的具體方案，例如是裝飾飯店玄關的盆栽，就要選定適合該主旨的容器、植物大小、型態、顏色以及質感。如果是祝賀喬遷的禮物，就要構思符合主題的設計。有明確的盆栽設計方向後，再來就是用方格紙按照比例畫出草圖。

設計師自身必須一直保持精進與努力，才能構思出更好的設計。即使盆栽設計的經驗豐富，也要多參考與觀察其他設計師的作品，才能產出更好的點子，或尋找出解決問題的方法。可研究歷史各時期與國外的盆栽設計，多多參考相關書籍、尋訪各大花園、參觀範例與展覽，皆有助於激發靈感。藉由仔細觀察親眼所見的盆栽以及各式運用盆栽裝飾的空間，提升自己的設計水準。

（4）製作設計圖面與報價：如果是小型盆栽設計，利用簡單的草圖就能與委託人進行溝通。如果是涉及到空間的呈現，則需準備可看出盆栽擺放位置的平面圖、可以看出高度的立面圖，以及可看到三次元空間的透視圖，若能利用繪圖軟體photoshop畫出幾乎接近實物的圖面，有助於委託人對設計的理解。但如果是小規模的盆栽設計，通常預算比較少，需調整製作圖面的時間與費用。

完成設計稿後，接下來就是依照預算提出材料的報價。報價中若能分成主材料植物、土壤、容器、裝飾物、添景材料，以及工資、施工費、設計費進行報價，看起來便一目了然。材料項目必須載明材料名稱、數量、規格以及單價，通常設計費用所佔比率為15%，購買材料時，若能取得比報價單上便宜許多的價格，也能從材料費中賺取更多的差價。

製作與施工

設計完成後，將著手進行計劃中的各項流程，並且記錄過程中的優缺點，作為下次設計的參考依據 ——

（1）材料的購買與準備：依照報價單上所列項目購買材料，為避免植物受到壓力，買來後需置於良好的環境裡，需注意不能忘記幫植物澆水。工作台要保持乾淨整齊，工具、用具與材料都要放在固定的位置，工作起來才會有效率，不過有時候必須前往施工地點製作盆栽。

（2）盆栽的製作、包裝、運送與設置：依照圖面設計將植物移植到容器裡，並搭配添景材料，如果數量較多，而且都是小型盆栽，可在工作室先行製作再進行販售、運送到所需的空間。運送之前需使用合適的包裝材與手法，確保植物在運送過程中不會受到傷害，可以維持原來的面貌。如果盆栽的規模太大不便於運送，則可以到要配置的空間進行製作，運送時植物要放在車子內部，才不會因為風的關係受到損害。完成盆栽設計後，需進行拍照與各種詳細記錄。

（3）評價：設計的所有過程，也就是從規劃到設計、製作、運送到空間配置，都必須進行評價與記錄，任何讓人滿意或不滿意的地方，連同問題點的改善方案一起記錄，就能成為下一次施作時的參考依據，將來也可以成為檢視自我發展過程的資料。記錄時必須載明作業名稱、日期、主題、各種圖面、報價單、設置場所相關記錄，並附上盆栽設計的照片，整理成作品集。

（4）管理：將植物移植到容器裡必須澆水照顧，販售或配置到所需的空間後，也必須向負責人員告知管理方法。很多情況是因為不熟知管理要領，而使植物狀態急轉直下。對於詳細的管理要領，請參考「22. 室內盆栽植物管理」與「23. 室外環境特性與植物管理」。

大規模的盆栽配置和室內花園設計

相較於小型裝飾盆栽的製作，大規模空間的盆栽配置與打造室內花園的工作內容可說是相當繁雜，設計師如想成功執行任務，只要套用能解決複雜空間問題的設計過程，所有問題便能迎刃而解。接下來將說明以室內花園為主要重點的設計過程。

對於室內花園的設計過程，首先是設計目標設定，接著依照委託人的需求進行空間的環境調查，針對調查內容的利弊進行分析，經過綜合所有分析結果以及構思的流程後導出設計案；最後依照設計案施工，完工後再行管理。在本章中，將會把設計以及打造室內花園的流程，分階段做說明（表11-3）。

室內花園委託

委託人向室內花園相關業者委託打造多用途的室內花園，設計師必須與委託人進行充分溝通後提出設計案，再進行施工。如果室內花園的規模較小，那麼大部分的情況是設計與施工為同一家業者，甚至會承攬後續的管理部分。

受委託建構的室內花園，有可能需配合新建大樓完工日期，有可能是既有大樓新規劃的部分，或者只是單純做盆栽的配置，也有可能只要更換花槽或容器裡的植物，甚至只是租借植物。

設計目標設定

接受建構室內花園的委託後，設計過程的第一步就是將需解決的問題與事項，設定為整個設計過程的焦點，換句話說，就是設定整起設計的最終目標。

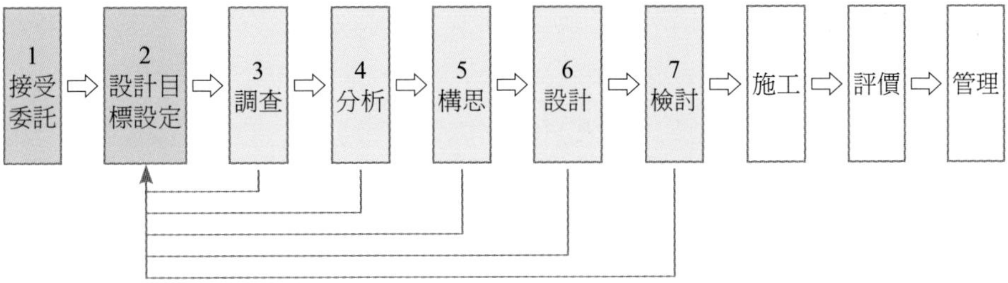

表11-3　室內花園設計過程

首先必須弄清楚委託人在決定建構室內花園時，腦海中存在的特定想法；例如在購物中心建造美麗花園，可能是為了吸引客戶與刺激購買慾；也許是為了改善辦公環境，讓氣氛不要過於一板一眼，促進人與人之間的相處融洽；或者是想改善居住環境，比如說在公寓增闢一處室內花園，讓家人之間的感情更和睦；也有可能是博覽會場的短期裝飾。設計師必須確實掌握委託人欲建構室內花園的真正目的，才能讓設計內容符合目的與意圖。

調查

設定好設計目標後，設計師為調查與檢討設計案相關的所有內容，需製作設計大綱與檢查表。設計師透過與委託人的對話以及到現場空間勘查，澄清與了解將來會面臨到的所有問題。調查階段收集的資訊內容與品質，會對設計的分析與決定產生最直接的影響。

需調查的內容主要可分成五大類，分別是需求項目、物理環境、植物生育環境、使用者特性以及視覺特性。調查的時候，除了建物相關內容，也要考量到形象、機能、美觀、植物生育等五大方面（表11-4）。

為方便調查工作的進行，首先必須向委託人索取建物的基本圖（base map），基本圖是一種涵蓋所有肉眼可及物理要素的圖面，也是可掌握外部空間與內部空間連結關係的建築配置圖，包含能了解自然環境的周遭環境圖以及室內建築完工圖等等。近來的建築圖面都是儲存成電腦檔案，但如果是老舊建築則很有可能為紙本檔案。只要有基本圖，就能有效針對空間進行調查與分析，如果無法取得基本圖，則必須實地進行測量，這會大大增加工作的內容與時間。

基本圖是一種非常複雜的圖面，上面標載了所有跟建築相關的元素，可以只保留建構室內花園時會用到的部分，其餘可整理做成基本原圖（base sheet）。另外，也可以把透過與委託人的對話、進行空間勘查所收集而來的所有資料，做成調查目錄，並標在圖上做成調查圖面，這樣所有的需求便可一目了然——

（1）掌握委託人的需求項目：設計師與委託人進行討論時，務必要掌握住幾個重點，那就是該室內空間的用途、室內花園的目的、委託人偏好的室內花

表11-4　調查目錄

調查項目		細部調查項目	調查內容與附加說明
委託人要求事項		室內空間的用途	居家用（透天、公寓等），辦公用（政府機關、公司、銀行等），商用建築（購物中心、飯店、咖啡店、餐廳等）
		室內花園的目的	提供休憩空間，提升建築形象，吸引人潮，改善室內環境等等。
		委託人偏好樣式	委託人或使用者的偏好、興趣、生活習慣、人生觀、喜好樣式（日式、韓式、西式、大自然風、都會風等），以及是否有偏好的植物種類。
		預算	
		管理方式	自行管理，或委託業者管理等。
物理環境	建築	建物的大小、型態、方向、面積	基本圖面與空間調查。
		天花板高度	與室內花園植物高度相關。
		窗戶大小、位置、採光方式（側窗、天窗）	基本圖面與空間調查。
		出入口、建築結構	與動線相關。
		花槽的位置、大小、型態、深度、是否有排水孔	有關花槽的情況。
	電	用電量、電源位置、接電方式	是否能連接電線。
		照明方式	照明器具的目的、種類、位置、方式。
	設備	冷暖房	室內溫度、濕度、風量。
		吸排氣（構造、位置、用量）	使用窗戶型排氣裝置。
		供水方式與位置	決定澆水方式。
		下水道構造	新建花槽的排水。
		防水	新建花槽是否防水。
		濕度調整裝置	
	室內建築	地板材質	是否與室內花園花槽、添景材料搭配。
		牆壁材質	同上
		天花板材質	評估是否能夠設置吊籃。
		家具	
		裝飾物	相框、造型物等。

調查項目	細部調查項目	調查內容與附加說明
植物生育環境	光線	光度調查，與花槽位置設定相關。
	溫度（晝夜、季節、假日）	尤其是冬天夜晚溫度與假日晝夜溫度。
	土壤	與是否選擇多濕植物相關。
	水分	與接水供水口是否能夠連接。
使用者特性	建築用途	
	使用者人數粗估	
	年齡	小孩，學生，大人，老人。
	性別	男，女。
	職業	
	使用時間	晝夜時間點。
	使用型態	使用特性。
	動線	動線（通行地圖）調查。
視覺特性	正面的視覺結構	
	負面的視覺結構	廁所、垃圾桶、火災警報器、電箱等。
	樓上的鳥瞰位置	

園類型（style）、預算以及管理方式，其餘也要了解委託人的生活習慣、人生觀等等，這些內容除了有助於設計目標的設定，也能套用在設計上，盡量將所有資料鉅細靡遺做成調查目錄。如能將過去的設計圖或照片做成作品集，與委託人進行溝通時就會變得更容易。

委託人的預算是非常重要的一個部分，預算會決定使用何種等級的植物與材料，也是購買植物或租借植物的參考關鍵。管理方式會對設計產生非常重要的影響，因為管理方式會決定植物的選定；另外，是否裝設自動澆水裝置，是否使用須經常性更換的植物也是很重要的內容。

（2）物理環境調查：調查空間的物理環境，相當於調查空間所具備的能力，是能否滿足設計意圖的一個關鍵，需分成建築、電、設備、室內建築四個部分調查。可以把實地調查的資料做成檢查表，若能標註在基本圖或原圖裡會更好理解，這些資料有助於跟其他設計師與委託人進行溝通。

（3）植物生育環境調查：調查與植物生育息息相關的空間環境，並決定植物的種類與種植的位置。植物生育最重要的條件有光線、溫度、水分和土壤，其中的溫度、水分和土壤可以人為的方式調整，而光取決於建築的窗戶，如果沒有加裝人工照明，就無法進行調整。

室內空間的光線是室內植物生育的決定性要素，亦即植物的位置取決於光線條件，所以，有必要針對此項進行充分調查。若做成一張空間的光線地圖，就可以清楚掌握空間裡光線充足的位置。

假如因為各種理由，需將植物擺放在光線不充足的地方，那麼就必須在下一個階段，也就是分析流程裡找到解決方法。

（4）使用者特性調查：建物使用者的特性與建物用途有直接關係，因此必須針對使用者的人數、年齡、性別、職業、興趣、使用時間、使用型態進行調查。

舉例來說，如果是辦公大樓、政府機關或銀行這類地方，大部分使用者都是成人，由於上下班時間固定，所以使用的時間較短，主要以中午休息時間為主，因此可以推測室內花園是提供用餐、休憩與見面的場所。

如果是醫院，使用者有病患、醫療人員等等，年齡層非常多樣。綠色植物因為有療癒的效果，所以醫院是一個尤其需要綠色植物的地方，醫院裡的室內花園是一個能提供病患、醫院員工放鬆的空間，也是外來訪客等候與見面的空間。一棟建築會因為用途的不同，使用者的型態也有極大的差異，若能仔細分析調查結果，就能構築出合適的室內花園。

室內花園畢竟是構築在建物內部，因此必須先調查這樣的空間對人是否會造成妨礙，是否利大於弊。首先要掌握建築內部通道地圖，也就是動線的規劃，通常動線是由主結構所組成。

調查動線時，需仔細觀察人們走動的位置，可得知是經由哪些地方進入內部空間。如果是未完工的大樓，可藉由基本圖面與大樓的用途預測動線，人在空間走動時會有共通特點，只要參考這些資料，並與建築師充分溝通，就能規劃出合宜的動線。另外動線是決定視覺特性的關鍵因素，所以動線的調查務必要正確。

（5）視覺特性調查：室內花園不同於室外花園，因其構造屬性之故，大部分都是往內的球心視野構造。室內花園隨著規模與結構的不同，可建構為從單一角度或多個角度欣賞對象物，所以必須掌握各個能夠欣賞到花園的角落位置，以及從上面俯瞰的位置。在了解建築各空間的用途後，勘查建議與不建議的視角角度，讓室內花園也能發揮展望、強調、遮蔽以及區隔的功用。

分析

分析階段就是針對在調查階段所整理出重要且有價值的內容，依據設計目標進行評價，讓室內花園與能與空間現狀相結合。這些資料可分類為限制點（問題點）與資源（潛力、有利點），對於限制點必須能提出解決方案，而對於資源則必須提出使用分析（表11-5）。

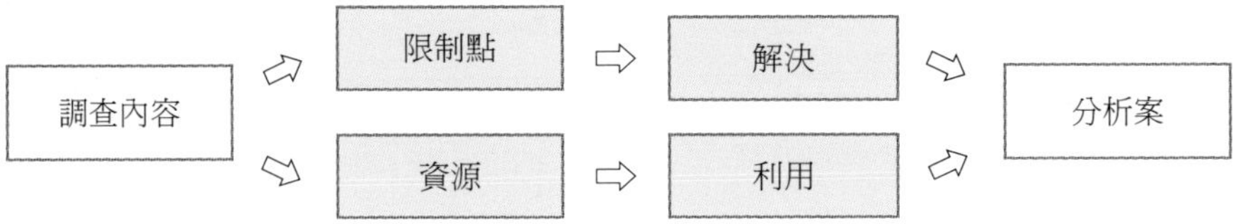

表11-5　分析過程

設計師在分析的過程中，為了打造出完美的室內花園，需更深入了解空間機能以及視覺意義，必須身兼委託人、使用者與管理者的角色，思考調查資料的各項問題點。自問這個資料重要嗎？如果是，是屬於限制點還是資源？如果是限制點該如何解決？ 若是資源又該如何善加利用？

這時便可拿以上分析過程所得的結果，來當下一個階段「構思」的標準，並把分析結果做成檢查表目錄、記錄在原圖上，或以抽象符號做成分析圖（表11-6）。

構思

設計師綜合在分析階段所得的資料後，可開始構思幾種設計方案。在構思階段就要決定好室內花園的主題、概念以及樣式，並設定設計方向，按照機能分割有限的室內空間，決定連接各空間的動線大概位置，以及用來打造室內花園的空間所在。等室內花園的位置有著落之後，接下來可構思室內花

表11-6　分析目錄

<table>
<tr><th colspan="2">調查項目</th><th>細部調查項目</th><th>限制點例</th><th>資源例</th><th>分析案</th></tr>
<tr><td colspan="2" rowspan="5">委託人要求事項</td><td>室內空間用途</td><td rowspan="5">建築為現代樣式，但委託人喜歡傳統樣式的室內花園，（解決：採用現代融合傳統設計）</td><td rowspan="5">雇用專業管理員→（利用：選擇多種植物以及交替用花草植物）</td><td rowspan="23">（對於符合室內花園目的的五大調查項目問題點之解決方法，整理出可用資源的要約內容）</td></tr>
<tr><td>室內花園目的</td></tr>
<tr><td>委託人偏好樣式</td></tr>
<tr><td>預算</td></tr>
<tr><td>管理方式</td></tr>
<tr><td rowspan="18">物理環境</td><td rowspan="5">建築</td><td>建築的大小、型態、方向、面積</td><td rowspan="18">・冬天假日時不開放暖氣→（解決：冬天時拆除）
・地板為大理石，牆壁為磚頭，看起來質感粗糙→（解決：利用材質較好的花槽，牆壁以植物覆蓋）
・插頭距離遠→（解決：欲裝設噴泉或照明，就一定要牽電線，或者乾脆不要用電）
・花槽太深→（解決：利用廉價土壤或在底部鋪上保麗龍板以節省土壤費用）</td><td rowspan="18">・花槽本身有排水孔（利用：可栽種管理複雜的植物）
・花槽太深→（利用：土壤層變厚，植物可以長得更好）</td></tr>
<tr><td>天花板高度</td></tr>
<tr><td>窗戶大小、位置、
採光方式（側窗、天窗）</td></tr>
<tr><td>出入口，建築結構</td></tr>
<tr><td>花槽的位置、大小、型態、深度、是否有排水孔</td></tr>
<tr><td rowspan="2">電</td><td>用電量，電源位置，接電方式</td></tr>
<tr><td>照明方式</td></tr>
<tr><td rowspan="6">設備</td><td>冷暖房</td></tr>
<tr><td>吸排氣（構造、位置、用量）</td></tr>
<tr><td>供水方式與位置</td></tr>
<tr><td>下水道構造</td></tr>
<tr><td>防水</td></tr>
<tr><td>濕度調整裝置</td></tr>
<tr><td rowspan="5">室內建築</td><td>地板材質</td></tr>
<tr><td>牆壁材質</td></tr>
<tr><td>天花板材質</td></tr>
<tr><td>家具</td></tr>
<tr><td>裝飾物</td></tr>
<tr><td colspan="2" rowspan="5">植物生育環境</td><td>光線</td><td rowspan="5">天花板太高→（解決：準備較高的結構植物）</td><td rowspan="5">牆壁有整面的落地窗，非常明亮→（利用：能讓植物生長更茂密）</td><td rowspan="5"></td></tr>
<tr><td>溫度（晝夜、季節、假日）</td></tr>
<tr><td>空氣</td></tr>
<tr><td>土壤</td></tr>
<tr><td>水分</td></tr>
</table>

調查項目	細部調查項目	限制點例	資源例	分析案
使用者特性	建築用途	・有時候人潮擁擠，有時候冷清無人→（解決：動線需設寬） ・週末時多孩童→（解決：需設計成老少皆宜）	經常人潮擁擠→（使用：使用小型花槽，可以減少預算，利用較高的植物可以調整規模）	
	使用者人數粗估			
	年齡			
	性別			
	職業			
	使用時間			
	使用型態			
	動線			
視覺特性	正面的視覺結構	牆壁有可見的電線、電話分線箱→（解決：利用植物遮蓋）	從上往下欣賞室內花園→（使用：設計有趣平面植栽）	
	負面的視覺結構			
	樓上的鳥瞰位置			

園概略的平面型態與立體空間，可透過草圖與簡圖的方式把想法畫出來，過程中不斷修改直到產出最終方案。

像這樣在構思階段所畫的概略圖面稱為構思圖（schematic plan）或概念圖（conceptual plan）。概念圖是概略而且可以自由發揮的，表現方式為使用幾何圖形或記號等方式進行視覺傳達，當空間要分割成多種用途時，會以像氣泡的圓圈做標示，這種圖面就是所謂的泡泡圖（bubble diagram）。在構思階段畫的圖面可以不必講究正確比例，但是在最後設計階段時，就要決定出正確比例的大小與型態。

構思階段可說是最具挑戰性的一個階段，設計師與委託人透過概念構思，想出數種方案，進行多方比較後產出最終方案——

（1）構思內容：先根據主題、樣式、空間搭配等，構想設計風格及如何依照實體空間來作調整——

・設計主題與概念：在這個階段，為了導出符合分析結果與設計目標的設計案，首先必須決定設計方向。設計方向是以概念的形式呈現，能簡略說明主題以及主題所具有的意義。主題與概念的方向，必須能滿足委託人的需求，主題與概念可以用許多方式來表達，但最重要的是能使委託人充分了解，而且能產生共鳴。

・樣式：室內花園的樣式，一般以能夠跟建築搭配得宜為主，不過卻有可能與委託人所希望的樣式相違背，而且設計師也會有自己喜好的樣式。決定室內花園的樣式時，可以調查分析資料做為參考（表11-7）。委託人偏好的樣式，事實上也會影響設計方向。

・空間分割：室內空間可分割成多種用途。如果是住宅大樓，可分成有進出功用的出入口空間、家人一起使用的客廳、廚房用餐空間、可做休憩空間或植栽空間的迴廊與陽台、作業空間，有些人會在陽台、客廳打造小規模的植栽空間。

如果是辦公大樓，則可分成有進出功用的出入口空間、服務櫃檯空間、會客空間、移動空間、休憩空間與辦公空間等等，常見的情況是會在休憩空間，或者辦公空間打造小型室內花園。

像這樣把室內空間按照用途或機能進行分割後，加上動線，就能決定出合適的植栽空間。植栽空間必須能滿足委託人的要求，也必須是適合植物生

表11-7　室內花園樣式

基準	樣式	實例
時代	傳統式（traditional）	 中國
	現代式（contemporary）	 美國
國家	韓國（Korean）	 西班牙
	日本（Japanese）	 韓國
	中國（Chinese）	
	美國（American）	
	歐洲（European）	
型態	典型（formal）	
	非典型（informal）	
植物	熱帶（topical）	
	溫帶（temperate）	
	地中海（mediterranean）	
	沙漠（desert）	
空間	線條設計（line design）	
	大量設計（mass design）	

育的明亮場所，同時也是能得到視覺效果與機能效果的地方。如果大樓在建造時就已有規畫花槽，表示植栽空間位置已經固定，那麼構思內容會變得更簡單。

・動線：室內空間依照用途所需進行分割之後，接下來就是調查與分析使用者對於這些空間的使用狀態，然後決定與空間相連接的動線。動線會影響人所看出去的視野角度，可由此來規劃植栽空間的型態與空間結構，也有可能為了動線調整，而改變植栽空間的位置。

・構思植栽空間的型態與空間：室內種植植物的場所，是設計師所要面對最重要的問題之一，因為一旦配置的位置不對，植物的狀態很快就會每況愈下，委託人也常因這個因素而輕易放棄構築室內花園的念頭。決定植栽空間時，必須謹慎觀察各種條件，例如要在室內規劃花槽，安裝費會佔去大部分的費用。就設計層面來說，並不建議為了配合花槽而挑選植物，必須先視空間需求挑選植物，然後設計或挑選花槽。

依照植栽空間或室內花園的位置與結構上的變化，能創造出三種不同的視覺經驗。第一種是從遠處眺望室內花園的感覺，第二種是可以從四面八方欣賞室內花園，隨著觀賞方向的不同，也會看到不同感受的室內花園，第三種是規模較大的室內花園，走進去彷彿置身森林，像是來到世外桃源一般（參考「13.室內空間」）。設計師在決定植栽空間之前，必須先從這三個層面去思考再下決定，如果想要第三種方式，有可能會因為空間限制而無法達到。

選定植栽空間後，再來就是構思植栽空間的型態（二次元）與空間（三次元），如果該空間裡並無花槽，那麼可試著規劃花槽。想好視野結構後，畫出植栽空間的概略平面型態，以及包含植栽空間高度的三次元立體圖輪廓。此階段還不需要決定出細部具體構思或型態，而是將植栽概念以圖面的方式呈現（圖11-1）。

（2）方案：在構思階段可以提出數個方案 —— 滿足委託人所有需求設計、部分滿足委託人需求或植栽空間設計、完全顛覆委託人的需求或植栽空間設計。委託人與設計師在此階段從中挑出一種方案後，決定設計要繼續進行或中途放棄。

設計

以構思階段產出的構思圖或概念圖為依據，決定出設計案的具體內容並完成設計圖。設計圖依室內花園的規模而異，若能具備屬於平面可看到整體設計的基本企劃圖（master plan）、立面圖（elevation），以及接近實際情況屬於三次元繪圖的透視圖（perspective）或鳥瞰圖（bird's eye view）、軸測圖（axonometric），對於理解整個設計會非常有幫助。另外最好也能一起準備施工時會用到的細部剖面圖（section）、植栽計畫圖（planting plan）、設計規格書（specification）、施工計畫、報價單。提供以上圖面是室內花園植栽計畫中最重要的部分，提供植栽計畫圖時，最好能再附上植物的具體照片與特性說明等資料（表 11-8）。

當然如果委託人的需求非常具體，就不需要提供數種方案，只要準備基本計畫圖、立面圖、剖面圖等二～三張圖面即可。如果室內花園的規模較小，只要提供植栽計畫的平面圖（plan）、立面圖以及報價單即可。

為了順利承攬大規模的室內花園工程，很多時候必須向客戶進行介紹，這時可將相關的設計圖與資料做成簡報檔案，將資料列印成紙本，或做成實際模型。需展示設計案時，可利用電腦美工軟體作業，將設計圖列印出來做成展示板 ——

（1）製作設計圖方法：主要分為手繪圖以及電腦繪圖兩大類，當中又再細分

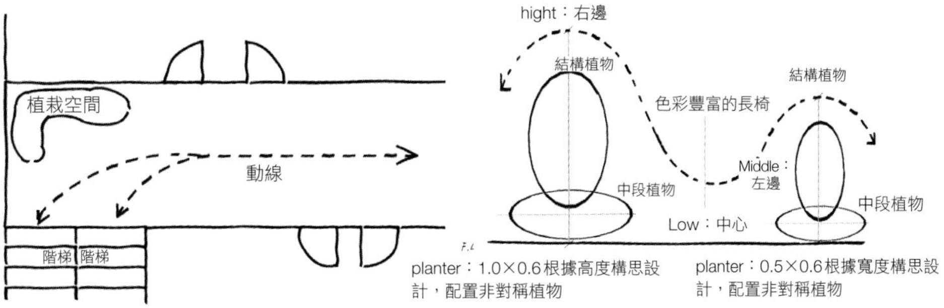

植栽空間型態與配置圖結構（平面）　　植栽空間型態結構（立面）

圖 11-1　植栽概念實例

表11-8　設計圖面與資料

類別	圖面與資料名稱	詳細說明
二次元圖面	基本企劃圖	以平面圖表示整個設計圖像。
	平面圖	從上往下看的平面圖。
	立面圖	正投影視圖。
	剖面圖	將所需空間切開看到內部的圖。
	植栽計畫圖	要約記載植栽圖面、植物照片、一般名、學名等特徵的資料。
三次元圖面	透視圖	以遠近法，將眼睛所看到的物體畫出來。
	鳥瞰圖	以鳥在天空遨翔的高度往下看的畫面。
	軸測圖	將物體傾斜45度，不使用遠近法直接以平行的投影線畫成。
	照片	以Photoshop等電腦軟體設計前，先在空間照片上進行設計，然後再用電腦軟體依設計結果將物體畫上。
資料	規格書	將圖面無法表達的內容整理成文字資料。
	施工日程	每天需進行的施工內容。
	報價單	計算所需費用，然後整理成具體資料。
提供、報告與展示	圖面	如果是大規模的室內花園，圖面以A1或A2列印後使用。
	書面	利用Power Point等電腦軟體報告圖面與資料內容，或以A4紙列印。
	展示板	利用Photoshop或Power Point等電腦軟體整理核心設計內容，然後以A1或A2紙列印做成展示板。

為許多圖式——

・手繪方式：專業設計師常用的是A1大小的製圖版，然而室內花園的規模較小，所以A2大小的製圖版就很夠用。

將方格紙或描圖紙墊在製圖版上，以三角尺、製圖筆或自動鉛筆畫底圖，最後用彩色鉛筆或麥克筆上色。如果是直線或圓形，可以先用電腦作畫，再列印出來加上植物或自由曲線，完美的手稿圖往往能吸引委託人的注意。一般來說設計圖有平面圖、立面圖、透視圖、軸測圖（圖11-2）。

・CAD（computer aided design）：以電腦繪製2D圖時，Auto CAD是常用的軟體，雖然也可以畫出3D圖，不過跟平面圖比起來，需要更熟練的技術。

只靠平面圖或立面圖很難說服委託人，底下將介紹幾款實用的3D繪圖軟體。首先是3D MAX，這套軟體功能強大，不過價格昂貴，若非熟練的設計師恐難以駕馭，如果設計預算不高，則比較不划算。SketchUp比較容易上手，常用於規模較小的設計，植物的呈現比較有手繪的感覺（圖11-2），另外3D繪圖軟體的容量比較大。

設計室內盆栽或室內花園圖面時，常用的軟體還有Photoshop。可先拍攝施工前的空間照片，利用Photoshop去除不必要的部分，然後再貼上想要的植物、花槽、花盆、家具等照片。由於使用實物照片，所以設計圖會最接近實際狀況，不過要製作多種視野方向的圖面時，工程會比較浩大，而且如果沒有適當的照片素材，就無法完成設計圖。空間與植物等元素的大小要精準計算，才有辦法提出與實際成果相符合的設計圖面。

（2）設計圖組成內容：設計圖組成內容雖然會隨規模大小而異，不過通常包含設計主題、概念、各機能空間的動線、視角結構的建立、室內花園的植栽空間型態與空間、添景材料、植栽計畫等等。綜合以上內容所製成的圖面，有助於委託人對於設計的理解。

就兼具機能與美觀的室內花園設計而言，對於機能要素，可將客觀的標準應用在實際現況上，然而對於美觀要素，一般受設計師的主觀左右較多。例如決定好植栽面積後，接下來植物的配置、大小、型態、質感、顏色等屬

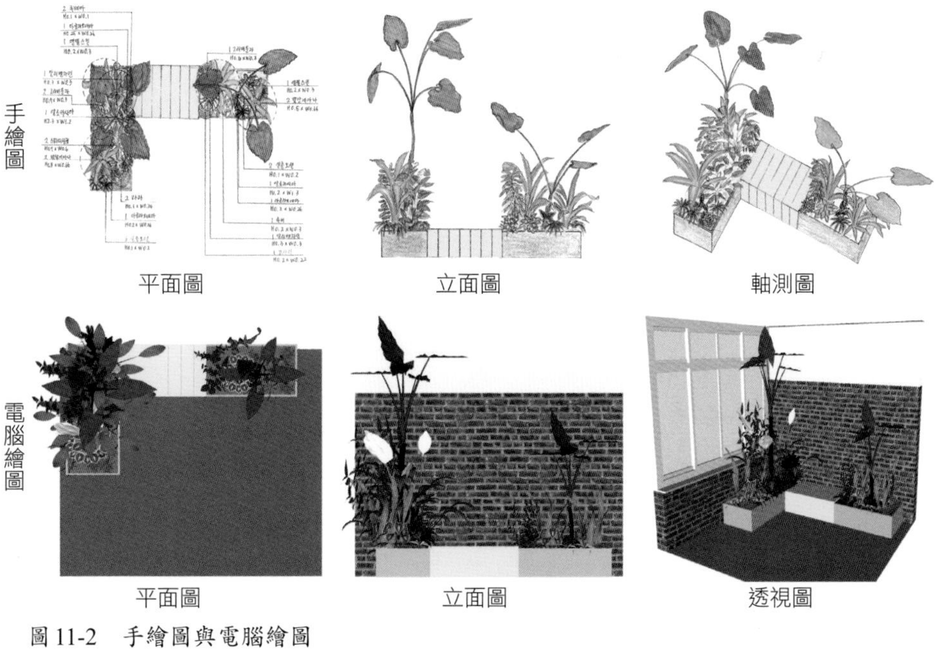

圖 11-2　手繪圖與電腦繪圖

於美觀與主觀的領域，通常取決於設計師。所以設計師必須以大眾共通的設計元素與原理進行決定——

・設計主題與概念：在構思過程當中所訂立的設計主題與概念，會在設計階段裡進行最終決定，然後再依主題和概念進行更具體的設計。於構思階段選定的樣式，會在決定設計案時套用在設計上。一般而言，室內花園的規模較小時，線條設計與大量設計的差異會較明顯，如果規模較大，設計則會因為典型組成或非典型組成而有較大的差異。

用於室內花園的植物，大部分是產自熱帶或亞熱帶的觀葉植物，所以能夠呈現出熱帶氣氛。雖然垂榕和蕨類是熱帶植物，但是因為其型態上的特徵，也可以用來營造溫帶地區的森林感覺。

・空間與動線的具體化：在構思階段以圓圈和線條分割出的概念空間，在這階段會進行更具體的設計，其位置、型態和方向通常與概念圖相去不遠。當空間的配置確定之後，在構思圖上以箭頭標示的動線，在設計圖面上會被省略。

植栽空間，也就是室內花園的地板、牆壁與天花板三種條件確立之後，再來就會決定更具體的材質、型態與空間。例如需要設計花槽時，其大小、型態、顏色和材質都必須能與周遭空間搭配，若地板材質為大理石，就不適用原木或磚頭材質的花槽。

・視覺構造的建立：利用室內空間讓視線往內部集中的球心視野構造特性，也能提高美學效果。植栽空間的大小、位置以及使用者的觀賞位置能創造出室內花園多樣化的視角構造。

物體透過人的視角能產生不同的認知，只要巧妙利用幾種方式便可調整室內花園的視角元素。室內空間可以透過三種操作方法調整視角結構，能在視覺上形成「通道」，這三種方法分別是視象傳達（vista）、框架（frame）以及過濾（filter）。而遮蔽（screen）、隱蔽（camouflage），則是能遮擋所見景物的方式，又或是利用視覺錯覺現象（illusion）方法，調整眼睛所看到的影像（表11-9）。

・添景材料設計：打造室內花園所用的添景材料，若以地板、牆壁與天花板為劃分，形成空間者屬於大型添景材料，形成面積或配置於空間內者為小型添景材料，此外還有屬於小件的添景材料。這些添景材料在構思過程已有基本輪廓，在設計階段也已經具體化。

常見的室內花園添景材料有水池、噴泉、瀑布、水道等水耕元素。水耕元素的規模非常多樣，在視覺、聽覺上都有效果，因為具有改善植物與人類環境的功用，是室內花園最重要的設計元素。此外，搭在地面上的涼臺、椅子、長椅都很常用（參考「7.裝飾物與添景材料」）。

・植栽設計：室內花園的植物除了需有空間分割、動線誘導、視線遮蔽等機能作用，同時也必須有美學效果。而大部分在選擇植物時，也是以美觀、翠綠、新鮮等美學效果為主要考量。

依據構思過程產出的植栽空間型態（2D）與空間輪廓（3D）進行植栽設計，決定植物的配植時，需考量到平面與立面兩個層面。

完成植栽計畫圖時，為提供委託人更具體的植物資訊，需準備包含植物照片與特性說明的植栽計畫資料。植栽計畫資料的第一頁，最好是平面與立面配置圖，然後再依照結構植物、中段植物、地被植物、焦點植物等順序，準備植物的照片，上面簡單記載植物的一般名、學名，並提供植栽計畫的概略特徵——

（a）平面：以平面角度看植物的配植，通常可分單植、列植與群植三種，各有其應用方法（表11-10）。單植是讓型態美麗且高大的植物作為空間重點植物，單棵植物就能決定空間規模並且形成結構。列植是指種植整排的植物，以植物構成線，有分割空間的效果。列植通常給人一種秩序井然的感覺——如果以列植的方式種一圈植物，便能形成密閉空間（endosure）；沿著動線種植，可發揮指示通行的效果；如果是沿著牆面種植，則有遮蓋牆面的效果。

群植是指單棵植物無法顯現效果時，使用種植多棵矮小植物的方式，看起來比較有份量，室內花園通常會群植較為矮小的中段植物與地被植物，作為重點植物的襯托背景。如果是在比較寬廣的室內空間群植大型結構植物，就能打造出森林的感覺。群植相同種類的植物在管理上比較方便，只要所需

表11-9　室內花園的視覺手法

類別			詳細內容
打造視覺系走道	眺望		在狹長的走道兩旁設計能夠引人注意的視覺系裝飾物，例如可以在走道兩旁配置整排植物，然後在走道的盡頭設出入口，讓出入口的視覺效果極致化。
	框架		在裝飾物周圍配置植物或添景材料，讓畫面看起來像一副圖畫，以假想框來營造畫面的方式。例如在兩旁配置植物，植物跟植物之間看起來彷彿有一條走道。
	過濾		讓植物的樹葉葉擋在觀賞者與對象物之間，刻意使對象物看起來有若隱若現的感覺。此種方式除了可將人的注意力引誘至內部，也可以增加神秘感。
遮蔽視線	遮蔽		利用植物遮蓋室內空間比較醜陋的部分，例如使用植物或添景材料遮擋住廁所以及裸露的牆面。
	隱蔽		讓類似排氣等機器裝置看起來像其它物品的方式，例如可利用攀緣植物裝飾表面。
使用視覺錯覺現象			可放大空間、增加深度以及縮小空間的作法，將水池的底漆成黑色，看起來便深不見底。若兩旁列植高度遞減的植物，看起來就能比實際距離長。

的光線、溫度、水分等生育環境條件相似，也可以群植不同種類的植物。

（b）立面：若以立面角度看植物的配植，這時調整植物高度則顯得特別重要（表11-10）。若考量植物在自然環境時的生態、型態特性以及高度，那麼進行配植時，可區分成結構植物、中段植物、地被植物以及焦點植物（參考「14. 室內花園」）。

結構植物是決定設計規模的關鍵，主要使用喬木觀葉植物，室內空間因為有天花板，所以植物的高度受限於天花板高度。大部分住宅公寓的天花板高度為二三〇～二四〇公分，比較低矮，所以結構植物的高度也就受到比較多的限制。至於辦公、商業建築，很多是挑高設計，如果天花板距離地面在六公尺以下，可以選擇高度為天花板高度三分之二，也就是四公尺以下樹高的植物為宜。如果是距地面超過三十公尺的高樓大廈中庭，因為那麼高的大

表11-10　室內花園植物的平面配植與立面配植（Mader，2004）

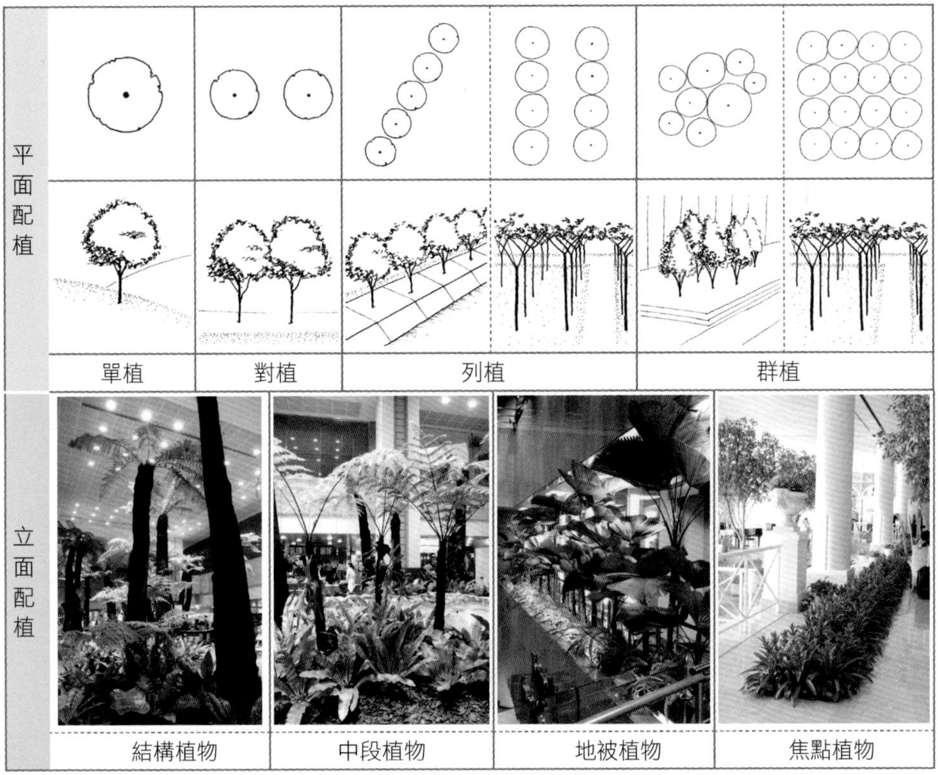

型植物取得不易，所以改用群植大型植物的方式，種植的時候讓樹冠層最後能相互接觸在一起，便能打造出綠色天花板。在天花板挑高的建築裡，結構植物所形成的樹冠具有使人放鬆心情的功用。

結構植物、中段植物、地被植物底下較陰暗的土壤表面，可以鋪上小石子、青苔或碎木屑。需要時，可將花槽內的土壤堆高，可以增加立體感與變化感，這也是植栽在立體層面上的考量點。

（3）細部設計圖、報價單、規格書、施工日程、合約：完成基本計畫圖後，接下來必須準備施工時會用到的細部設計圖（圖 11-3）、報價單、規格書、施工日程計畫以及合約書。報價單的製作需依照設計案內容與預算，編列植物、土壤、花槽、添景材料等材料費與其它施工費用。至於施工日程，會因室內花園是在大樓設計階段時齊頭並進，或在建築鋼架完成階段時進行，抑或在大樓完工後才進行而異。

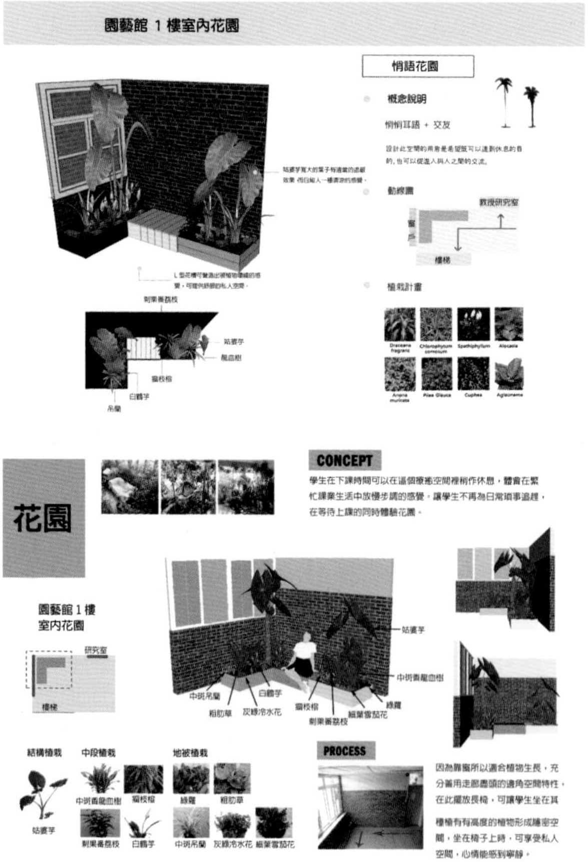

圖 11-3　室內花園設計圖樣例

室內花園設計檢討

設計過程並非是從一個階段往另一個階段前進，不論是在哪一個階段，都有可能回頭重新評估。比如說一開始預設使用的木材在經過評估後發現不合適，就必須修改設計，透過檢討得到更深層的理解，在具備機能與美學的設計前提下，做出更準確的判斷。委託人必須擁有最終施工所需圖面與資料，而且對於設計也必須有充分的理解。

室內花園施工

依照設計圖面與報價單進行材料的購買，並依照安排的日程進行施工（圖 11-4）。大部分規模較小的室內花園都是由設計公司負責施工，設計師會依據設計圖確認施工是否順利，然而有時候會遇到施工進行到一半更改設計的情況（參考「14. 室內花園」）。

室內花園評價

施工完成後，設計師需對成果進行評價，確認是否有達到預期的吸引力與機能，這對委託人、設計師未來的計畫都是非常重要的一個過程。植物在新的環境底下成長與產生變化，這些變化是否如同預期，將成為設計師對於植物選擇的眼光精準與否的依據。

室內花園管理

設計與建造室內花園的業者通常會在合約裡註明，室內花園在完工一～二年之後，如植物狀況開始走下坡或面臨枯死，就會進行更新植物，或者委

圖 11-4　室內花園施工

託人也可以簽合約的方式請業者進行後續的管理。所以在室內花園完工後，業者需製作一份植物管理要領，以利植物後續之管理。就委託人的立場來說，做好植物的基本管理，才不會造成金錢上的損失。

就植物的管理來說，室內花園的規模越大，灌溉澆水所佔的比重越大。設計室內花園時，需視情況需要設計自動澆水設施。自動澆水的缺點就是所有植物都會以同一條件進行澆水，所以在選擇植物時需特別留意。如果是商業建物內的室內花園，因為必須長久維持，通常都會使用易於管理的植物，對於管理的詳細內容，請參考「22.室內盆栽植物管理」。

12 設計元素與原理

美麗、有機能效果的盆栽與盆栽所配置的空間，可使人感到舒適以及心情愉快，一件完美、面面俱到的設計並不是偶然的結果，是經過深思熟慮，透過合理、有系統的設計過程所得到的結果。一椿完美的設計並沒有絕對公式，而是透過圖畫、雕刻、建築，並且靠人類視覺與知覺的類似性，以及經驗的累積所得到的原理。利用這些原理，才能得到大眾所認為的美感與愉快經驗。

線條、型態、空間、深度、顏色、質感、香氣等等，是使用調和、統一、平衡、規模、比例、強調、律動、單純等設計原理時會使用到的設計元素。一個有盆栽的設計空間，是由線條、型態、質感、顏色所組成的三次元物體與空間，是我們生活中能夠以視覺或物理性質接觸到的物體與空間。為了理想的設計效果，設計師利用與調整這些三次元物體或空間的設計元素做為設計原理。

設計物體或空間時，可先從設計元素與原理層面觀察，這種技術用於傳達盆栽設計的構思，而後構思則透過設計過程轉為組織化的企畫書，最後轉為實際製作或施工。一椿好的設計必須具有機能效果，並能夠擁有視覺上的享受，所需的費用也必須合宜。美麗、具有機能效果的盆栽設計，除了有助於創造出能夠維持日常生活的健康與排解壓力的空間，更可以改善生活環境。

所用到的設計元素與原理，可套用於每個盆栽裝飾物的製作上，也可以應用於該裝飾物所配置的空間。

設計元素

只要充分了解線條、型態、空間、深度、顏色、質感、香氣等設計元素，就能知道這些元素對於充滿創意的絕妙設計，扮演什麼樣的重要地位。若能技術性使用這些元素，就能創造出生動又出色的設計效果。

線條

應用於盆栽設計的線條，分成物體線（actual line）、暗示線（implied line）以及心理線（psychic line）三種。「物體線」是像容器、地面、牆面、窗戶、家具、空間邊緣等實際存在物體所構成的線條，在植物的根莖、植物的整體上也能看的到。「暗示線」並非實際存在，是經由重複排列所構成的線條，只要將植物、顏色、型態等同一元素做反覆排列，就能創造出來。「心理線」也不是實際存在的線條，是兩個物體連接時在心理上所產生的假想線條，能讓人的視線停留在盆栽或材料上。例如看到兩棵對望的植物，就會有種兩棵植物間彷彿有線條存在的錯覺。

線條在物體或空間的型態與結構形成時，因為具有方向性，能夠誘導人的視線，進而影響氣氛與情感而創造出視覺上的享受。具方向性的線條，大致上可分成垂直線（vertical line）、水平線（horizontal line）、斜線（diagonal line）以及曲線（curved line）。直線給人一種正式的感覺，曲線給人一種自然的感覺，斜線有移動感，交叉線條會帶來猶豫的感覺（圖12-1）。

「垂直線」可以用來強調高度，給人一種正式莊嚴的感覺，看起來強而有力，能吸引人注意，華盛頓椰子、南洋杉、竹子等等都是具有強烈垂直感的植物，常用於室內空間作為中心植物，或者用來分割平面空間、作為遮蔽用途的牆壁、柱子等等。

「水平線」能使人感到平靜與平和，達到休息與安定的效果，若運用得

圖 12-1　線條與型態明顯的盆栽與容器

當，可減低或加強垂直效果。水平線也可以用來誘導視線，不過呈現出的感覺比較緩慢而且更有餘裕。大量種植匍匐植物或青苔類植物、群植灌木類植物可製造出水平的感覺。

「斜線」給人一種移動、興奮的感覺，跟垂直線或水平線設計在一起時，可誘導視線的移動，不過如果配置過多，看起來會有混亂無章的感覺。

「曲線」跟斜線一樣意味著躍動，不過是以更柔和舒適的方式誘導視線。單靠植物型態所散發出的線型就能為空間帶來變化，在呆板、枯燥無味的室內，如果能放置具有曲線的植物，就能讓氣氛變得更柔和。袖珍椰子、散尾葵、粗肋草屬、白鶴芋、鳥巢蕨等室內植物，其葉片都具有強烈的曲線型態。

型態

型態（form或shape）可說是物體或空間的三次元層面，盆栽基本上是由容器、植物、裝飾物、添景材料等型態各自不同的物體所組合而成，容納這些盆栽的空間也是一樣的。物體間的型態如果搭配得宜，其特性與感覺可賦予視覺上的享受。這就是用於提高視覺效果時，何以強調、律動、調和、統一等設計原理會如此依存型態的理由。舉例來說，造型奇特的植物因為外觀引人注目，所以很容易就能製造出強調的效果（圖12-1）。

容器、植物、裝飾物、添景材料的型態，必須搭配起來能夠相得益彰，所要配置的空間也會對其產生影響。混合各種型態時，可以使用多數某種特定型態來達到強調的效果；至於型態的選擇，可參考統合設計資料，來呈現所要表達的主題。例如使用長筒形的容器時，多半會種植細長的植物，這時如果能混合一些型態不同的植物，既不會破壞設計的一統性，又能增添趣味與視覺效果。一個成功的設計，就是能夠適當混合多種型態。

想利用各式型態的材料，為設計注入一些視覺上的趣味，就必須清楚掌握包含植物在內的所有素材型態的特性。例如室內植物的外觀有一些特性，像是直立型、圓型、彎曲型、擴散型、蔓延型、懸垂型，也有根莖、樹枝看起來非常與眾不同的線型植物（圖 12-2）。將植物型態應用於設計上時，必須注意的即是植物的生長速度，植物在生長過程中型態會產生變化，特別是群植植物時，要考量的不是單棵植物，而是整體的型態。

空間

盆栽屬於佔據部份空間的三次元物體，物體所用的空間稱為「正空間」（positive space），空白空間則是「負空間」（negative sapce）或「留白」。空白空間可減少設計的混雜感，也可突顯組成元素的型態，具有強調組成元素

圖 12-2　室內植物的幾種型態

的作用。如果在盆栽周圍留一些空白空間，可以發揮突顯盆栽的效果，不過如果在附近放置類似的盆栽，就會讓盆栽的型態特性降低甚至消失（圖12-3）。沒有留白的空間會產生混雜感，況且提高材料的密度也非經濟的作法。所以想突顯組成元素，就要製造出適當的空白空間。尤其是注重植物根莖、樹枝線條的線條設計，一定要善用空白空間，才能完全突顯出線條。

深度

畫家因為是在屬於二次元空間的畫紙或油畫布上作畫，因此會多花心思在立體感上；盆栽設計因為是屬於三次元設計，所以不必過於計較立體感。如果是以一個固定方向欣賞三次元的盆栽或室內花園，會呈現較為平面的畫面，所以有可能看起來不太賞心悅目。因此，利用盆栽製作裝飾物或打造室內花園時，有時候也會用到一些技巧來增加立體感。

欲增加盆栽設計的立體感，可以使用畫家常用的兩種技巧，一種是調整植物角度，二是讓植物重疊排列。例如置於最後方的植物可以稍微再往後挪，讓最前面的植物往前傾，只要角度調整得當，就能製造立體感，讓整體設計達到平衡。藉由排列可遮蓋部分其它植物，讓植物的高度呈現高低不同，就能自然演繹出立體感與生動感。

另外，也可以利用大小、顏色、明暗、質感上的變化，增加立體感，畫家在作畫時，有時候會把前面的物體放大，所以應用在盆栽設計上時，可以把葉子大的植物擺在下面，葉子較小的植物擺在上面，以大到漸小的排列方

圖12-3　空白空間能更清楚襯托出植物的線條。

式來製造變化。此外比較鮮豔的顏色，可以安排在前方低處，淡一點的顏色可排在後方，更加強遠近感；那是因為物體距離越近，顏色看起來又亮又明顯，越遠看起來越朦朧之故。

顏色

顏色最能誘導人的視線，能刺激視知覺，使人想起事物或抽象概念，並且激發情緒反應。在設計元素中，是最能引發人類反應的元素 ——

（1）顏色的性質：人所看到的色彩，是物體反射的光波長到眼睛內產生的知覺，當光線碰到植物體時，部分會被吸收其餘被反射，植物的葉子大部分都是綠色的，意味著反射最多的是綠光。

對於顏色，可分色相（hues）、明度（value）、彩度（intensity）三種性質進行說明。色相指的是光譜（spectrum）上出現的紅、橙、黃、綠、藍、紫等顯色現象，且其中並不包含黑色或白色，也可以用於指稱未攙和其他顏色的純色。將顏色以圓形的方式做排列即為色環（color wheel，請見圖12-4）。一般所說的三原色（primary color）是指紅色、黃色與藍色，只要利用這三種顏色，就能混合出所有的顏色。二次色（secondary color）是等量原色混合而成的顏色，三次色（intermediate color）則是等量原色與二次色混合而成的顏色，顏色強烈順序為原色、二次色乃至三次色。無彩色（achromatic colors，neutrals）是指沒有彩度的顏色，黑色、白色與灰色都是，無彩色幾乎可與任何的有彩色相搭配，只要使用得宜，便可提高想要的效果。就盆栽設計來說，無彩色不會跟植物的顏色搶色，可以充分突顯設計，因此經常被用來做容器或背景色。

明度是指顏色的明暗程度，從純色與白色所混合出的淺色（tint），以及純色與黑色混合出的暗色（shade），就可以看出明暗的差異。彩度為顯示灰色混合量的程度，低彩度的顏色稱為灰色調（tone）（圖12-4）。

（2）顏色與效果：雖然顏色所引起的心理反應會因人而異，不過大部分的人所產生的反應是共同的。顏色若依照光譜順序排列分別為紅色、橙色、黃色、綠色、藍色、紫色，波長較長的一邊為暖色，較短的一邊為冷色，意即紅色與橙色為暖色，綠色與藍色為冷色。

另外像紅色、橙色、黃色等暖色，看起來比實際位置還要近，所以稱為前進色；藍色、紫色等冷色，看起來比實際位置還要遠，所以稱為後退色；綠色則因為介於中間程度，能夠帶來安定感。顏色因為明暗的關係，看起來也有輕重的感覺，有彩色之中的深紫色以及無彩色之中的黑色看起來最重，反之有彩色之中的黃色以及無彩色之中的白色看起來最輕，此外顏色會因為彩度的高低，看起來有強弱之分。

每個色相都有各自不同的感覺與效果，紅色是能夠強烈吸引人視線的顏色，也是熱情與愛的象徵。橙色使人感到溫暖、讓人聯想到和睦。黃色是象徵春天的顏色，在不同背景色的襯托下，能有溫暖或清涼的效果。綠色表示生命力，能帶來心靈上的安定與鎮定，常見盆栽的基本材料多是綠色，可為設計注入活力與新鮮感。藍色給人一種清涼、安靜的感覺，可為心靈帶來平靜。紫色在不同背景色的襯托之下，可有溫暖或清涼的效果。

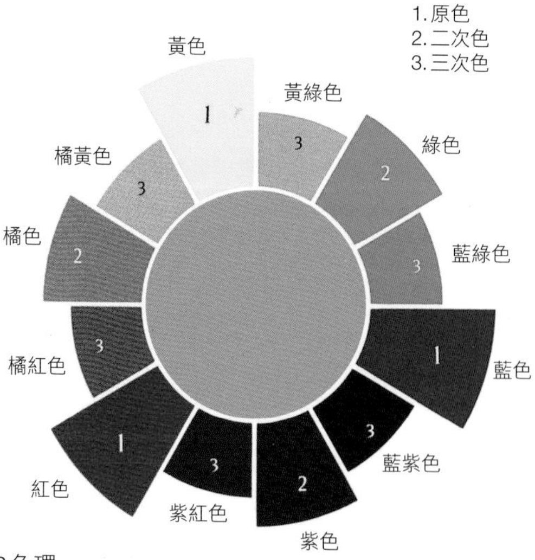

12色環

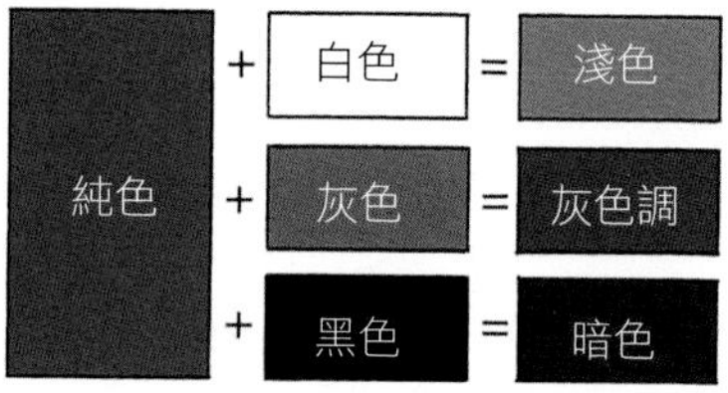

顏色的明度

盆栽的顏色與背景色

圖 12-4　色環與淺色、灰色調、暗色。

較明亮的顏色能使人感到興奮，具有刺激的傾向，反之較沉靜、清涼的顏色，能帶來舒適與溫馨的效果。因此，像老鸛草屬、玫瑰、百日菊等花卉植物，以及彩葉芋屬、變葉木等葉子顏色繽紛多彩的植物，具有吸引視線的效果，而垂榕、南洋杉屬這類顏色較深沉的植物，則可以使人感到平靜穩定，同時也具有重量感。

除了個別顏色所帶來的感覺，也可藉由搭配其它顏色來達到強烈對比的效果，可突顯出顏色的特性；色彩心理學家表示，當色彩排列越接近，或互有補色關係，或呈現強烈對比狀態時，看起來會更美麗。色彩對比是一種視覺現象，會受到周圍顏色、背景色的影響，讓原本的顏色看起來有不同的感受。

以上是人對於顏色的共通感覺，每個人喜歡的顏色都不一樣，對於顏色的喜好，會因性別、年齡、社會階級、文化而異，最主要還是受個人潛意識的影響最多。對於顏色的喜好度，也會因為對象與色面大小而產生不同的反應，例如討厭粉紅色衣服的人，卻可能很喜歡粉紅色的玫瑰花，流行、受歡迎的顏色，也會受到時代的影響而呈現不同的喜好。

（3）色彩調和：色彩調和是指使用兩種以上的色彩搭配，產生對立但是統一和諧的效果。使用截然不同的顏色時，可以創造出平和愉快的感覺，但是也有可能塑造出不安、不協調的感覺，這樣的調和感主要來自於個人的主觀解釋與喜好。

盆栽配色，需與周遭空間搭配，若用單色（monochromatic）來配色，有可能會給人一種單調的感覺，需靠排列或型態產生變化。若是使用相似色（analogous）配色，效果會比單色配色來的豐富，若運用得宜，看起來會非常舒服。使用互補色（complementary）配色，則會帶來強烈的緊張感。如果配色過於單調或對比過於強烈，可使用帶有中間色的材料。

其它還有三分色（triad）配色、接近互補色（near-complementary）配色、分散互補色（split-complementary）配色等方法（圖 12-5、12-6）。不過以上的色彩調和，主要是為初學者所設的標準，不一定要按照規則進行搭配，也可以發揮創意，搭配花朵與植物的顏色。

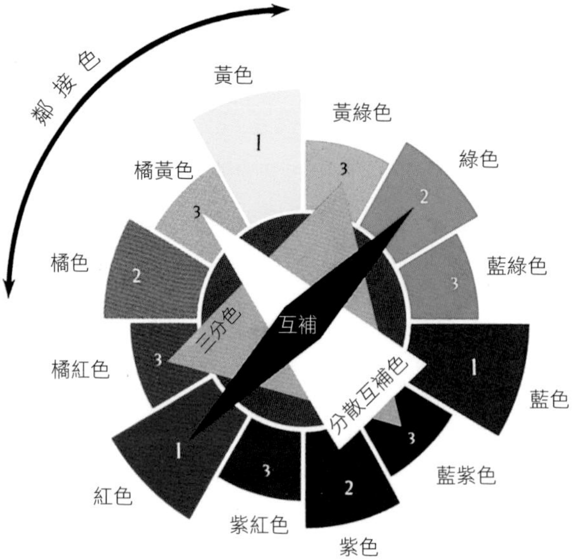

圖 12-5　容器與植物的配色原理

（4）盆栽設計的顏色：花朵與植物的顏色非常豐富，而且擁有多樣的明度與彩度，如果在色彩上能夠搭配得宜，那就算盆栽組成元素不足，也可以利用顏色來增添視覺上的效果。

在配置植物時，設計師需考量到背景色與強調色。所謂的背景色就是構成地面、牆面、天花板空間的顏色；強調色就是空間所要強調的元素的顏色，通常盆栽就是要強調的元素。選擇容器與植物時，需與背景色能互相搭配，如果植物只有綠色，有可能難以發揮強調的效果，這時可以靠顏色以外的植物型態、大小作為強調特色。設計時，可善用葉子、花朵有漂亮顏色的植物、色彩華麗的容器或添景材料。

隨著人觀看的距離、面積、光線、眼睛活動範圍的不同，會看到不一樣

同色系配色　同色系配色　相似色配色　互補色配色

圖 12-6　容器與植物的配色

的顏色效果。盆栽的組成欲使用多種顏色時，首先必須決定主要與附屬顏色，若均勻使用好幾種顏色，可能會引起視覺上的混亂。決定好主題顏色之後，其它比較具刺激性、顏色引人注意而且絢麗的材料分配比例不能過多，淺柔的顏色可以多用。也就是說，主要植物所佔的比例是九，那麼具強調色的植物分配比例必須是一，這樣才能正確突顯所要強調的對象，成功營造出洗鍊的感覺。

當人在室內時，會有往明亮色彩方向移動的心理傾向，所以，如果配色得宜，的確可以引導人往特定場所移動。例如使用漸進式的顏色變化效果。紅色、黃色、橙色這類較為明亮的顏色看起來比較近，綠色、藍色、紫色這類冷色則有後退的感覺。

因為顏色會與周邊其它顏色產生相互作用，若想徹底了解顏色的特性，最好可以親自體驗。尤其是植物，在成長過程中開花、凋謝的顏色都不一樣，設計師必須具有搭配顏色的能力，才能創造出想要的感覺以及所要的聯想。

質感

質感是設計組成元素在視覺或觸覺上的特性，視覺所認為的質感，主要靠物體外在特性的輪廓來揣測觸覺質感，例如雖然觸摸不到雲朵，但是一般我們會覺得白雲看起來非常柔軟，也就是說雖然無法實地觸摸到雲朵的真正質感，但是記憶裡對類似雲朵的外觀所存留的是柔軟的感覺。質感是最容易被忽略的設計元素，如果能夠善加利用，就能增添趣味與變化，創造與眾不同的感覺。

一般會用「柔軟」、「粗糙」、「閃閃發亮」、「硬梆梆」來形容植物的質感，更多的情況是只以「柔軟」和「粗糙」來表達，粗枝大葉的植物看起來雖然很粗糙，不過植物的質感是相對而非絕對的，例如龜背竹屬看起來比馬拉巴栗還要粗大，但是馬拉巴栗的質感比垂榕粗糙。馬薄荷屬的質感雖然看起來比向日葵細緻，但是地膚草的質感又比馬薄荷屬更細緻。

歷史上，柔軟以及亮晶晶的質感被認為是上流階級的象徵，粗糙不光滑的質感被認為是趨向於比較平民以及非正式氣氛。用玻璃、黃銅、銀、陶瓷做成的容器或添景材料，因為具有光滑且亮晶晶的質感，所以能表現出優雅、正式的氣氛，籃子、陶器、木材等質感較為粗糙的容器或添景材料，則可以表現出貼近自然與非正式氣氛。所以植物也必須與容器或添景材料的質感相互搭配，才能襯托出植物之美（圖 12-7）。

如果搭配不得宜，植物材料就會被認為不重要。在粗糙或柔軟質感的空間，通常也會選擇類似質感的植物；也就是說適當搭配類似質感的元素，除了能達到和諧具有統一感，看起來也非常美麗自然。

若能讓多種或相反質感搭配得宜，也能創造出深度與多樣化的視覺效果。粗糙質感具有吸引視線的效果，所以可用於強調；截然不同質感的對照，也可以增添趣味。在寬闊的空間裡，適合擺放質感粗糙的龜背竹屬，但是若設置在小房間內，就會產生壓迫感，亦即在窄小空間內，盡可能避免過度對照，最好讓質感單純化。但是如果只使用與空間質感類似的植物，又會顯得非常枯燥，這時可利用質感之外的其他元素來增添變化。

圖 12-7　容器與植物的質感一致

植物在空間裡的質感並不是固定的，會因欣賞的角度而有所不同，從遠處看植物的質感彷彿光滑，但是如果走近看或伸手觸摸，有可能覺得粗糙。質感會因植物個別部位，例如花朵、樹枝、葉子等等而異，因此比較細緻的植物，在視覺上看起來彷彿比較遠，反之，較粗糙的植物看起來好像比較靠近。

如果想讓窄小的空間看起來寬闊有深度，可把質感粗糙的植物擺在最前面，後面再放置比較細緻的植物，看起來會更有深度。反之，如果想讓寬闊的空間看起來比較小，則將質感較為細緻的植物擺在前面，越往後面植物的質感越粗糙，就能發揮想要的效果。

此外，只要加上光線和影子，質感就能為設計帶來深度與變化。以使用植物的方式來改變質感，可增加設計的變化與趣味性，因此選擇植物材料時，一定要仔細分析整體設計。

香味

長久以來人類認為植物的香味是乾淨且純潔的，而且具有遏阻疾病的效果，在室內外空間，植物的香味跟植物的型態、顏色、質感一樣都是重要的元素，但是在選擇植物時，並不會被看做是一項必要考量點。然而植物整體，或花朵、葉子、根、莖等所散發出的香味卻會刺激嗅覺，進而影響人的心情，使人感到心情愉快。

鼻子的嗅覺細胞吸收到氣味後，傳到大腦皮質的嗅覺中樞，嗅覺細胞的傳達路徑會經過支援情緒與記憶的邊緣系統，包括海馬體與杏仁核，所以人類對香味是有記憶的，在聞到香味的瞬間，彷彿回到過去的時間與空間，而喚起記憶。人們有喜歡的氣味也會有討厭的氣味，有人覺得梔子花與風信子的香氣好聞，對有些人來說則否。花香是香甜有刺激性的，有的甚至能夠沁人心脾，香味合宜的花朵與植物，可成為盆栽設計師的加分品項。

設計原理

適當套用調和、統一、平衡、規模、比例、強調、律動、單純等設計原理的盆栽或配置盆栽的空間，能創造出舒適美麗的環境。

調和

一曲優美且愉快的音樂通常由數種樂器和歌聲所組成，將幾種組成元素集合成一件美麗賞心悅目的作品，表示這樣的組合是具調和的。調和是指主題、大小、型態、材料、顏色、質感、花樣（pattern）等元素，除了能彰顯自身特性之外，又可以跟其他元素互相搭配；不調和的盆栽設計則會看起來雜亂無章。

製作盆栽時，一旦決定好主題和目的，設計師很容易就能選出合適的材料。利用同色系的材料，除了可達到部分的調和性，也能重複製造出型態與線條。想讓盆栽設計達到調和，需考慮以下幾個問題，像是適合什麼樣的氣氛與主題？適合什麼樣的大小、型態、質感和顏色？這些材料之間是否適合相互搭配？添景材料可以增加主題的效果嗎？具有協調性的作品所散發出的魅力，可以吸引觀賞者的注意，並且給人一種秩序井然的感覺。

植物之間搭配的調和可由底下例子看出。結構植物垂榕與中段植物粗肋草屬、彩葉芋屬、白鶴芋搭配在一起，看起來不會有違和感，但是垂榕若跟仙人掌、蘆薈這類比較粗獷、質感較硬的植物一起搭配，就會變成一件不調和的植栽計畫。

在有綠色室內植物的室內花園內，如果配置過多像變葉木、肖竹芋屬、一品紅（聖誕紅）、尖蕊秋海棠、彩葉芋屬等葉子顏色華麗繽紛的植物，也一樣會淪為不調和的植栽計畫。一般會覺得顏色、外觀全然不同的物體具有對比效果，在這裡要了解到，不調和與對比的意義是不一樣的。

當所有組成原理運用得當時，就能展現出調和性，只是要發揮到淋漓盡致並不容易。所謂好的設計，必須是各部分的元素都能相得益彰，能先顯現出整體感，然後才感覺到各部分元素，這時候應該可以說是「增一分太肥，減一分太瘦」的程度（圖12-8）。

統一

統一雖然與調和息息相關，不過仍存在著差異。這個詞語意味著統合或完全成為一種狀態，整體組成跟單一部分比起來顯得更加出色。為了達到統一性，不能將配置盆栽或植物的空間視為是部分組合，須看成是一個單位。

在盆栽設計中，有三個途徑可以達到統一，分別是相近（proximity）、重複（repetition）以及移轉（transition）。「相近」是達成統一最容易的方法，例如將數種植物種在一個容器裡，就能感覺到型態、大小、質感、顏色的共通點，這樣便可得到統一感。這個方法或許無法達到調和，但是卻能營造出統一感。

圖 12-8　調和的設計

「重複」是最一般而且效果顯著的方法（圖 12-9），只要重複排列某種元素，就能讓整體設計呈現出一致感，讓部分元素能夠與整體互相連貫，然而過度的重複可能會讓設計過於單調，因此必須多加注意，相同的物體、型態、大小、顏色、質感等元素都能使用重複手法。

「移轉」是比較有計畫的方式，移轉是以漸進的方式讓一種元素變成另一種，藉由排列或調和元素的方式，讓視線可以持續移動。顏色是製造移轉最簡單的元素，例如讓橘色花與紅色花在視覺上有相接的效果，能讓視線看起來更加流暢，達到統一感。

當設計具有統一感後，邏輯關係就會變的更為明確，看起來不會有任何的不妥之處。然而過於統一、調和時，則會變得單調，因此設計師必須能夠正確區分出統一與單調的差異，必要時需給予適當的變化。例如重複使用同一種顏色時，可按照明暗度、彩度的不同進行排列，如果重複使用一樣的型態，可以在大小、顏色上做些變化。其它避免單調的方法，還有製造重點、為盆栽整體輪廓做些變化等等，都能增添趣味性。

圖 12-9　以重複同一元素製造統一感

平衡

平衡分成實質平衡與視覺平衡，人對於實際平衡有一定程度的要求，例如看到梯子會產生不安全感，有刻意避開架子與樹枝的傾向。設計所講求的平衡，主要是針對視覺平衡與平靜的感覺，雖然未構成平衡不至於產生實質危害，但是會引起視覺上的紊亂。

當植物能夠立於泥土之中時，表示已經達到了實質平衡，例如容器必須具備能夠支撐植物的合適大小、型態以及重量，只要在容器兩邊種植相同數量與重量的植物，就能取得實質平衡。實質平衡與視覺平衡具有密不可分的關係，有時候雖然達到實質平衡，但是視覺上看起來並不是這麼一回事，這樣會讓人覺得不安與彆扭。所有盆栽設計空間主要靠視覺平衡來維持平衡感，即看起來舒服，也就達到了視覺平衡。

視覺平衡分成對稱平衡與不對稱平衡，對稱平衡（symmetrical balance）是指在視覺畫面中央假想軸的兩旁，排列相同元素的事物（圖 12-10）。對稱可輕而易舉達到平衡，使人感到寧靜與穩定，看起來比較正式而且有威嚴。但是如果平衡手法不夠自然，有時會有生硬、人造的感覺。

對稱且平衡的植栽，能營造出一種靜肅的氣氛，但是若其中一棵植物枯死，平衡就會被破壞。不對稱平衡（asymmetrical balance）是以中央假想軸為基準，在兩邊配置不同元素的事物，只要能巧妙運用植物的種類、大小、型態、位置變化，也能塑造出同等的視覺重量感，所以也能發揮誘導視線的作用。這種平衡比較自然、非典型，隨著視覺的移動能營造出生動的感覺。

對稱平衡

對稱平衡

不對稱平衡

圖 12-10　對稱與不對稱平衡

但是要達到不對稱平衡，需要花更多的心思，想像力也要非常豐富。

大部分設計皆含有強調元素，一個成功的設計，絕對需要像背景這種附屬元素來中和強調部分。想讓強調部分做到不對稱平衡，需要應用空白空間，沒有空白空間的設計，看起來會非常混亂複雜。

不對稱平衡，可利用顏色、型態、質感等元素來達成，例如以玄關為中心，一邊配置數盆明亮的小盆栽，另一邊配置一盆深綠色大盆栽，這時兩邊便是達到平衡。在長度較長的花槽中，一邊種植質感較粗糙的植物，另一邊種植質感較細緻的植物時，質感較細緻，看起比較輕的植物數量多一些，就能達到質感上的平衡。原因在於質感較粗糙的植物在視覺上看起來比較重，質感細緻的植物看起來比較輕的緣故。

規模

規模是指整體空間或組成元素物體的相對大小，一件成功的設計，需要適當的規模；整體設計的規模必須是一致的，大小合宜的規模看起來自然且舒服，不恰當的規模會造成視覺上的緊張。人性化尺度（human scale）是決定最合適規模的標準，也就是將物體或空間的大小與人的身體大小相比，計算出適當的規模。人類有將自身大小與對象物大小做連貫的本能，與人類大小調和的對象物，看起來正常而且能感到親近，然而如果比正常大小大很多，就會感到不安，如果太小，就會有支配、忽視的感覺。

不過也有例外，有時候會因應設計的目的、欲營造的感覺而刻意放大或縮小規模，比方說「數大就是美」，可觀的規模能製造感動，而用來呈現纖細、精緻感時，縮小規模能發揮強調的效果（圖 12-11）。

圖 12-11　規模

製作盆栽時，容器大小是決定盆栽設計規模與型態的基本元素，小巧的容器種植小型植物，大而沉重的容器種植大型植物。盆栽大小跟桌子、周圍空間大小也都要能夠配合。

如果在寬敞的空間裡有一座極小的池塘或盆栽，很容易就會被忽略，若規模不成比例，視覺上看起來會很沉悶。考量空間的規模與高度，種植合適的大型植物，除了看起來賞心悅目，也表示對於規模所下的選擇是正確的。

在狹小的空間裡如果群植較大的矮棕竹、垂榕，或者是質感較粗糙的龜背竹屬、琴葉榕等等，空間就會顯的狹隘煩悶；反之，如果在寬敞的空間裡種植零星小型盆栽，例如鐵線蕨屬、網紋草、冷水花屬等植物，空間就會顯的非常空曠。規模恰好適中的盆栽設計，能帶給人一種平靜的感覺。

決定盆栽設計規模時，要注意的一點是植物是不斷成長的，時間久了規模會產生變化。例如在陽光充足的室內花園裡，結構植物很有可能會超過限制高度，這樣就會壓迫到空間，室外空間的花草植物成長速度驚人，往往會超過預期大小。

與規模息息相關的另一個重點就是質感與顏色，質感粗糙的植物，還有鮮豔顏色的植物因為具有誘導視線的作用，所以看起來會顯大，如果是狹小空間，種植質感纖細的植物才能讓規模達到平衡。

比例

比例是指在設計組成中，部分與部分，或者部分與整體之間的比例關係，比例和寬度、長度、厚度、高度之間關係密不可分，同時也影響到調和與平衡效果。已完成的設計，有各自的長度、面積、數量以及重量，具有某種的比例。比例不協調時，除了看起來不調和，也無法達成平衡，是影響設計美觀的一個重要原因。設計師必須考量到植物與容器之間、盆栽與桌子之間，還有桌子、盆栽和空間的比例，然後才決定效果最出色的比例（圖12-12）。比例是較為容易掌控的組成形式，對於觀看者的情感有直接性的號召力。

比例和平衡息息相關，無法達到平衡，代表比例也不完美。古代希臘人發現幾個關於比例的秘密，都可以應用在盆栽設計上。長方形的長寬比是3：2，黃金矩形的邊長比是2、3、5、8、13、21，可以發現前兩個數字的和等於後面的數字。

所謂的黃金分割比例，主要用於分割型態或線條，小部分與大部分的比例，跟大部分與整體的比例是一樣的。黃金分割比例也可以套用在盆栽設計中，使容器與植物高度的比為3：5。除了以上的比例，植物高度是容器高度的兩倍也有不錯的效果。

分割面積時，與其分成對半，以1：2或1：3的方式分割是更好的。也就是比起將盆栽放在桌子正中央，若能以1：2或1：3的比例位置擺放看起來會更自然。盆栽設計時所使用的比例，會隨著設計師的感覺與設計目的而異。

圖 12-12　容器與植物的比例

強調

設計當中最能引發趣味的方法就是使用強調元素，強調有助於視覺區分出重要與不重要的部分，讓植栽材料之間有所謂的主從關係，可使設計看起來井然有序、有統一性。使用與其他材料能夠明顯對比的材料，就能達到強調的效果（圖12-13）。

在設計當中所要強調的部分，一定是最顯目突出的，往往可以吸引人的第一道視線。依照大小、形狀、場所的不同，一個設計組成內可以有單個或多個強調元素。在室內空間，能與周遭形成對照的造型物、噴泉、圖畫、照明、旗子、植物等都能成為該空間的強調元素。在玄關前擺放盆栽，或是在盆栽導入一些與周遭不同的元素，也有強調的效果，例如添加裝飾物或添景材料，或者種植一些有獨特線條美的植物，利用樹枝做成造型等等。色彩華麗的植物、造型物、水道、瀑布、噴泉、照明等添景材料都能是室內花園的強調元素。

在連續圖案中增加一些變化也能做成強調元素，例如一排以等距擺放的植物，如果拿掉其中一個盆栽，就會格外引人注意，而發揮強調的效果。設

圖 12-13　強調

計室內空間植栽時，為強調而使用的另一個方法就是刻意配置顏色、質感、型態特性相異的植物，來增添變化，照樣也能收到強調之效。型態變化是非常優越的強調元素，在型態大同小異的植物群當中，一棵型態、大小特別不同的植物，便是最好的強調元素。如果有一大片植物的質感偏細緻，只要在其中安插一棵質感較為粗糙的植物，就能成為強調重點。顏色比較深的琴葉榕前面，如果擺放顏色較淺的的花葉萬年青（粉黛葉）、鳥巢蕨等植物，就會有吸引目光的效果。

不過，如果加入過多的強調元素，反而會造成視覺上的混亂，讓人產生心理不安，所以也不能過度強調，需與設計搭配得宜，另外，並非所有設計都一定需要強調元素。

律動

律動是運用相同元素反覆重複的方法。所製造的視覺體驗，利用盆栽所呈現的律動，跟音樂一樣能夠感動人心，像這樣能誘發感情的律動圖案，會讓人感到緩慢、放鬆、平靜、幸福，或是快速與輕巧。盆栽設計如果只考慮統一與調和，很有可能會變得索然無味，如果能運用型態、大小、顏色、質感創造出律動感，就能完成新奇有趣的設計（圖 12-14）。

最常用的律動手法就是反覆，也就是說反覆重複型態、大小、顏色與質感就能達成，例如盆栽與盆栽隔一定的距離擺放，這些相似的盆栽會產生視覺聯想，使人持續沿著盆栽走。像這樣以盆栽營造的律動，如果運用在百貨公司，能促使顧客走動，有助於訪客、顧客、員工從辦公的空間穿過天井走動。

像這樣利用反覆的手法，逐漸增加或減少色彩、明暗度、彩度、大小、型態、間距、質感者稱為「移轉」，可以創造出具有律動感的通道。例如讓植物的高度遞減或遞增，質感由細緻排到粗糙，或由粗糙排到細緻，或者顏色由淺排到深等等，藉由這些變化就能創造出律動之美。不過這些手法有可能會造成反效果，因此運用時需控制得宜。

單純

簡單明瞭對於設計是非常重要的，不是裝飾材料越多就一定好看，混亂無章的設計會失去律動感，模糊想要表達的主題，甚至讓其它元素產生反效果。一件單純的設計，首先主題要明確，強調點要清楚，不過當設計越來越複雜時，各元素之間的調和與平衡也就變得越來越困難，因此需要更專業的技術才有辦法克服。需留意的是，如果只是一味增加材料的種類與數量，有可能產生反效果（圖12-15）。

圖12-14　有律動感的設計

圖 12-15　設計力求的單純並非是單調

ENO
ECA

Part 5

盆栽的室內外空間配置

隨著經濟發展，生活水準提升，人們對於優美的生活環境也越來越重視，花卉植物已經成為美好生活環境的必須要素。配置於室內外空間的盆栽，依照用途與目的，可分成暫時性、持續性以及永久性使用，提供對人類生活有益的機能功用。

近來的居住環境連冬天也能維持溫暖與明亮，因此室內空間常擺放了許多能夠一整年常保翠綠的綠色植物，植物的美麗與新鮮為人類帶來愉快與活力。擺放在室內的植物越來越多樣，除了觀葉植物以外，更有華麗的西洋蘭、外型獨特的多肉植物等。這些植物有許多機能效果，例如空氣的淨化等等，已然成為室內空間不可獲缺的重要元素。

人類對於植物的喜好不斷地改變與發展，譬如說從使用綠色植物轉為華麗的花朵。目前在韓國，包含球莖類在內的多年生植物、一年生植物、開花植物都產量劇增，然而開花植物擺放在室內，一旦陽光不充足，很快就會凋謝，因此喜好的植物趨勢轉為種植在室外空間，能夠接收陽光與雨水洗禮，能夠安然度過春夏秋冬的開花植物與蔬菜等食用植物。

盆栽可用於裝飾生活空間、祝賀、活動、展示與展覽以及各種比賽大會，可擺放在各式各樣的各種空間裡，依照空間的特性，配置合適的盆栽。第五部將會介紹盆栽在各種空間的配置方法，並分成室內與室外做說明，除了一般的盆栽配置，也會介紹規模更大的室內花園。

13 室內空間

室內空間的盆栽設計取決於建築的用途，不管在什麼樣的室內空間，盆栽都必須能發揮最大的機能與美學效果，不過前提是得配置在適合植物生育的場所之中。

在室內空間配置盆栽時，想找到能同時滿足以上三種條件的場所並非易事，並非所有盆栽的配置都是一開始就在設計過程中，有更多的情況是使用者自行購買，或收到盆栽當禮物。有天窗、玻璃牆面的室內空間，因為明亮，有許多適合植物生育的空間。一般主要會將盆栽擺在窗邊，由於距離窗戶越遠光線越不充足，會影響植物生長，此外也要考慮到盆栽的配置是短暫性質還是長久性質（表13-1）。

本章將說明在不良生育環境的室內空間裡，考量植物與人類間的關係、美學、用途、季節等層面來配置盆栽的要領。

建物內適合植物生育的空間

欲在室內空間配置盆栽，最好是選在一個能滿足機能、美學與植物生理的空間。若是放在一般的室內空間，植物通常無法在窗邊以外的地方生存，畢竟室內空間主要是為了人所設立的，無法將窗邊的位置優先留給植物使用，為了裝飾以及各種機能效果，很多情況都無法將盆栽配置在窗邊（表13-2）。植物一旦遠離窗戶，狀態便開始每況愈下，解決之道就是定期更換植物，或者直接撤除盆栽。為了滿足這樣子的市場需求，坊間有一些專門租借與管理盆栽的業者，其主要的業務內容是處理客戶盆栽的配置、管理、定期更換與撤除。

雖然光線是盆栽在室內空間是否能生育的決定性因素，不過光線以外的溫度與澆水等問題，也會影響盆栽在空間上的配置。特別是常用於室內盆栽的熱帶植物，在冬天假日或夜晚時因為溫度驟降，可能會有凍死等情況，也

表13-1 於室內空間配置盆栽時需留意事項

考慮要素	考慮事項	
機能	考量空間各種機能效果再配置。	裝飾性（美學）、建築性、環境性、教育性、治療性、經濟性等效果。
美觀	考量設計元素與原理，使美學效果最大化。	雕像功能、提供背景、框架（frame）形成、提供色彩、形成輪廓。
植物生育條件	考量光、溫度與水分的關係。	暫時性配置 —— 可使用任何植物，需做澆水管理。
		持續性配置 —— 若環境不佳，一段時間後需更換植物。
		永久性配置 —— 環境適切而且能妥善管理時。

表13-2 室內光線與植物生育的關係

區別		植物生育特性	使用期間	
配置於窗邊	側窗	雖然適合生育，但是會出現趨光性。	永久性	
	天窗	依天窗大小有別，原則上適合植物生育。		
	溫室	能使開花植物開花，需注意夏日高光與冬天低溫。		
配置於所需場所	高光（窗邊、陽台等）	適合生育。	永久性	
	中光	慢慢枯萎變弱。	持續性	
	低光	無法維持很久。	暫時性、經常更換	

有時會因為澆水不當而使植物枯死。

專為裝飾、心理效果的小型盆栽，主要配置於桌面或窗邊，大型盆栽為了裝飾效果以及其它功用，會技術性地配置在各種空間裡，因此大部分都是不能任意移動的。

盆栽配置與視覺角度的關係

在室內空間配置盆栽或打造室內花園的方法非常多樣，若要應用人類的視覺角度，大致上有三種方式可使用。第一種是看起來像在遠處眺望盆栽那般，彷彿在欣賞一幅畫，第二種是可以從四面八方欣賞的，隨著觀賞方向不同，也會讀取到不同的感受；第三種是在規模較大空間裡配置大量盆栽或將其打造成室內花園，讓人在觀賞時彷彿置身森林、進入一座世外桃源（表13-3）。

設計師在了解委託人的需求並分析空間之後，可依照上述三種方法配置盆栽或決定室內花園的結構組成，然而第三種方法因為空間特性之故，有些狀況下無法達成。

美學層面

配置室內空間盆栽時，若能應用線條、型態、空間、深度、顏色、質感、香味等設計元素，以及調和、統一、平衡、規模、比例、強調、律動、單純等設計原理，也可以打造出色的美學空間（參考「12.設計元素與原理」），接下來將會介紹常見應用於室內空間盆栽配置的幾種設計原理。

運用盆栽配置，呈現美學效果

依不同的配置手法，能呈現出獨特的美學空間 ——

（1）雕像般的功能：讓姿態幽雅的室內盆栽也能夠像一件美麗的雕像作品，

表13-3　室內盆栽配置與打造室內花園的視覺經驗

2次元性（繪畫性）	3次元性（造型性）	3次元性（空間性）
盆栽的配置方式為彷彿從遠處觀賞一件畫作，人即使走動，對於對象物的知覺不會有太大改變，使觀賞者產生一種平靜的感覺，能下意識的去理解對象物。	將盆栽、室內花園配置在可以用多方角度觀賞的空間，人走動時，對於對象物的知覺也會改變，並下意識的讓對象物所引導。	人被盆栽包圍或走進室內花園時，能有身歷其境、生動的感覺，是與日常生活截然不同的經驗，彷彿讓對象物所吸引一般。

成為室內眾所矚目的焦點。通常用於體積較龐大，而且可永久使用的觀葉植物，這樣的盆栽是空間裡的主角，必須配置在生育環境佳，而且注目度較高的場所，例如玄關入口、客廳中央、玻璃牆前面，但它們大部分都是單獨擺設（圖13-1）。

（2）提供背景：在空間裡作為襯托各種元素的背景功能，一般的作法是配置好幾株盆栽。當作背景功能時，突顯其它盆栽或空間元素比突顯自身特性來的重要，主要配置於牆壁前、想要強調的植物或元素附近。

（3）裱框（frame）：突顯觀賞對象物的手法很多，裱框便是其中一種。利用盆栽做成框架，跟沒有裱框時給人的感覺是截然不同的，具有集中視線的效果。

（4）建築結構的緩和：在牆面前、空間四處配置盆栽，植物的樹枝可讓原本呆板的線條和平面看起來更柔和。

（5）提供顏色：觀葉植物的綠色還有開花植物繽紛的花朵顏色，都能為室內空間增添色彩與變化。

（6）形成輪廓（silhouette）：輪廓就是指物體的外型，在顏色鮮豔的背景襯托之下，輪廓會更加明顯，這是突顯出植物輪廓與影子的方法，將盆栽配置

圖 13-1　顯現美學效果的盆栽配置

於空間就能看到效果。

依據設計元素與原理配置

盆栽的配置及規模，需依據空間大小、地點等，做出適當的變化及設計 ——

（1）調和：非專業設計師在配置盆栽時最容易發生的錯誤，就是無法讓空間與盆栽達到調和。特別是住宅空間所使用的盆栽，很多都是使用者自行選購或鄰居所贈送，所以植物與容器各形各色，沒有統一感，盆栽之間與空間都沒有絲毫共同點，只是一味地湊放在一起，其實這時候只要改變容器，就能輕易收到美學之效，不過因為購買容器有費用問題，所以一般不會花心思在上面。盆栽與空間無法達成調和，輕者看起來眼花撩亂，嚴重者甚至會產生雜亂的感覺。

即使在高水準的商業空間，還是可能看到不協調的盆栽，這時只要利用一些與周遭空間相同型態、顏色、質感的材料，就能輕易解決問題。只要配置多數相同容器、種類或大小的植物，看起來就會有統一感，如此一來就能輕而易舉達成調和（圖 13-2）。

（2）統一：在大規模的辦公或商業空間裡配置相同的盆栽，除了能夠塑造出統一感，當人們走進這樣的空間，也會感覺到整齊劃一、乾淨俐落的氛圍。就算置身在不同房間，也會覺得彷彿處於同一個空間之中，能體會到建築物主人的用心。

即使配置多個盆栽，只要在空間內重複配置相同的盆栽組合，就能打造有統一感、律動感的美麗空間，如果室內只有一種植物看起來過於單調，只要在容器、植物大小甚至顏

圖 13-2　空間與盆栽的顏色需能調和

色上做些改變及對照，就能營造統一感，看起來也會比較活潑、更具有律動（圖13-3）。

（3）平衡：如果是較為寬敞的空間，比較難顧全到整體的平衡對稱，所以大部分是採用不對稱的盆栽。如果是部分的小規模空間，比較常見的對稱平衡配置方法是在門、窗戶、造型物、椅子兩旁配置盆栽。

（4）規模與比例：配置於空間內的盆栽規模需適中，不論是過大或過小，都會給人不舒服、違和的感覺，規模與比例主要是以人類大小為標準，所以能以自身的標準來判斷規模是否合適。

圖13-3　空間內相同的容器與植物能打造出統一感

圖13-4　空間與盆栽之間的規模需適中，盆器與植物之間的比例需恰到好處。

除了盆栽的規模需適中，組成元素之間的比例也要恰到好處，盆栽數量與容器大小需視空間大小而定，容器與植物之間的大小也要能夠配合。如果比例不妥，在視覺上看起來就不會那麼舒服（圖13-4）。

（5）強調：走近大型辦公或商業空間的入口時，通常可以看到一旁配置著大型的美麗植物，這些大型植物儼然是空間的主角，除了有集中視線的效果，更可以傳達該空間的形象，進而提高建築物的價值，可說是肩負著強調的功用（圖13-5）。

圖13-5　引人注意，且具有強調作用的盆栽

如果在室內空間配置開花植物，或有華麗顏色葉子的植物，能帶來季節感，讓室內氣氛更顯華麗，具有吸睛效果並吸引人聚集。不過值得注意的一點是，開花植物或葉子顏色華麗的植物，通常會比觀葉植物需要更多的陽光，如果置於陰暗處，就必須時常更換，造成花費。

（6）律動：如果是規模較大，類似購物中心的室內空間，重複配置相同的植物，除了看起來有統一感，也能打造出律動感。不過只使用單一種植物的缺點是看起來會比較單調，可從中改變幾顆植物的大小或顏色，增加一點變化，除了可以增添另種風情的律動感，也能解決單調的問題。

（7）單純：現代建築如用途為典型空間，大部分會設計得比較單純，為了迎合這樣的氣氛，盡可能配置最少數量的盆栽，才不會適得其反。如果是像購物中心這類比較複雜的空間，盆栽的配置有可能使氣氛變得更為複雜，為了達到單純的效果，容器的大小、顏色、型態和植物的種類最好能夠統一化。

如果是為了改善環境而配置植物，在組成比較複雜的空間裡，建議選擇型態較為單純的容器，並且能與空間的顏色統一化。若想配置數個盆栽，可以統一植物的種類，營造出井然有序的感覺。

依照室內空間用途分類

主要用於生活空間的室內盆栽，用途有祝賀、活動、商業展示、展覽、比賽會場之分，接下來將會介紹盆栽用於各種空間的配置方法，以及會面臨到的問題。

生活空間

居住者、工作者、員工、客戶所處的生活空間主要分成三大類，一是獨棟透天、社區型住宅等居住建築，二是辦公室、政府機關、銀行等辦公建築，三是百貨公司、飯店、咖啡廳、餐廳、賣場、展場、表演場、教會、寺廟等商業建築，依照這些生活空間的用途與使用者特性，有不同的盆栽配置方式，首先介紹生活空間裡的盆栽配置方法——

（1）居住空間：用於居住空間的盆栽種類非常多樣，主要是以能維持長久壽命的植物為主，需要居住者的積極管理。盆栽通常會擺放在玄關、客廳、寢室、廚房、陽台等空間的地上，或者置於桌面、窗邊、置物架、牆面上，藉以打造出美麗的居家環境（圖13-6）。用於住宅的盆栽，通常以能夠淨化空氣、釋放負離子等機能為主要考量，美觀上並不是那麼受到重視，不注重室內設計的居住者，通常會種植數盆盆栽，並使用各形各色的容器，因此大部分的情況是既沒有統一感，也不富調和感，若想提升視覺效果，不妨統一容器的外觀和大小，減少盆栽數量，或將容器外

圖13-6　擺放在餐桌、桌子、浴室裡的盆栽

觀類似、植物類似者擺放在一起，並將體積最大的植物當空間的中心，總之植物的配置越單純越好。

居住空間最常見的植物通常是價格便宜、容易管理而且裝飾效果高的觀葉植物，像是蕙蘭、蝴蝶蘭、文心蘭等蘭花類，還有鳳仙花、老鸛草、秋海棠等美麗的季節花草類。裝飾性植物具有流行性，自觀葉植物的使用普遍化之後，目前能夠吸收電磁波的仙人掌、多肉植物等等也很受歡迎，是居住建築常用的盆栽植物，後來又引進了香草類，以及歐美國家喜愛的一年生植物、多年生植物，使用的植物種類有越來越多樣化的趨勢。

（2）辦公空間：辦公空間是指位於大大小小都心建築內，職場人處理事務的空間，在這些空間裡也會配置盆栽來提高工作效率、創意，以及營造愉快的生活空間。特別是為了改善室內環境，營造大樓形象，並在處理事務繁忙之餘能夠有一個休息空間，很多大樓裡都有綠色的室內花園。

除了室內花園，其實在辦公空間每個角落，都可以擺放大型觀葉植物盆栽，並按照季節變化，更換當季開花植物。大型盆栽適合配置在辦公室的窗邊空位、會議室、接待空間，必要時陰暗處也會需要。通常辦公大樓會跟盆栽租借業者簽約，擺在陰暗處的盆栽如果生長情況不佳，只要通知業者，專人就會進行更換。

小型盆栽主要配置在桌面或其它需要的地方，大規模的室內花園因為是提供休息空間之用，因此在大樓興建時，往往就已經規劃於大廳或天井，小規模的室內花園可使用大型花槽，或在可臨時使用、較為明亮的空地搭建，近來垂直花園也為許多辦公大樓所使用。

（3）商業空間：百貨公司、飯店、賣場、咖啡廳、餐廳等商業空間，為了吸引顧客上門，比較重視室內設計和展示（display），故花卉與植物的利用度很高。通常會在門口兩側、大廳中央配置大型盆栽，若空間許可，有些商業空間裡甚至有室內花園，尤其為了強烈的裝飾效果，花卉植物的配置顯得相當重要。這一類的商業空間，相較於單純與實用，更偏好華麗、氣派的氣氛，所以是更要求創意設計的空間（圖13-7）。

其他諸如教會、各式展覽的展場、各種表演的表演場，也會需要祝賀用

圖 13-7　飯店、百貨公司等商業空間的盆栽配置

盆栽，以及能夠增加派頭的盆栽設計，所以需要多樣化的設計。

祝賀

祝賀用盆栽的製作目的主要用於慶祝出生、慶生、畢業、成人、結婚紀念日、開業、就任、升遷、領獎等等，多半以贈送較多，因此通常是收到之後才會擺放在室內空間，所以此類盆栽在製作時，通常不會考量到要搭配空間的問題。一般常用於慶祝開業、就任、升遷的盆栽植物，以蘭花和大型觀葉植物為主，另外，雖然不是祝賀用途，盆栽也經常會作為探病的一種送禮選擇（圖 13-8）。祝賀用盆栽的重點在於包裝，以及上頭寫有贈送者名字的緞帶，收到的人通常會讓包裝、緞帶暫時維持原樣，等到已經過了一段時間才會拆掉。

圖 13-8　祝賀用盆栽

近來用於祝賀的盆栽有越來越多的花樣，例如免洗容器與箱子等等，而國內大型祝賀用盆栽在設計上確實需要求新求變。

活動

用於活動的盆栽設計，主要是針對慶生、壽宴、祝賀、聖誕節等各式宴會，以及婚禮、葬禮、發表會、展示會上的活動，所以設計的重點是必須符合活動主題。用於這些活動的盆栽可代替切花做為宴會桌、活動場入口處與講台上的裝飾。

一般常用插花來裝飾宴會桌，近來有以盆栽代替的趨勢，主要是因為造型佳、價格便宜而且使用方便。另外用來裝飾活動場講台和入口的花環，也可以使用大型觀葉植物代替，而且活動結束後，盆栽仍可繼續使用。

商業展示

所謂的展示（display），用意是傳達商品、作品、資訊等內容給大眾，因此設計此類盆栽時，需先設定好主題，依照商店、展示館、博物館等空間的不同，加入適合的照明、顏色、音響、道具等設計元素，讓展示、展覽的推廣更具效果，並將訊息傳達給顧客以及觀賞者，是廣告與宣傳的手法之一。

展示所涵蓋的範圍有 —— 商家以商業為目的展示、商品展示、展覽會、貿易博覽會等，還有以宣傳為主的博物館、科學館、資料館、文化活動，表演性質較濃厚的遊行（parade）、節慶活動（festival）、表演秀、舞台裝置等等。

吸引顧客是商業展示的主要目的，需能刺激購買商品的動機，展示所訴求的目的有四種，分別是 —— 吸引顧客注意、誘發興趣、刺激擁有的慾望、讓顧客購買商品。所以用於商業空間展示的盆栽，並不單純只是用於裝飾空間，而要具有傳達商業空間形象、宣傳商品之功用，這類盆栽的設計講究獨創性，必須能吸引視線。

百貨公司櫥窗、賣場內部的陳列台、飯店裡的商店（shop）與餐廳等多樣空間裡的展示，會依照春、夏、秋、冬，在特定期間內進行展示，如果會用到花卉，雖然會選擇人造假花或乾燥花，但其實只要做好某種程度上的管理，也可以使用盆栽（圖 13-9）。英國倫敦的櫥窗展示很喜歡使用盆栽，在各種博覽會的展示窗設計裡，花卉植物也往往是吸引目光停留的重要元素。

圖 13-9　商業展示用盆栽

展示或比賽會場

設計作品參展、比賽，或宣傳藝術家、呈現盆栽設計師風格與實力、競爭時所用的盆栽設計。雖然有些訴求是實用設計，不過多半還是將設計焦點放在獨創與藝術性，國內與盆栽相關的展示與比賽有蘭花展覽會、菊花展覽會、原生植物展覽會、玻璃盆栽或碟盆花園展示會、室內花園展示會以及比賽等等，相較於實用、大眾化的盆栽設計，更重於強調藝術性的設計。

圖 13-10　展示或比賽會場用盆栽

最近韓國的盆栽風格，引進了國外流行的抽象設計，使用大量的添景材料，發展成獨特的韓國樣式，在各大展示會上，不難看到不同於以往的嶄新設計。盆栽設計師透過展示會，可宣傳自己的風格想法，可以在設計上做全新的嘗試，另一方面，也可以透過欣賞其他設計師的作品，激發新的設計靈感（圖 13-10）。

季節與節慶的盆栽設計

表達季節感的盆栽設計，可依照各個季節配置不同的開花植物，利用植

圖 13-11　能隨著季節變化的盆栽

物的香氣與顏色來營造氣氛。以春、夏、秋、冬等季節植物所裝飾的室內外空間，可讓人暫時遠離日常生活所帶來的壓力，帶來希望與活力。

初春時，可在窗邊配置水仙花、風信子、葡萄風信子、孤挺花、毛茛屬、仙客來屬等球莖類盆栽，感受春天的氣息（圖13-11）。夏天則可以配置百合、萱草等橘色、紅色的草本開花植物類盆栽，營造濃厚的季節感；反之，若配置桔梗、山蘿蔔屬、婆婆納屬等藍色、紫色冷色系花草類，就會有清涼的感覺。

秋天可使用菊花、向日葵、曙光向日葵、雞冠花等黃色、紅色、棕色的花卉盆栽；冬天則用溫室栽培的玫瑰、花燭屬等花卉植物，可讓人忘卻冬天的寒冷。營造季節感時需注意的一點是，花卉植物若擺放在室內的照度太低，就會增長花朵凋謝的速度，所以只能短期使用。

雖然用於特殊紀念日的花一般為切花，不過最近有越來越多人使用盆栽代替。例如母親節的康乃馨、聖誕節的一品紅（聖誕紅）等等，在特殊節日裡可以利用人們喜歡的花設計盆栽。

14 室內花園

室內花園就是在透天、公寓等住宅建築內，利用配置多數盆栽形成的。其規模與樣式非常多樣，小至小型花園，大到辦公、商業大樓玄關、大廳

（lobby）、會客廳（lounge）、天井打造的大型室內花園、植物園裡的溫室花園等等。

決定室內花園的規模、型態與樣式的關鍵是花槽，尤其若大樓在興建時，就能將花槽規劃進去，更是如此重要，室內花園與花槽的施工是極為類似的。在本章裡，將會介紹花槽的各種建造與施工方法。

花槽的建造方法

大樓興建時，有些早已將室內花園的花槽規劃進去，有些是大樓完工之後才進行規劃，如果只是做短期利用，一般打造臨時花園時，不會使用固定式花槽，而會配置多數大型容器。最近興起的另一種方法是利用牆面打造垂直花園，由此可知室內花園的設計會因花槽的類別而異，底下是五種建造花槽的方法。

附著在建築上的花槽

若大樓在興建時就已規劃好室內花園，就表示裡面的花槽是固定的，除了方便設計，而且具有排水孔，植栽或管理上都非常便利（圖14-1）。除了辦公、商業大樓之外，近來公寓大樓的陽台也會設計花槽，所以打造花園也就變得相當容易。入住公寓時，只要依照花槽大小準備適量的人工土壤珍珠石（育成用）即可。

填裝土壤時，可先在底部鋪上排水板，有利日後的排水，排水板上方需再鋪設一層不織布，防止土壤跟水一起被排出。一般公寓因為天花板高度低，不會種植較高大的植物，不過只要花槽深度達30公分，基本上即可種植一般的大型植物，其它用途的大樓花槽深度通常會比公寓深。

花槽有地上型與地下型之分，內部構造與填土方式大同小異，不過在空間中的視覺與機能效果上有明顯的差異，是設計的重要元素（參考「5.容器與花槽」）。地下型花槽的土壤面與室內空間的地板面等高，原則上可直接使用自然土壤。現代建築內的花槽很多都是固定式的，規模越大越能營造出自然森林的感覺。

購買大型容器

當室內沒有花槽，但是又想打造花園時，最好的方法就是購買大型室內盆栽容器或花槽。然而有設計感的大型植物容器不易取得，可購買數個小型植栽槽，自行做排列（圖 14-2）。

大型容器通常沒有附花盆墊，很難購買到成對的，可改為購買沒有排水孔的容器。買來後在容器內部鋪上排水板，日後讓水積在排水板上，可立一根塑膠管觀察積水程度，並將水抽出。若覺得這個方法太麻煩，也可以在容

圖 14-1　大樓興建時就已規劃好的地下型花槽與地上型花槽

圖 14-2　使用大型容器的室內花園與排水孔

器的後方鑽孔，插上出水龍頭，並接上透明管。為防水從水管流出，出口需朝上，要排水時再將水管放下即可。鑽好排水孔後，只要將周圍用矽膠封住，就能防止漏水。

跟固定式花槽相比，若考量到設計感，想買到期望中型態與大小的大型花槽並不太容易，然而好處是應用上比較自由，而且效果比較好，還可以自行配置。如果是小型室內空間，以此方式很容易就能打造出室內花園。

圖 14-3　木材、壓克力等材質做成的花槽

製作花槽

若買不到喜歡的大型容器，也可以自行製作。最簡單的方法就是利用木頭製作容器，可做成想要的型態與大小，木工的部分可以就近委託木工師傅，木材則可上網購買，只要給商家尺寸即可。另一個方法就是全程訂製，雖然會支出較多的費用，但也比較

有設計感，材質可選擇鐵板、鋼板、壓克力。不論是木材、鐵材等等都能夠使用原色，或者也可以購買油漆，只要漆上喜歡的顏色，就會產生截然不同的效果。另外建議購買環保油漆，雖然價格較貴，但是非常顯色，而且上完漆後室內不會有異味（圖 14-3）。

以木材製作容器時，內部可以包覆防水布，置於室內的不需要用到防腐木材。只要底部有鋪上排水板，基本上就能構成充足的排水空間，所以不需要另外製作排水孔，如果真的擔心排水問題，可在土壤裡橫插一根塑膠管，或像大型容器一樣，在後方鑽孔，裝上出水龍頭，最後再接上透明管。

韓國較常使用的是木製花槽，依照木材的厚度，有些看起來較粗糙，有些則較精緻，完成的型態非常多樣。

製作臨時花槽

若室內花園的使用時間不超過一年，就必須減少製作花槽的費用。先在底部鋪上塑膠布和排水板後，再以各種材質像是木頭、石頭、磚頭、繩索圍起來（圖 14-4）。最容易也最乾淨俐落的方法就是使用木頭，可以將它想像成沒有底部的木製花槽。

雖然使用塑膠布製作，感覺費用便宜而且施作容易，然而事實並非如此，因為澆水時，水很容易滲出塑膠布與圍牆。而且以石頭、繩索當圍牆，往往很難堆到30公分以上，由於種植植物的中心部位比較高，四周比較低，所以澆水時土壤容易流失。以繩索、木頭做成的圍牆，其優點是輕易即可製造出曲線，不過需考量到是否能與周遭空間達成調和。

圖 14-4　磚頭、石頭、繩索圍成的臨時花槽

以上是初期建造室內花園時常用的方法，韓國因為主要使用熱帶植物，冬天時室內無法提高溫度，所以只會在春、夏、秋三季使用。大部分圍牆砌得比較矮，為中央高突四周低矮的型態。

打造垂直花園

種植在牆面上的垂直花園，會因施工者所使用的容器、花槽類別而有不同的形式，最基本的方法就是在容器、花槽裡種植攀緣植物，然後讓攀緣植物往上或往下生長。植物往上生長時需要支撐物，可利用牆壁、固定在牆壁上的鐵絲以及網子（mesh），其實只要有鐵絲或者柱子，植物就能往上生長，或者也可以把攀緣植物種在吊盆裡，讓植物自然往下垂長，以上方法都可以打造出垂直花園。

隨著時代的進步，近來開發出許多可以在牆壁上種植植物的器具，也有專用的澆水與施肥裝置，因此可應用各種植物營造出獨特的色彩、質感以及花樣，當然這些專業器具會因開發廠商而略有不同。

如果想要打造大規模垂直花園，一般的作法是在牆上黏兩層毛氈層，並且在毛氈層上打洞，接著將植物的根部插在洞裡。或者將植物種在大小適中的正方形育苗穴盤裡，將這些育苗穴盤拼接起來固定在牆壁上，最後再安裝給水裝置。如果擔心固定不良，可以先在牆壁上用鐵絲製作框架，然後再將

圖 14-5　垂直花園與製作材料

植栽盆以垂直方式掛上去，若使用的是可拆卸式的花盆，很容易就能更換植物（圖14-5）。

花卉博覽會上常見的馬賽克鑲嵌花壇（mosaic culture）方式也可以打造垂直花園，先以鐵絲做出框架，然後套上網子，填滿質地較輕的人工土壤後，在網子上打洞，最後將植物種進去即可。若要使用此方式，底下的花盆墊必須能與地板搭配，或者是置於允許排水直接往地板滴的室內空間。

打造垂直花園的方式正在持續進化中，跟典型室內花園相比，垂直花園的確可以營造出特殊的視覺效果，不過缺點是必須仰賴人工提供水分與養分，而且植栽的空間也比較狹窄，植物無法充分生長，如果植物長得太過，便會影響整體造型，一旦如此時就必須更換植物，但若高度太高，不易於更換，則還會有人工費的產生。

另外，冬天夜晚或假日時，由於暖氣是關閉狀態，植物有可能會被凍死。家用蔬菜栽培專用的垂直花原因為規模較小，非常實用，有些還能直接種在土壤裡或使用水耕。

室內花園設計與施工

接受委託設計室內花園時，必須充分了解花槽與室內花園之間的關係，再依照賦予的條件設計室內花園。對於室內花園設計的詳細內容，請參考「11. 盆栽設計過程」。

大部分的室內花原因為規模較小，很多都是由設計公司直接施工製作。設計師在施工階段形同委託人的代理者，必須隨時留意是否按照設計稿施工，即使基本設計已經完工，一旦發現任何問題，也必須能夠隨時更改設計。只有盡可能將材料費、人工費等支出壓低，並同時完成高水準的成品，才能讓自身的利益最大化。

材料準備

參考施工日程和設計圖面，採購報價單上的材料，然後將材料運送到施工地點（表14-1）。為避免植物水分蒸發流失，一定要適時為植物澆水。如果是在冬天進行室內花園的施工，必須隨時確認溫度是否恰當，以免植物受到寒害。

花槽與土壤

依照設計圖面準備花槽，除了使用現有的花槽或自行購買容器之外，也可以直接製作，只要準備好材料以及工具就能進行製作（表14-1）。如果無法自行製作，也可以委託廠商製作。

備齊花槽後，接下來需準備土壤，室內花園的土壤可混合泥炭蘚、珍珠石、蛭石等人造土壤材料做成，如所需的土壤量較大，除了混合土壤的價格較高，還需要動手進行混合，需花費相當的勞力，因此很多情況是乾脆單一使用珍珠石。珍珠石的缺點為無陽離子交換容量，然而現在市面上已經有許多經過改良、添加養分的珍珠石，只是價格較昂貴。大部分的珍珠石不含肥料成分，但只要混合少許容易腐敗、無臭味堆肥，也能幫助植物生長。

要注意的是，若買錯堆肥，室內會瀰漫臭味，只能棄之不用導致白白浪費。堆肥有兩種，一種單純只含堆肥成分，另一種則是混有一般土壤，市售的堆肥成分會因廠牌而異。與珍珠石混合時只需少量即可，若覺得不足，建議先視植物狀態再慢慢增加（圖14-6），白色的珍珠石較無法營造出大自然的感覺，可以用樹皮（bark）或小碎石覆蓋加以美化。

雖然土壤層越厚越好，不過若花槽深度太深，所需土壤越多，相對就會需要更多的費用。

當發現準備的土壤不夠用時，可在底部鋪上保麗龍板來減少花槽的深

表14-1　室內花園施工材料與用具

區分	材料	相關用具工具
花槽	木材、鐵板、壓克力、螺絲、焊條、油漆等。	多角度切斷器、電鑽、熔接機、電動刨刀機、打釘槍、筆、電線等。
	磚頭、水泥、石材等。	研磨機、水泥攪拌桶、水泥抹刀等。
土壤	珍珠石、混合土、堆肥、排水板、不織布、防水布等。	鍬、挖土鐽、手套等。
植物	包括觀葉植物在內的室內植物等。	搬運車、澆水壺、水管、剪刀等。
添景材料	造型物、噴泉、池塘等。	電線等。
整理		塑膠袋、垃圾袋、清潔工具等。

度，不過這並不是最建議使用的作法。若為了節省土壤費用而混合一般土壤和沙子，則重量會過重，如果土壤沒有經過消毒，甚至會引起病蟲害（參考「6.土壤的組成與分類」）。

植物配置

室內花園常用熱帶、亞熱帶原產的觀葉植物，甚至可以使用人造植物來打造花園。韓國所栽培用於室內的觀葉植物，由於高度必須低於天花板，所以大部分出廠的植物會比原產植物要小。

用於室內花園的植物，不同的型態和大小皆有不同的作用，按照型態和大小，可分成結構植物、中段植物、地被植物以及焦點植物，但是只要大小與型態搭配得宜，結構植物也能當中段植物或地被植物使用。室內花園的設計會因為植物種類的不同，以及植物本身的功用，而有著極大的差異（表14-2）。

意即根據室內花園的規模與樣式不同，所使用的植物種類與大小也會不盡相同。用於室內花園的植物，由於往往會大大影響設計的質感，所以不會

圖 14-6　準備花槽所要用的土壤

表14-2 室內花園植物的功用

區分	植物的功用	主要植物	植栽圖片
結構植物	· 形成設計骨架 · 決定規模 · 雖可單植，若要塑造森林感可群植。 · 提供結構、高度、深度、顏色、質感。	椰子類、垂榕、南洋杉屬、龍血樹屬、姑婆芋、鶴望蘭(天堂鳥)、絲蘭屬、鵝掌柴屬、孔雀木、八角金盤等。	 
中段植物	· 種植於結構植物的下方 · 決定花園的體積、風格 · 群植 · 不同的花在各自的季節裡提供變化趣味	粗肋草屬、白鶴芋、花葉萬年青屬、蔓綠絨屬、姑婆芋屬、肖竹芋屬、變葉木、龜背竹屬、彩葉芋屬、蜘蛛抱蛋屬等。	 
地被植物	· 形成地面 · 是能夠襯托結構與中段植物的背景 · 土壤表面披覆 · 群植 · 使用矮小植物、具有匍匐莖的植物、攀緣植物	綠蘿、圓葉蔓綠絨、卷柏、嬰兒的眼淚(玲瓏冷水花)、吊蘭、紫背萬年青屬、肖竹芋屬、鳥巢蕨、常春藤屬。	 
焦點植物	· 吸引視線功用 · 可能同時也是結構植物或中段植物 · 有華麗色彩的葉子與花朵 · 可單植或群植	大型植物，型態、顏色、質感特殊的植物。	 

一味使用大眾植物，反而著重於引進新品種植物，準備外觀美麗大方的植物比什麼都重要。

裝飾物與添景材料

純粹只以容器、花槽和植物打造室內花園，看起來會比較單純，如果還能使用上各種造型物、池塘、照明等添景材料，就能營造出全新的視覺效果（圖14-7），重點是需尋找符合預算範圍的添景材料（參考「7.裝飾物與添景材料」）。

為室內花園施工時，需按照設計圖面擺放準備好的裝飾物與添景材料，可先配置結構植物，再添加添景材料，不過有時候先處理好添景材料會更容易施工。至於照明與噴泉的電線，則要盡可能藏好，不能裸露在外面。

植栽

室內花園的植栽，跟在容器裡種植類似，不過因為體積大而且較重，在合力移動或植栽的過程中，都要注意別讓植物受受壓力，這樣植物在植栽完成後才能更快適應新環境，花槽的植栽過程如下（圖14-8）。

要將植物種進花槽時，大部分會先拆掉育苗盆，然後再把植物種進去，不過有時候也會連同育苗盆種植。究竟需要直接栽種或間接栽種，可視底下幾種情況決定——

圖14-7　室內花園的添景材料

（1）直接栽種：像飯店這種大型建築物，內部空間夠寬敞，溫度和濕度皆適中，光線能透過側窗或天窗照射進來，花槽的土深又夠，因此植物便能生長良好。在這樣的空間底

1. 在花槽底部鋪上排水板做成排水層。

2. 在排水版上再鋪一層不織布，防止將來澆水時土壤流失、堵住排水層。

3. 從不織布層開始填土至結構植物根部的位置。

4. 依照設計圖面將結構植物移植到花槽裡，抓好重心後把土填滿。

5. 群植數棵結構植物將空間填滿，打造出花園的植栽密度。

6. 加上葉子顏色或型態特殊的焦點植物。

7. 群植地被植物。

8. 花槽插上細水管當作添景材料，減少單調感。

9. 以樹皮（bark）或石頭裝飾覆蓋部分土壤表面，最後澆水。

圖 14-8　四種花槽植栽要領

下，若要將南洋杉屬、橡皮樹、鵝掌柴屬這類大型結構植物移植到花槽裡，可將植物從育苗盆裡取出直接栽種，這樣根部的生長就不會受到阻礙，能夠長得又高又壯。特別是附帶溫室的建築，就更加沒有光線的限制，對於需植栽的空間，當然需選擇直接栽種。

直接栽種的作業內容比較簡單，但如果栽種的環境不適合植物生長，就須經常更換植物或進行移栽。植物的根部若不慎糾纏在一起，挖土時有可能傷害到鄰近植物或移栽植物的根部；若植栽空間有側窗，由於光線會從特定方向照射進來，植物往往會因為趨光性而朝一邊傾斜，若植物已經連同根部固定在土壤裡，便無法進行轉動，這時盡可能不要栽種會因為趨光性而大幅改變型態的植物。

打算群植小型中段植物或地被植物，但是環境卻不適合植物生長，而必須經常更換植物時，還是建議使用直接栽種的方式，若連同育苗盆一起下土，種出來的成果會很稀疏。

（2）間接栽種：間接栽種就是指不把植物從育苗盆取出，而是連同育苗盆一起下土的栽種方式。這是當環境不適合植物生長、需經常更換植物，或因為空間受限，必須避免植物生長過於旺盛時所使用的方式。如此一來，在更換植物或移栽植物時，就不必擔心會傷害到鄰近植物的根部，當然也就可以確保移哉植物根部的完整，也能輕易轉動因為趨光性而歪斜的植物。另外，間接栽種的另一個好處就是植物可以依照所需的水分個別澆水，如果覺得育苗盆太小，可以先將植物種在較大的容器裡再移種到土中。

不過，間接栽種無法將植物種在類似岩石隙縫之類的空間，而且群植時，也無法得到密集的效果，使用間接栽種時，記得需以土壤充分覆蓋，避免讓育苗盆裸露在外，可使用樹皮等做為覆蓋材料，在澆水或更換的過程中，覆蓋材料容易脫落，因此需特別注意育苗盆的裸露狀態。間接栽種這個方法適合需因應季節更換植物、種植在室內不易生存的植物、欲依照季節栽種花草植物時。

15 室外空間

為了裝飾生活空間而生的室內盆栽，因為對改善室內環境有著顯著效果，在應用上已經逐漸日常化。人類對盆栽的關切，隨著時間的流逝，從綠色觀葉植物轉為美麗、能開出鮮豔花朵的花草類，如今早已經過了只靠綠色觀葉植物便能使人心滿意足的時代。

喜好的植物從華麗的西洋蘭花，到多肉植物、香草類植物、食蟲植物以及水生植物，涉獵擁有各種特性的植物，現在則把焦點轉向能開出五顏六色花朵的花卉植物，大部分的現代人主要居住在公寓，最初是將花卉植物盆栽帶入室內，後來注意到這類植物無法在室內長久生存，進而改放在陽台、窗台、屋頂上，或者種在庭院裡。

經過觀察，可以發現花市、園藝市場裡的綠色觀葉植物有越來越少的趨勢，取而代之的是會開花的花卉植物。這意味著花卉植物以及室外植物盆栽，開始出現在屬於室外空間的窗邊、陽台、迴廊、屋頂、玄關、大門前等等，並且逐漸往外發展，一路乃至牆面、庭院、街道等人類生活空間。

本章將說明在室外空間配置盆栽時，需考量到的注意事項，以及主要配置的室外空間和所使用的素材，也會介紹由室外盆栽打造的各種盆栽園藝，並附加說明盆栽果菜園（container kitchen garden）。

室外盆栽配置要點

會將室外庭院土壤裡落根生長的植物移到盆栽裡有三個原因 —— 第一，能夠隨心所欲將植物遷移到想要的地方；第二，沒有能夠種植植物的庭院。第三，植物若種在庭院裡，因生長的高度一致，看起來較單調，但若移到花盆裡，植物的高度就會隨著花盆的高度而異，並因為花盆本身的型態、顏色而變得更有變化與立體感，意即可以增加視覺效果（圖 15-1）。

欲在室外空間配置盆栽，過去常見使用的黃楊木、東北紅豆杉等常綠木

圖 15-1　室外盆栽植物

本植物，四季可常保青綠。而今更多人選擇花卉植物，除一年四季都會開花的植物如碧冬茄和老鸛草，其餘大部分都有固定的開花期，因此辦公、商業大樓玄關前，通常都會依照開花期更換植物。

受委託設計盆栽時，設計師必須能清楚了解植物的花期（表15-1）。花卉植物需要養分充足的土壤，並適當施予水分，這些都是設計時需考量的重點，從春天開花到秋天的花卉植物以產自熱帶的花卉與花草植物居多，這些植物在冬天時可移進室內，所以非常適合用於室外盆栽。

以盆栽打造的室外空間與果菜園

盆栽可配置於包含建築物周遭的所有室外空間，然而若考量到目的與植物生育環境，則不建議將盆栽放置於人煙稀少的空間，畢竟盆栽的存在主要是為了人類、美學與機能目的。相較於種在一般土壤的植物，種在沒有雨水洗禮、而且空間受限之花盆內的植物更容易枯死，所以絕對需要加入人為的管理，因此一般來說盆栽並不會配置在人煙稀少的地方，而主要擺放在建築物周遭以及庭院中。

盆栽依照所配置空間的特性與周遭建築用途的不同，有些單純只會配置少量盆栽，有些則會沿著道路配置整排的盆栽，通常在住宅大樓、多用途建物四周會配置量多的盆栽，打造成盆栽園，也就是盆栽園藝（container garden）。

韓國住宅建築中，公寓所占比率超過50%，在公寓建築裡利用盆栽打造盆栽園藝，可滿足人類對於庭院生活，也就是園藝的渴望，位於辦公或商業

表15-1　常見室外盆栽種類

區分	植物
木本植物	黃楊木、東北紅豆杉、白雲杉、玫瑰、側柏。
持續開花植物	碧冬茄屬、老鸛草屬。
不同月分開花的花草植物	三色堇、報春花屬、萬壽菊、藥用鼠尾草、藍色鼠尾草、雞冠花、鞘蕊屬等。
熱帶木本與草本開花植物	馬纓丹屬、鶴望蘭等。

大樓陽台、屋頂，以及建物周遭的盆栽園藝，具有裝飾目的、提供休憩空間、改善環境、保留顧客、提升建築形象等多種目的。

在都心的任何空間都能輕易打造出盆栽園藝，有些人將之稱為不需要擁有庭院便可有的花園（gardening wihtout a garden），對一般大眾來說，盆栽園藝就是利用盆栽在室外窗邊、陽台、迴廊、露台、天井、玄關前面、大門前面、屋頂、牆面、住宅地、都市空地所打造成的小型花園，近來更因為都市綠化政策使然，許多大規模的大樓屋頂花園、垂直花園與都市農業興起，大眾對於園藝的關心從盆栽園藝做起。

室外盆栽設計所配置的空間，依特性可分成窗邊、陽台、迴廊、屋頂平台、玄關、大門口、屋頂、牆面、庭院、多用途花園、街道之分，詳細內容介紹如下 ——

窗台花園

最常見的情況就是在光線充足的窗戶邊設置窗台花架（window box），或者將盆栽擺放在靠近窗戶的架子上或掛上吊盆。若窗戶數量較多，在每個窗戶邊配置相同的盆栽，看起來就會有統一感。要是配置的盆栽數量較多，不妨當中安插一些顏色相異的盆栽，就能增添律動與變化感。

為防雨水不足，必須替植物澆水，因此不能將植物配置在不易澆水的位置。設計時，需先考量到澆水的方便性，國外會將窗戶邊的澆水水管視為必要設計（圖15-2），澆水水管易有美觀與收納問題，設計時需多加留意。由於一旦開花期結束，就需要更換植物，所以若能在一開始選定開花期較長的植物，就可免於經常更換的麻煩，並且以方便管理與作業的方式進行配置。

陽台或迴廊花園

想打造陽台或迴廊花園，只要在桌子、椅子旁的地板上配置各式盆栽或大型花槽，就能打造小規模的花園（圖15-3）。在欄杆側面或上方懸掛盆栽也是常見的方法，如果是一般住宅大樓，多半會將買來的各種盆栽擺放在一起。而社區型住宅、辦公大樓，則可使用相同的容器、花槽和植物打造出統一感，設計時需事先考量到澆水方式，再依照澆水方式決定盆栽大小、植物種類以及配置的地點，相較於風大的高樓公寓，配置在低樓層會更好。

圖 15-2　窗台花園

露台與天井花園

與住宅建築相連的露台與天井花園，因應位置、方向、主要用途的不同，所以會選擇各形各色的盆栽。通常盆栽會配置於公園椅、椅子、日光浴床等家具旁，坐下來就能欣賞到的位置。盆栽的配置沒有一定的方式，只要是足以引人注目的，單棵或多顆組合都可以，另外，如果從排水孔流出的水會汙染地板，可以設置有裝飾效果，而且又可以盛水的花盆墊（圖 15-4）。

玄關與大門前花園

圖 15-3　陽台與迴廊花園

在各種建築的玄關或大門前，以大門為中心，在兩旁配置盆栽或吊盆都是很典型的配置方式，尤其是擺放大型盆栽時會具有強調玄關的效果，也能夠以大門為中心在兩旁配置兩列，掛在牆面上，則有利於管理。出入口前的空間，可以選擇將植物種在寬矮容器裡，反覆配置，即如此一來可打造出優美的環境，提升建築形象，是非常經濟的作法。配置在餐廳、咖啡廳室外的美麗盆栽，對於留住顧客有莫大的影響（圖 15-5）。

屋頂花園

住宅建築屋頂花園的盆栽似乎沒有特別的配置方法，不外乎是民眾以塑膠箱子種植蔬菜，或由設計師所設計。大型商業或辦公大樓的屋頂比較寬敞，有附帶的花槽、小型花園，還有能夠移動的各種盆栽，盆栽的配置主要依據現有的條件以及設計師的想法。需留意的一點是，若打算配置大型盆栽或大型花槽，就必須先考慮屋頂的荷重程度，環境條件也會因屋頂高度而異，繼而影響植物的選擇。尤其是鐵製容器，一到夏天就會變得非常滾燙（圖 15-6）。希臘、義大利人至今仍喜歡在屋頂欄杆配置盆栽，因而形成非常特殊的風景。

室外垂直花園

廣義的垂直花園就是綠化牆面，只要經過設計，就能利用小面積的牆面打造出室外垂直花園，營造優美景觀，除了能夠吸引人群聚集，還可以改善都市環境問題（減少都市熱島效應、提高隔熱效果、預防中暑、淨化大氣、

圖 15-4　露台與天井花園

圖 15-5　玄關與大門前花園

圖 15-6　屋頂花園

圖 15-7　室外垂直花園

降低噪音、綠化小面積空間、提高都市景觀等等），因此垂直花園目前備受各方矚目（圖15-7）。

室外盆栽垂直花園與室內相同，有各式方法可打造，大部分是在容器、花槽裡種植攀緣植物，然後讓攀緣植物往上或往下生長。往上生長時會需要支撐物，可利用牆壁、固定在牆壁上的鐵絲以及網子（mesh），其實只要有鐵絲或者柱子，植物就能往上生長，或者也可以把攀緣植物種在吊盆裡，讓植物自然往下垂長（表15-2）。

讓蘋果、水蜜桃等果樹容易彎折的樹枝貼牆面生長，或讓樹枝覆蓋牆面打造成樹牆（espalier）等利用果樹盆栽的情況並不多見。

最近的垂直花園，如「13.室內空間」所介紹的一樣，會在牆面上裝設自動澆水裝置，以及可種植植物的各式容器與材料。

決定好使用何種植物，營造出想要的色彩、質感以及花樣後進行植栽。像西班牙、法國等冬天較溫暖的歐洲國家，經常會利用這樣的方式打造垂直花園，不過這在韓國是行不通的，因為在韓國冬天的時候樹葉會掉光，這時支撐物就會裸露在外面，將大大影響美觀，而能夠忍耐冬天低溫，又具有觀

表15-2　打造室外垂直花園的方法

打造方式		詳細內容	使用之植物
使用攀緣植物	往上生長	需要鐵絲等支撐物	美國爬　虎、爬　虎、常春藤、喇叭花等。
	往下生長	自然向下生長	美國爬牆虎、常春藤等。
馬賽克鑲嵌花壇	馬賽克鑲嵌花壇的方式	製作所需的造型物	碧冬茄屬等。
誘導至牆面	誘導至牆面	跟盆栽比起來，使用種在土壤裡的植物會更有利。	蘋果、梨子、葡萄、小紅莓等。
在牆面裝設花槽	使用毛氈層	在牆上黏2層毛氈層，然後打洞讓植物的根部植入。	珊瑚樹、闊葉山麥冬、虎耳草、石昌蒲、黃紋石菖蒲等（若是較為溫暖的地區，可使用暖帶植物或熱帶植物）
	架設育苗穴盤	將育苗盆穴盤拼接起來固定在牆壁上。	
	架設植栽箱	在牆壁上用鐵絲製作框架，再將植栽盆以垂直方式掛上去。	
	架設可拆卸花盆	方便更換植物的可拆卸式花盆。	

賞價值的常綠植物並不多，只有珊瑚樹、闊葉山麥冬、虎耳草、石菖蒲、黃紋石菖蒲等可使用，這些植物的種類並不多，再加上栽種的土壤層較淺，而且還是從地面往高處長，大部分都會因為承受不住冬天低溫而凍死。

多樣化的花園盆栽

花園裡盆栽，往往是裝飾重點或做為強調的元素，具有能夠豐富與點綴花園的功用。設計師或使用者依照花園的用途、大小、樣式等條件，配置各式各樣的盆栽，就能進一步提高花園的品味（圖15-8）。盆栽是花園的部分組成元素，如果配置大量盆栽，甚至可以打造成盆栽園藝。

大部分花園裡有配置盆栽的位置都是花園的重心，或者是焦點場所。在道路、花壇邊緣擺設成排的盆栽，有突顯邊緣的效果。

都心街道

都心的街道上，會因應街道特性配置盆栽，最常見的方式就是在矮寬的圓形容器裡種花，沿著人行道擺放，或者在天橋及橋梁的欄杆上掛吊盆，除了這類的街道日常盆栽，在特定活動舉行期間，也會在重點街道上擺設花塔（圖15-9）。欲在街道兩旁配置盆栽，最重要的就是需按季節更替花卉，為防過久沒有下雨，也要做好給水計畫。若想安裝點滴式澆水裝置，必須要具備連接得到供水管的條件，否則就必須仰賴定期灑水車。若無連接澆水裝置，一旦遇到乾旱期，盆栽很容易就會枯死，所以一開始計畫時，就必須將澆水裝置納入。

盆栽果菜園

盆栽果菜園在韓國又稱為「食物花園」、「食用花園」、「菜園」、「院子地」，現在已經跳脫只種植料理所能使用到之蔬果植物的範圍，擴展為蔬菜、果樹、香草、食用花、鮮花的種植地，一年四季提供魅力景色。盆栽果菜園並不侷限於偏僻角落，亦可以配置在美麗花園的顯眼之處。在國外，原本盆栽果菜園的發展概念就是為了家人而打造的小型農場，與菜園（vegetabel garden）的歷史性發展過程並不同，從設計便可看到差異。

也就是說，盆栽果菜園已然不再像過去一般是田園的附屬品，而是與花

圖 15-8　花園裡的盆栽

圖 15-9　都心街道上的盆栽

表15-3　花卉植物在盆栽果菜園的作用

作用	與植物相關的昆蟲	
吸引蔬菜或果樹花朵的授粉媒介昆蟲	為吸引昆蟲可種植花蜜多的植物，或是安插諸如波斯菊、飛燕草、薄荷、向日葵、香碗豆、百日紅等藍、黃、白色的花朵。	
吸引益蟲	巴西利、蒔蘿、芫荽、菊花科花朵等等會吸引瓢蟲、草蛉科、寄生蜂、地面甲蟲（ground beetles）。	
驅趕害蟲	茴藿香（anise hyssop）	甘藍夜蛾等
	琉璃苣（borage）	番茄天蛾幼蟲（tomato bornworm）
	貓薄荷(catmint）	螢火蟲、馬鈴薯甲蟲（colorado potato beetles）、緣椿象（squash bugs）等
	金盞花	蘆筍甲蟲（asparagus beetles）
	藥用鼠尾草	甘藍夜蛾、胡蘿蔔銹蠅（carrot rust flies）等
	旱金蓮	會吃南瓜、甘藍、豆類、黃瓜的蛾、鞘翅目、南瓜緣蝽（squash bugs）、蚜蟲（aphids）、其它有害飛蟲（flies）等
	萬壽菊	吃番茄、蘆筍、高麗菜、豆類的鞘翅目、蠕蟲（worms）與有害飛蟲（flies）等
	迷迭香	高麗菜、胡蘿蔔、豆類的害蟲等
	辣根（horseradish）	馬鈴薯甲蟲等
	洋蔥、蒜頭、蝦夷蔥	大部分昆蟲
具有抓害蟲的陷阱作用	種植一些能夠驅走蔬菜周圍害蟲的花草植栽 ——（例）如果能在距離花園3～6公尺處種植白色老鸛草，可以吸引日本甲蟲（Japanese beetles），日本甲蟲若吃下有毒的白色老鸛草會死亡，另外也可以在高麗菜（甘藍）附近種植綠葉芥藍（collards）。	
組成生物多樣性	在田間與所植作物混植合適草本開花植物，利用多樣植物物種混植的對策讓食性專一的植食性害蟲無法輕易找到食物來源而難以獨大 ——（例）若在豆田四周種植萬壽菊、波斯菊等植物，可吸引蝴蝶、瓢蟲等昆蟲，而增加生物多樣性，讓整體食物鏈更穩定，有助於減少　科等害蟲的數量。	
提供食用花	琉璃苣（borage）、金盞花、蒲公英、萱草、旱金蓮、三色堇等。	
提供鮮花來源	可提供各式各樣插花用鮮花來源的花園。	

卉植物一起組成的漂亮食物花園，那不但是幾乎可以稱之為花園的程度，甚至可稱為是美麗的田園。在盆栽果園裡，除了有果樹與蔬菜，更藏有美麗的庭園樹與花卉植物。

對於渴望親手栽種新鮮食用植物，享受收穫樂趣的人，特別是都市主婦來說盆栽果菜園是極具魅力的，然而現代以公寓大樓為主的居住環境，難以擁有私人庭院或盆栽果樹園，因此人們常利用光線充足的玄關前、窗邊、陽台、迴廊甚至屋頂等地，打造小型盆栽果菜園，使用大型花槽、各種花盆都可以。最近國外更流行著一種經濟實惠的方法，就是以便宜塑膠做成大袋子或箱子代替花盆。

在盆栽果菜園裡種花，除了可以增添美景，還具有多種功用，花朵的芳香性與防蟲性與昆蟲之間能產生相互作用；而混植五花八門的花卉植物，可以看到生物的多樣性效果，另外，盆栽果菜園也是提供鮮花的來源（表15-3）。將種在花盆或大型花槽裡的番茄、萵苣、蔥置於窗邊、玄關前、牆面、屋頂等各式室外空間，可為人們帶來生活上的樂趣（圖15-10）。

圖15-10　盆栽果菜園

圖 15-10　盆栽果菜園

Part 6

室內植物生育環境與盆栽管理

室內空間對人而言是舒適的空間，但是對盆栽就不是如此了，植物所需的陽光、溫度、水分等條件，都跟室外有著極大的差異。以盆栽妝點的室內環境固然使人舒服愉快，但是對植物來說卻是相反。隨處可見的室內盆栽，很容易使人忘記植物需接收陽光以及雨水的洗禮，如果是溫帶地區的植物，更要經歷四季轉變的事實。盆栽設計師對於跟室外截然不同的室內空間，需具備充分的知識與理解，才能設計出合宜的室內盆栽，以及向顧客說明管理要領的能力。

對室內盆栽來說，最重要的環境條件就是光線，盆栽能維持多久，端賴光度決定。接下來在第六部裡，將會介紹室內環境的光線、溫度、水分、空氣、肥料以及病蟲害，以及打理盆栽的方法。

16 光線與照度

在室內空間，對植物生育產生決定性影響的要素正是光線，為維持室內盆栽的生長，必須對於室內空間光線有充分的理解。本章將會依照光線的作用、光線組成、窗戶特性的不同，分成光線、植物生長、光度等三個部分做說明。

光線的作用

光線是植物生長與發育過程中的重要調節因子，對植物代謝的影響甚鉅 ——

（1）光合性：植物所行的光合作用（Photosynthesis），即為葉綠素將吸收的光線轉成化學能後，再以此化學能將空氣中的二氧化碳以及從土壤中所吸取的水分轉為養分，也就是葡萄糖。綠色植物細胞所行的光合作用，可生產出所有生命體仰賴的養分與氧氣。

（2）葉綠素合成：植物需要光線來進行葉綠素的合成，如果沒有光線，葉子便無法呈現綠色。

（3）氣孔開閉：受光線所影響，植物的氣孔在白天時是開啟的，到了晚上才會關閉。當氣孔開啟時，氧氣和二氧化碳快速往葉子裡外擴散，在過程中將植物的水分帶往空氣，這就是所謂的「蒸散作用」。蒸散過程中水分的喪失，主要從葉子表面的氣孔向外界蒸散。

然而對處於乾燥地區的多肉植物來說，並沒有多餘的水分可以蒸發，因此相異於一般植物，多肉植物的氣孔是在夜間開啟進行光合作用，而這類植物被稱為「景天酸代謝植物」（CAM，Crassulacean acid metabolism）。

（4）光型態發生（photo-morphogenesis）：光線是繼光合作用之後，調節植物的生長與發育的重要環境因子。植物因光線、日照長度而影響形態發生的現象或過程稱為光型態發生。日照長度會影響種子發芽、誘導開花、花芽形成以及誘導休眠。像這樣的光型態發生，對受日長、有季節變化的溫帶植物會有較大影響。

（5）花青素（花色素苷）的生成：花青素是植物行光合作用時所需的催化劑，糖是花青素的必須要素，而光線是製造糖時所需的條件。像變葉木、朱蕉、吊竹草這類帶有紅色的植物，需在室內明亮的地方進行更多的光合作用，顏色才會更鮮豔。

（6）溫度上升：光線能溫暖植物表面，可增加大部分植物生理過程（光合作用、呼吸、蒸散）的速度，不過如果溫度過高，則反而有害。

（7）輸導作用（trandlocation）：植物體內的輸導作用也會受光線所影響，處於明亮時，養分主要流向植物莖部前端或其餘部位；處於昏暗時，則會往根部移動。

（8）礦物質吸收：植物利用根部吸收礦物質時，如果在高光度的環境下，吸收的速度會加快，這時礦物質會變得活躍，能提供根部所需能量來主動吸收離子。

（9）脫落（abscission）：光度也會造成植物葉子脫落，例如將原本置於高光度環境的垂榕（Ficus benjamina）改置於低光度室內環境，葉子便會開始掉落，原因是隨著光合作用的減少，組織的養分不足的關係使然。

光線的組成

就提供植物生長時所需能量的光合作用來說，以太陽光最為理想。太陽光以電磁波的形式在宇宙空間中移動，在快要接近地球的同時，大部分的近紅外線會被二氧化碳吸收，而部分的紫外線則被大氣上層中的臭氧和氧氣吸收，所以只有一半的太陽光會抵達地球。紫外線會破壞活細胞的蛋白質與核酸，如果在大氣層沒有被吸收掉，那麼地球上也就不會有生命體的存在。

光，也就是光線，即一般所認知的電磁波（electro-magnetic wave）與電磁振盪（electro-magnetic wave）量子，不過如果是在原子內部，量子會變成光子（photon），所以具兩種形式。太陽會發出許多波長不同的輻射，波長的單位是nm，也就是nanometer（奈米）的縮寫，為1公尺的十億分之

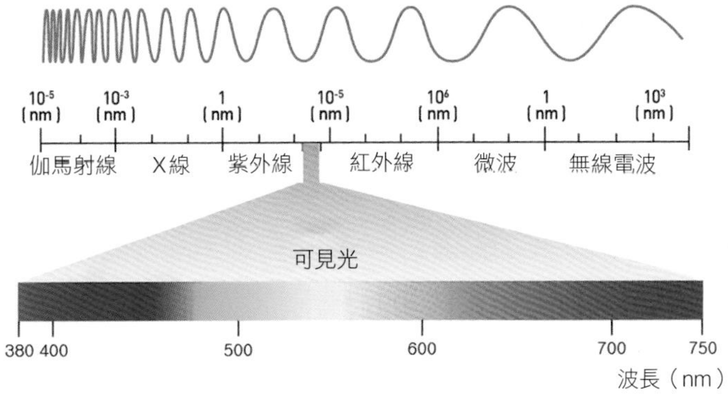

圖 16-1　太陽能波長的分布與可見光位置

一。在這些太陽光線之中，人的肉眼可看到的光線稱為可見光，波長範圍介於400nm到800nm，若將光線分光，會分成像彩虹的七彩顏色。比可見光波長較短以及較長者，有紫外線和紅外線，是人的肉眼所看不到的磁波能量（圖16-1）。

陽光可以提供一切植物生長時所需的能量，若可以，最好將自然光，也就是太陽光線導入室內。至於人工光線，雖然能使用特殊發光裝置，放射特定的能量，不過就植物的生育來說，還是不能與自然光比擬。太陽光是一種無限資源，所以使用太陽光最有節能效果。太陽光線中的紫外線具有殺菌作用，可去除室內霉菌與細菌，明亮的陽光能提供人類、植物在心靈層面上的活力，對精神健康是有助益的。

建築物窗戶特性與光線

自然光線透過各式型態的窗戶進入室內，光線強度會因季節、時刻、太陽的位置、天氣、窗戶的方向與大小、玻璃材質而有所不同（圖16-2、16-3）。

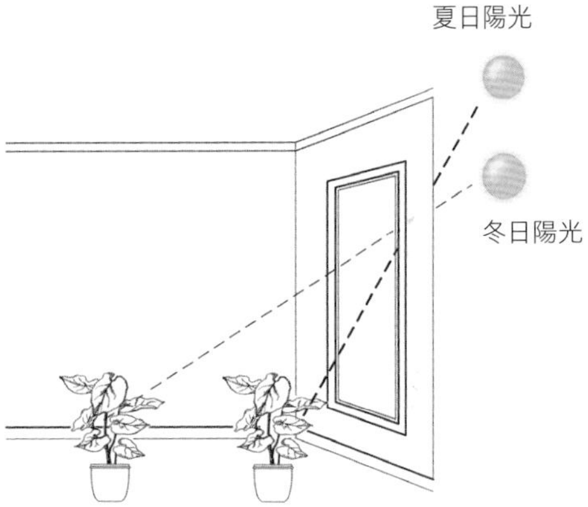

圖 16-2　各季節的自然光線穿透變化（Briggs與Calvin，1987）

座落於北緯38度的室內花園，若面向一扇朝向正南方垂直

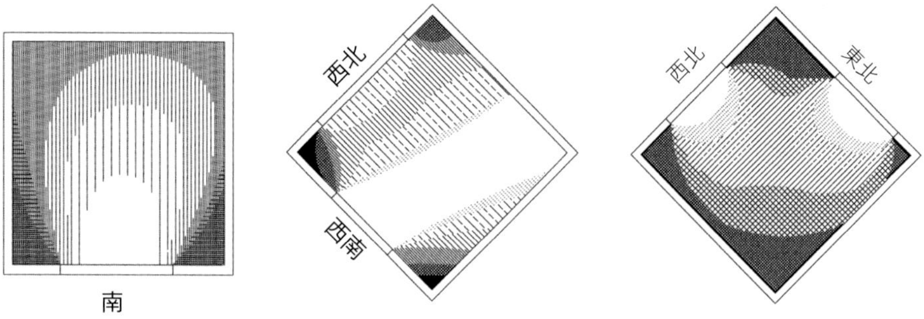

圖 16-3　室內不同方位窗戶的自然光光度差異。

窗戶，在天氣晴朗的冬至上午，水平面的光度是30,000勒克斯(lux)，光線若從透光率50%的有色玻璃或反射玻璃窗照射到室內地板，則光度為15,000勒克斯。光度在日出時逐漸變明亮，在正午時分會達到高峰，下午開始減弱，日落之後才消失，設計師需相當程度了解植物接收的平均光度以及白天各時間點的光度。

建築師總是試圖將室內窗戶做到最大，以利讓陽光能夠充分照射進來，然而因為玻璃窗之故，夏天時溫度會急遽攀升，冬天則驟然下降，尤其是溫室型建築，會因溫室效應（greenhouse effect）而使紅外線聚集在室內，因此夏天溫度居高不下，為人類、植物皆無法忍受的狀態。冬天時因為玻璃的隔熱效果不佳，窗戶越大熱損失越多，加上冬天白晝短且陰天多，無法引進充足的光線。如果使用降低光線穿透率的有色玻璃或反射玻璃，就能降低溫室效應，夏天可減少冷氣或通風的使用；而冬天時使用雙層玻璃，就能防止冬天的熱損失。

為了能讓植物在室內生長，市面上有各式各樣能引進充足陽光的窗戶，這類窗戶基本上有天窗、側窗以及上斜窗三種，也有一些溫室型建築，本身附帶玻璃溫室，這些都非常有利於室內花園的打造。

側窗

在室內距離窗戶越遠光度就會越弱，因此建議將植物擺放在窗戶最上方往下45度角的地方（圖16-4）。不過由於光線只會從一個方向照射進來，植物會因為趨光性（phototropism）使然，為了朝有光線的地方生長而偏向一邊，因此設計時也需將此點考量進去（圖16-5）。

韓國因為地處北緯33～43度，所以正南向的窗戶是最理想的，即使太陽照射角度會因為緯度而有所不同，不過一定是往南傾斜照射。如果是正北向的窗戶，終年直射光線無法照射進來，必須使用透光率高的透明玻璃，盡量將陽光引入室內。

天窗與上斜窗

天窗與上斜窗常見於大型建築，光線由上往下照射進來，所以能使植物長的又高又直，對於樹型是更有利的（圖16-6）。

如果天窗太小，照射隨著陽光的移動往地板、牆壁照射，而產生強烈的明暗對比，而形成不理想的環境。要在室內配置盆栽或打造花園，窗戶的面積越寬越好，並且使用半透明材質的玻璃，半透明玻璃可分散直射光線，讓室內的光線能夠均勻分布，相較於全透明玻璃天窗，光度高出四～五倍（圖16-7）。

水平式天窗若累積灰塵，會失去透光率，所以可做成圓頂（dome）或傾斜造型。近來許多建築都是採用圓頂式雙層天窗，中間形成絕緣隔熱空氣層，除了可均勻分散光線之外，還可以防止夏天溫度過高以及冬天產生

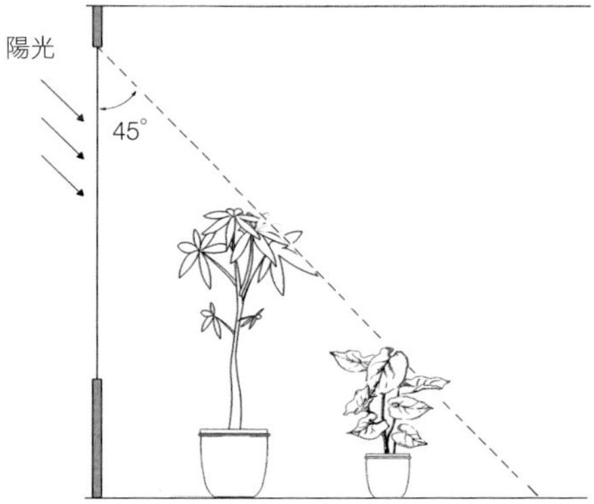

圖16-4　植物需擺放在窗邊可照射到最多陽光的位置（Manaker，1987）

圖16-5　趨光性

熱損失。如果是高樓大廈建築，通常會設計附帶天窗的天井（atrium），天井到天花板是貫通的，很多都是利用這樣的空間打造室內花園。

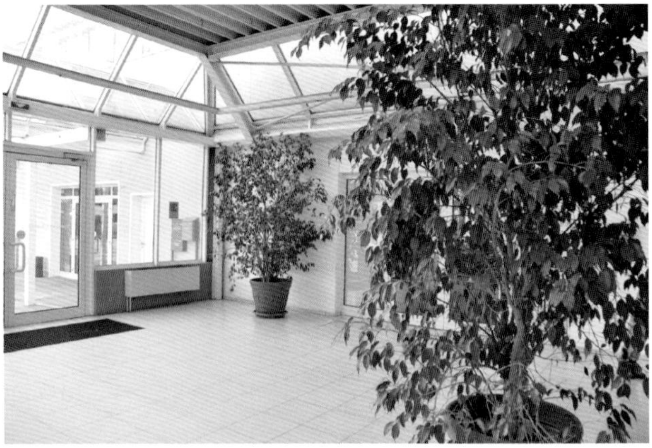

圖 16-6　上斜窗

植物生長與光

圖 16-7　使用半透明與透明天窗時，自然光線的穿透差異（Hammer，1991）

室內植物接收到的光線由三種要素所組成，分別是表示亮度的「光度」、光線持續照射時間，意即「日照時間」，以及光波長的組成份「光質」。以上這三個要素會大大影響植物的生長狀況，室外植物在日出到日落這段時間，持續接收所在緯度地的光線，而室內植物所能接收的則是以陽光為主，人造光線為輔。

光度

光度（light intensity）是指光線明亮的程度，人類生活的活動範圍室內環境，相較於室外顯的相當昏暗，不過這並不會影響到人類生活的正常。然而植物生長時所需的光度，遠大於人類生活時所需的光度，若把耐陰性觀葉植物放在窗邊以外的地方，通常大部分都會生長不佳。

如果是為了裝飾需要，而將植物配置在光度較低的地方，植物很快就會枯萎，並失去觀賞價值，這時必須更換或丟棄植物。近來新建的大型建物都設有天窗以及玻璃打造的牆壁，多出許多適合養盆栽的明亮空間。

（1）測量光度：只要使用光度計就可以測量出光度，光度的單位有底下幾種（表16-1）。盆栽設計師通常會測量每單位面積的光通量，也就是所謂的照度，當照度越高，含有光合作用所需的光量子就越多。

照度有兩種單位，一種是國際通用的勒克斯，也就是距離1流明（lumen）光源1公尺處的照度單位；另一種單位是呎燭（fc, footcandle），為距離一根蠟燭光源處1呎處的照度單位，1勒克斯相當於0.09呎燭，換算時呎燭乘以10就是勒克斯的值。

測量照度時，可使用較便宜的照度計（luxmeter），植物葉子上的照度會因為位置而異，所以可以選定一個適當的位置，進行水平量測（圖16-8、16-9）。室內的明亮度遠比想像中的低很多，參考建築或室內設計的照度（表16-2）資料便可得知。

室內的照度會因場所、時間點而不同，季節、緯度、外面的天氣也會造成影響，依賴自然光線的南向房屋，夏天天氣晴朗時的正午照度最高。

表16-1　光度單位

區分	單位	說明
輻照度	W/m^2	從紫外線到紅外線的所有波長領域之輻照度，單位為瓦特每平方公尺。
肉眼可見光線強弱（照度）	lm	單位時間所通過的光量，為人的肉眼所能察覺的亮度。 照度使用的基本單位，肉眼可見光線大小的單位為流明。
	lux	勒克斯為國際通用單位，也就是距離1流明光源1公尺處的照度單位，勒克斯是以面積除以流明所得的值（lm/m^2）。
	fc	呎燭為距離一根蠟燭光源處1呎處的照度單位，1 lux=0.09fc。
光量子量	$\mu mol/m^2s$	每平方公尺1秒鐘的光合作用有效光或輻射能（photosynthetically active radiation, PAR）光量子1 μ mol的量（PPFD，photosynthetic photon flux density）。
	uE/m^2s	E是以愛因斯坦（einstein）標示光合作用有效光或輻射能（PAR, photosynthetically active radiation）光量子的單位。 每秒每平方公尺照射一百萬分之一愛因斯坦（μ E（microeinstein））光量子單位，$\mu mol/m^2s$也可標為$\mu E/m^2s$。 1E是亞佛加厥常數（6.022×10^{23}個/1莫耳）個光量子所擁有的能量，1E=1mol光量子。

表16-2　各場所照度（Manaker，1987）

場所		照度（lux）
戶外（晴朗天氣）	夏天	10,000～13,000
	冬天	10,000～80,000
辦公室	會議室	2,000～3,000
	製圖室	10,000～20,000
	打字室	4,000～5,000
住宅	客廳	1,000～10,000
	書房	2,000～3,000
	工作台	4,000～6,000
商店	走道	2,000～3,000
	陳列台	10,000～30,000

為正確了解室內植物所接收的照度量，可選擇一處場所，測量從日出到日落之間幾個時間點的照度，然後再取其平均值。如果是配置在地下空間的植物，因為主要仰賴人造光線，那麼不管是在哪個時間點，開燈時的照度必須是一致的。

雲層多寡、大氣灰塵、水分、霧氣、海拔、露出面積等等都會影響照度。 建築內自然光線的量，也會受到玻璃窗大小、窗戶附近是否有樹木、屋簷、遮陽棚、玻璃顏色與清潔度等的影響。

室內窗簾、遮陽板、建材、壁紙、壁紙、家飾、家具會影響光的反射率，一樣會影響照度，例如石膏對光的反射率是90%，鏡子是80～90%，灰褐色油漆是50%，家飾是35%。

就植物接收光線的強度來說，光源的輸出固然重要，但是從光源到任意距離之外植物表面所接收的照度也很重要。一般而言如果光源很強，植物所接收到的光線也很強，但是照度卻會因為距離光源越遠而急速降低，是與距離的平方成反比（圖16-10）。

▲圖 16-8　照度計

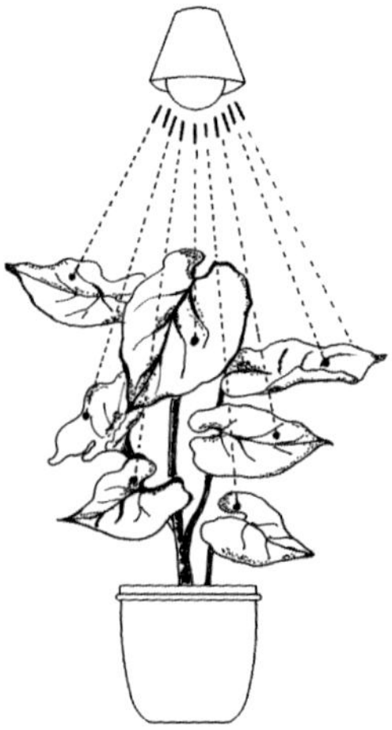

▶圖 16-9　量測植物所接收光線的照度（Briggs與Calvin，1987）

韓國在盛夏中午時分地

面照度約有10萬勒克斯，建築內的照度減為1/100，約為1,000勒克斯。窗邊最明亮，但是沒有直射光線的地方雖然有10,000勒克斯，但是隨著距離窗戶越遠，照度會下降許多，很多地方甚至不足1,000勒克斯，一天的平均照度甚至低於1,000勒克斯。

（2）光度與植物的生長反應：在室內環境適應良好的觀葉植物，葉子通常比較大，葉色也比較深，此外莖也比較長，整體來說樹葉量適中，而且分布的極為均勻恰當，看上去相當舒服（表16-3）。農場裡為了加速觀葉植物的生長會提高光度，大部分比室內空間要高出許多。在高光環境底下成長的觀葉植物，樹葉量雖多，但是葉子較小且厚，隨著莖節距離縮短，高度比較矮，擁有較粗的莖，樹葉呈垂直排列，這些都是植物在高光環境底下為了減少受光面積而演變的。這些變化並不會發生在已經分化的葉子上，而是新生成的根莖葉上。

設計師在購買植物時，需能了解植物在型態上，因應光度變化的轉變，最好避免在高光度環境底下生長的植物。因為一旦將植物從高光度環境移到室內低光度環境，植物在完全適應低光度環境前，因為無法生產足夠的養分，產生葉子黃化、凋落等問題。如此一來便會失去觀賞價值，必須從室內移除，嚴重者植物甚至會死亡，所以當環境光度差越多，植物產生的變化也就越大。

若光度差不大，許多的植物在適應低光度環境時，將會出現底下的幾種情況。首先，植物葉子的表面積會變寬，但是厚度會變薄，邊緣的缺刻則會變得較明顯，再來莖會變細，而莖節變長，葉子的顏色剛開始雖然比較深，然而隨著時間一久就會變成黃綠色，下面的葉子開始黃化繼而掉落下來，整個葉子量大幅減少，

圖16-10　室內空間的明亮度隨著距離窗戶遠近而異

表16-3　光度對室內植物型態造成的影響

光度	型態變化	配置空間	葉子變化
非常高	葉子逐漸乾枯而死。	夏天室外。	
高	葉子變小變厚。	室外玄關前、陽台、屋頂等，夏天室內窗邊直射光線可照射到的地方。	
	葉子邊緣缺刻不明顯。		
	莖結辯短，高度變矮。		
適當	葉子面積變大，顏色變深， 葉子與葉子之間的間距適中，分布均勻。	室內窗邊明亮處。	
低	葉子變寬扁，邊緣的缺刻變深且明顯。	距離室內窗邊較遠處。	
	莖節變長變細。		
	葉子顏色一開始變深， 之後轉為黃綠。		
	下面的葉子黃化， 開始出現落葉，只剩下尾端有樹葉， 葉子數量明顯減少，看起來稀疏。		
非常低	大部分的葉子掉落死亡。	離室內窗邊最遠陰暗處。	

看起來稀稀落落。如果植物無法適應這個新環境，最後葉子便會掉光，不是變得光禿禿便是枯死。

姑婆芋－葉面大小適中，莖肉呈現扇形排列

三色堇－莖過細過長，花朵比正常情況小

球莖類－莖呈現細長而虛弱狀態，容易彎曲

番茄－莖過長容易歪斜

圖 16-11　不同植物種植於窗邊時出現的生育情形。即使是在窗邊，也不適合觀葉植物以外的室外植物生長。

在室內有直射光線照射的窗邊，欲配置包含觀葉植物在內的各式植物時，如果是姑婆芋這類室內觀葉植物，便能長得很好，但如果是三色堇、球莖類或番茄這類室外植物，即使養在窗邊，也會出現莖部過長的生育反應。所以，設計師務必清楚這些變化，當顧客希望將室外花草類植物養在室內時，必須能讓對方知道植物無法維持長久的事實（圖 16-11）。

（3）植物生育與所需光度：每種植物生長時所需的最低光度不盡相同，基本上必須比「光補償點」高。

所謂的光補償點，就是指當光合作用時所吸收的二氧化碳與呼吸時所排出的二氧化碳的量相等時的所需光度，意即植物在白天所生產的養分，相當於晚上行呼吸作用時所消耗的量，在這樣的狀態下，植物看似可以勉強維持生命，但其實時間一久，植物還是會面臨死亡，因為沒有備用養分，而無法更換新葉子。

室內植物雖然都是常綠植物，但其實葉子的壽命有限，必須要有備用養分才有辦法長出新葉子。因此，室內植物的最少生存光度必須大於光補償點，這樣當老葉凋萎後，才能長出相同數量的葉子，以維持植物的正常狀態。

若想迅速判斷室內植物目前是否接收生育時所需最少光度的標準，就是看植物的葉子數量整體而言是否讓人覺得看起來賞心悅目即可得知（圖 16-

圖16-12　生長於自然環境的垂榕（左）與置於室內6個月的垂榕（右）（Manaker，1987）

圖16-13　置於明亮溫室裡的嬰兒淚（Soleirolia soleirolii）（左）與置於室內窗邊2個月後

12）。葉子在凋落之後，能夠再重新長出相同數量的新葉子，並維持原本的樹型，是植物接受超過最少光度的最好證據。反之，若光線不足，葉子便會漸漸凋落，失去了原本的樹型，當然也就失去觀賞價值（圖16-13）。若以一天12個小時日照時間為基準，依照室內植物所需最少生存光度，可分成三種類群，分別是低光度群500勒克斯，中光度群1,000勒克斯以及高光度群2,000勒克斯，大部分室內植物是屬於中光度群1,000勒克斯（表16-4）。

室內植物所需的光度，遠比人類所需還要高出許多，然而室內環境無法提供大部分植物所需的光度，所以需將植物盡可能擺放在窗邊，才能維持植物的生命。

依觀葉植物種類的不同，各自生長時所需的光度也將不一樣，然而畢竟植物的種類實在太多，很難一一掌握植物的個別需求，不過可以用下列的幾點原則說明當準則。植物生長所需光度，會因原產地、生產地光度、生產後對於低光度是否已馴化而有所不同，一般來說，原產於熱帶雨林的植物對於光度的要求會較低，綠色葉子的植物比有色、花紋的植物要來得低；不太開花的植物比開花植物要求低；灌木植物比喬木植物低；攀緣植物或蔓延於地面上的小型地被植物又比灌木植物低。

表16-4　觀葉植物在室內所需的最少生存光度（以12小時日長為基準）

觀葉植物 所需最少生存光度	光度（lux）	與人類的關係
高	2,000	人類從事精密作業時所需光度
中	1,000	大部分觀葉植物所需最少生存光度
低	500	人類生活所需平均光度

在水份、養分、溫度等正常供給的情況下，若光度逐漸上升，光合作用就會更旺盛。不過當光度到達某個臨界點，光合作用並不會無止盡的增加，這時如果植物繼續接收更強的光線，葉子的組織就會遭到破壞，這時的光度便是所謂的「光飽和點」，因此可以稱植物生存所需的光度是介於光補償點與光飽和點之間。將植物配置於室內時，室內光線一定比室外昏暗，此時光補償點便成為注意對象，若在室內，少見會產生光飽和點的問題。

（4）馴化：馴化是指人或動物從原本的環境遷移到另一個環境時，適應新環境的過程。農場裡所生產的盆栽移到室內空間後，產生改變的環境因子有光度、溫度、水分、濕度、肥料等等，其中對植物造成最大影響的因子是光度，其餘因子都可以人為方式配合光度做調整（表16-5）——

・馴化的必要性：室內植物雖具適應室內昏暗環境的能力，但是如果光度變化太大，超過植物能力界線，植物就有可能會死亡。所以，為了讓植物能夠發揮出適應能力，必須給予充裕的時間以及良好的環境條件。

農場裡是以最佳的條件栽培觀葉植物，通常植物會待在明亮的玻璃溫室或塑膠布溫室裡，內部的光度最大達20,000勒克斯，水分、溫度、養分等等

	生產農場 ⇨	花卉批發市場 ⇨	室內空間
光度	非常明亮	高～中	非常低的光度
溫度	非常充足	高～中	冬天低溫
水分 （濕度）	澆水充分 高濕度	澆水適量 濕度適當	澆水適量 冬天低濕度
肥料	充足的肥料	無供給肥料	肥料供給少

表16-5　觀葉植物生育環境條件之變化

都維持在最佳狀態，讓植物能顯現出高等的商品價值。更甚者會在盛夏露天栽種印度橡皮樹、南洋杉屬、椰子等植物，白天光度高達10萬勒克斯，若把這些植物移到室內栽培，通常接受的光度減為500～1,000勒克斯，有著極大的差異。

垂榕與鵝掌柴若遇到這種情形會陷入休克狀態，葉子會幾乎掉光（圖16-14），當植物體內有儲存養分，但是身上卻沒有葉子時，過一段時間後，如果植物適應較為陰涼的環境，就會開始長出葉子，但植物是處於非常虛弱的狀態，若此時因為管理上的疏忽，澆水或施肥過多時，植物很容易就會死亡，就算僥倖存活，也會經過非常久的時間才會再長出葉子，但是對觀賞用植物來說，並不容許一直處於沒有葉子的狀態。

所以，設計師需盡可能購買已馴化的植物，植物在光度只有500～2,000勒克斯的室內環境底下是無法順利生長的，生產也無法以低光度的條件栽培植物，加上生產後空間並不充分，所以馴化是不太可能的事情。這時設計師

圖16-14　將露天栽培的垂榕移到室內空間時的馴化效果（Conover與Poole，1975）

就有必要先行購買植物，然後請生產者或批發生協助馴化植物。

・馴化過程：當生產地與室內的光度差越小，則馴化的過程就會越簡單，反之如果越差，就得花上更長的時間。一般使用的方式是量測兩地的光度值，再取其中間值，然後依照中間值裝設遮光網，將植物移到遮光網底下直到完成馴化。

例如在90,000 勒克斯的露天環境設置遮光率60%的遮光網，網子底下的環境為36,000 勒克斯。當生產地與室內環境的光度差較小時，只要取兩種光度的平均值，進行一次馴化即可。例如原本生長於光度20,000 勒克斯環境的植物，如欲移至光度1,000勒克斯的室內環境，設置遮光率50%的遮光網，就能塑造光度10,000勒克斯的環境，在這個環境便能成完成馴化。但是如果想從光度90,000勒克斯的環境移到光度1,000 勒克斯的環境，分二～三次完成完成馴化過程最理想，相對耗費的時間也比較久。一開始先使用遮光率50%的遮光網塑造光度45,000 勒克斯的環境，然後進行馴化，完成後再設置遮光率60%的遮光網，塑造光度18,000 勒克斯的環境。

在進行馴化的過程當中，室內植物的組織會產生變化，其中葉子為了能夠充分利用減少的光線，產生的變化最大。原本生長在陽光底下的葉子，為了保護組織不受陽光直射，通常葉子較小且厚，而且呈現淺綠色，但是隨著光線銳減，葉子為了能夠充分利用有限的光線，會變得較寬而且薄，葉綠素

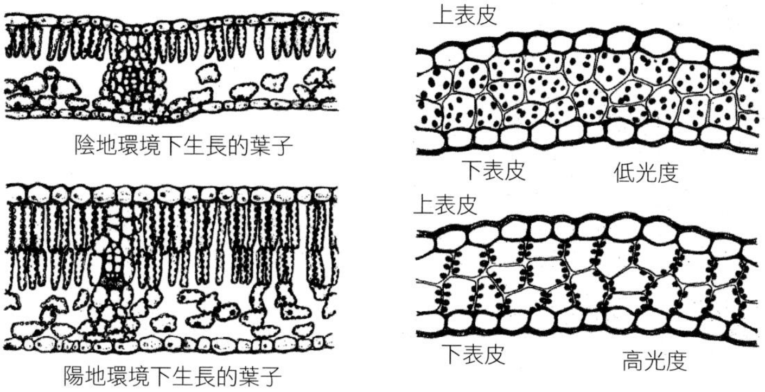

圖16-15　葉子在低光度與高光度之下的構造（左）與葉綠體排列（右）之比較（Briggs與Calvin，1987）

會聚集在葉子的表面，所以葉子顏色是呈現深綠色，圖16-15就是馴化前後葉子的組織差異圖。

隨著光線減少，整體的新陳代謝也會變少，水分與養分也要減少供給。不能為了讓植物能夠起死回生，而施予過多的肥料與水分，這只會加速植物的死亡速度。植物適應低光度環境後，根部不再需要吸取過多的水分與礦物質，所以根部組織也會變少。

植物的葉子在經過馴化過程之後，在變得又短又寬與顏色也變深的同時，樹冠部分也會產生變化，相較於馴化前的枝葉茂密，馴化後植物靠裡面的葉子會幾乎掉光，而外面的葉子則呈現出傘型的樹型，葉子密度雖然降低，但取而代之的是葉子變寬而且顏色變深，因為新陳代謝率降低，吸收二氧化碳、釋放氧氣與水分的氣孔也會跟著縮小。不過已經過馴化的植物，因為光補償點變低（圖16-16、16-17），所以在低光度的環境底下，光合作用率會隨著增加。

馴化時間因植物種類、樹齡、生產光度、室內光度而異，一般來說在直射光線底下生長的垂榕和鵝掌柴，在適用室內環境時，通常需在遮光率

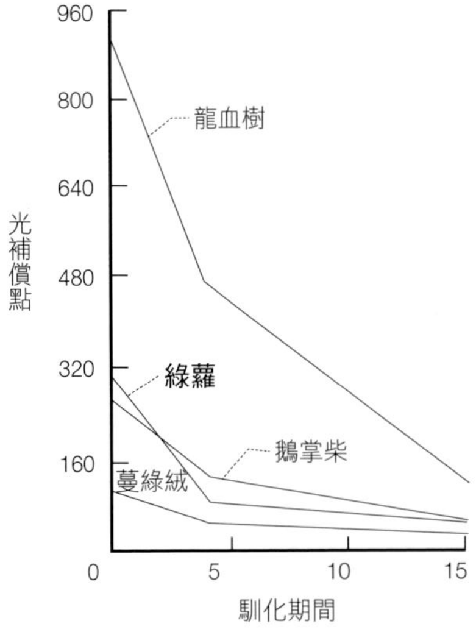

圖16-16　馴化中四種觀葉植物的相對光補償點變化（Fonteno與McWilliams1978）

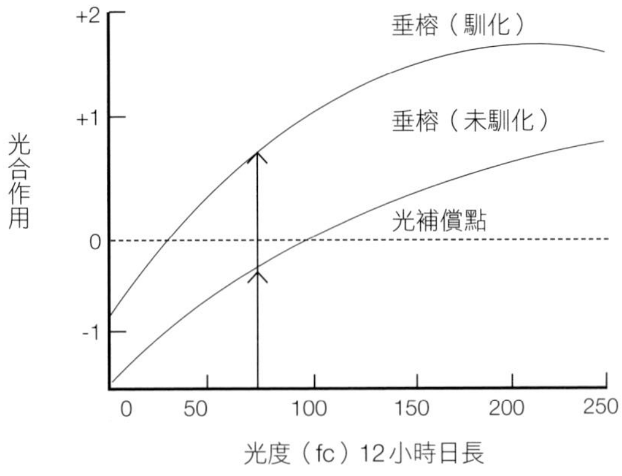

圖16-17　馴化與未馴化垂榕葉子光合作用之比較（Joiner，1981）

40～80％範圍底下進行五個星期的馴化過程；榕樹則需在遮光率50％的陰影底下放置十週，不過蔓綠絨與粗肋草幾乎不必經過馴化過程就能適應。在馴化期間，需洗滌土壤裡所含的多餘肥料，並減少澆水量，在將植物移入之前，必須將空氣濕度調低。

日照時間與日長

日照時間（light duration）意即光線照射的時間，使用人造光時，日照時間是可以任意調整的。在大自然狀態下，一天當中光線照射的時間就是指白天的長度，也就是日長（day length），日長會因位於地球哪個區域而異，大部分溫帶植物根據開花與日長的關係，可分成長日、短日、中日植物三種。然而室內觀葉植物，由於觀賞焦點是放在葉子而非花朵，加上主要原產自熱帶以及亞熱帶，所以開花與生育跟日長無太大相關性。

長日植物在充足的陽光底下會長得更好，一旦延長日照時間，相對光合作用就會增加，如此一來就能供給更多植物生長發育所需的養分。至於光線持續照射的時間，如果是太陽，就從日出算到日落，如果是室內空間但是仰賴自然光線的情況，光線的持續時間會因季節而不同，不過平均起來白天的照射時間是十二個小時。

人工光的持續時間可利用開關燈來控制，光度不會因時間點不同而產生變化，若是完全仰賴人工光的室內空間，植物接收的光線量是光度×照射時間，如果供給的光度不足可靠延長時間來彌補光量。由於「光合作用量＝光度×照射時間」，如果室內光度較低，可以延長螢光燈或白熱燈等人工光的照射時間，這樣能使植物長的更好，如果是開花植物也會有利於開花（圖16-18）。只是如果每天持續照射十八個小時以上，反而會不利於植物生長，另外不同的觀葉植物所需的螢光燈光度並不一樣，這一點有必要加以注意。

反之，如果光度太強，則可以靠減少照射時間的方式解決，不過並不代表利用強光在短時間內照射，就一定能夠達到植物整體所需的光量。人工光一天至少需照射四個小時以上，若考量到原產地白天長短，一天最理想的照射時間是十二個小時，當光度稍微不足時，照射十四個小時是最安全的，這是以一年三六五天為基準所算，要注意週末、假日電源不會被中斷。

日長對植物開花的影響為最甚，菊花、一品紅、伽藍菜、梔子花日長較短時會開花，碧冬茄則是在日長較長時開花，鳳仙花、倒掛金鐘、秋海棠則不會因日長變化起反應，室內大部分使用觀葉植物，因為光度較低，所以不常用開花植物，即使使用開花植物，多半也只是做臨時裝飾，所以觀葉植物並不會因為日長而呈現出開花反應。

非洲菫若光度越高，照射時間越長，就能開出更多花（圖16-18），伽藍菜屬有些種類的葉緣會長出幼苗，在長日的條件下幼苗的數量會增加。虎耳草屬（Saxifraga）的匍匐莖在長日之下會長出的更多，同樣地吊蘭莖上的分生子株（crown）若接受十二小時以下的日長，會長出更多（圖16-19、16-20），不過伽藍菜屬跟吊蘭屬的情況不同，幼苗的形成不受日長影響。

光質

光質（light quality）就是指光線的組成成分，意即波長。除了光度、照射的持續時間，光線的組成成分對植物也是相當重要的，不同的光線波長會對植物產生不同的影響。太陽自然光裡含有各種波長的光，像是紫外線、可見光、紅外線等等，因此相較於偏重某種波長的人工光，對植物的生長而言是最理想的。然而植物並非使用自然光裡的所有光線，而是使用特定顏色的光線。

圖16-18　日長與光度對非洲菫開花造成的影響（Manaker，1987）

植物對於不同波長的光線會產生特定反應，例如植物生長時所需的光合作用與葉綠素合成作用，在藍光與紅光的波長底下是最旺盛的，人的肉眼則會覺得介於綠色與黃色波長之間領域的光線是最明亮的。光合作用在435nm的藍色波長裡能發揮到最大值，在綠色與黃色波長可看出有微弱的反應，在675nm紅色的波長裡再次出現高峰值。而對於葉綠素合成作用，在445nm的藍色波長出現高度反應，在650nm的紅色波長裡出現了最大值。介於藍色與紅色波長之間的綠色與黃色波長，雖然對於植物的益處並不大，但是對人的肉眼來說是最敏感的。植物之所以大部分帶有綠色或黃色，是因為會吸收使用藍色與黃色波長，反射綠色與黃色波長之故。

圖16-19　日長對伽藍菜屬幼苗葉緣會產生影響（左：短日，右：長日）（Manaker，1987）

植物在行光合作用與葉綠素合成作用時，若施予藍色或紅色波長，都能看到反應，不過每種植物對藍色與紅色波長的生長反應並不一樣，主要接收藍色波長的植物，通常體積小樹枝粗，葉子茂密而且呈現深綠色，反之，至於紅色波長環境的植物，樹枝生長得較長，葉子的顏色較淺。因此，若需要限制植物高度時，使用釋放藍色波長的螢光燈與水銀燈是最合適的。

圖16-20　吊蘭分別接受8小時（上圖）、14小時（下圖左）、16小時（下圖右）日長時小植株的生長情況（Hammer與Holton，1975）

補光

以下將詳細說明，如何

運用各種照明器具及方式，為植物適當的補光。

（1）人工光：人工光是指各種照明器具所釋放出的光線，雖然這種人工光線並非像太陽光是含有各種波長的白色光，不過對植物的光合作用也一樣能夠發揮作用。當房子室內的構造無法充分引進植物所需的自然光之時，或者是在光線全然無法照射進去的地下空間，這時就可以利用人工光補充不足的能量。

人工光大致上有用於室內的白熱燈和螢光燈，還有用於路燈的高強度氣體放電燈等等，高強度氣體放電燈主要是為了路燈所開發的強力電燈，不適用於住宅與辦公空間，不過對天花板挑高的大型空間而言，是很理想的光線供給源，水銀燈、金屬鹵素燈、鈉燈皆屬之。

需要用到適合植物生長而且接近自然顏色的燈光時，可依照需求使用，白天可使用天花板的白熱燈與螢光燈，若天花板較高，混合搭配使用水銀燈、鈉燈、金屬鹵素燈是最理想的。

除了上述照明燈，還有專為特殊目的而設計的園藝用植物生長螢光燈（plant growth lamp），這種特殊燈只會釋放有助於植物行光合作用與葉綠素合成作用的藍色與紅色波長，可促進植物生長，因為幾乎不含綠色與黃色波長，因此燈光呈現粉紅色，並不適合當人類的照明使用。

（2）光纖傳遞光：透過光纖可將光線傳達至室內任何角落與地下室，而且可做彎曲傳遞，透過接收光線的受光素子與入光素子，進入光纖裡的光線，經過終端部的出光素子與發光素子後，像蓮蓬頭一樣噴灑出光線。光線進入光纖時會被濃縮至一百～一千倍後釋放出來。

可在建築的屋頂安裝集光裝置，再將由好幾條光纖組成的光纖纜線接到室內或地下室，最後透過照射裝置將光線傳給室內盆栽，透過光纖纜線傳遞光線，會將紫外線與紅外線屏除在外，意即只會傳遞可見光，所以對皮膚全然無礙，而且也不會發熱。除了太陽光可透過光線纜線傳遞，人工光也是可行的。

現在使用的光纖，光線在不斷進行反射的過程當中，每1公尺會損耗10%的光量，兩公尺就是20%，5公尺則減少50%，不過這樣的程度難以用肉眼察覺，而且對於室內植物並不會有任何影響。不過如果欲裝設的光纖長度超過20公尺，是沒有任何效果的，目前集光機和照射機都必須在短距離內使用，當光源為太陽光時，為防遇到陰天，最好能夠開發能夠儲存光線的機制。

（3）LED照明：LED是一種半導體電子元件，利用在兩極端子間施加電壓的方式發光，為人工光源的一種。LED可應用於各式電子產品，與白熱燈、螢光燈相比，光效率更高，電力消耗量更少，壽命幾乎是半永久的，因此被廣泛用於產業與家庭用途，唯一的缺點是價格昂貴。

自從開發出藍色LED燈以來，被公認是最適合植物光合作用的光源，因此市面上出現了許多專為室內植物栽培設計的LDE照明。LDE光源擁有充足的光量，而且可製造出各種波長，所以可以調整光質。因為不會發熱，所以可以做近距離照明，幾乎不含紫外線等有害波長，所以對植物完全無害，也不引來蚊蟲。

由於只會使用植物生長所需的波長光線，跟以前的照明比起來效率更高，而且電力消耗也較少，方便好裝適合各式各樣的空間，最近市面上有許多專為昏暗室內盆栽所設計的LED照明容器（圖16-21）。

圖16-21　使用LED照明的盆栽

17 溫度的影響與管理

生命活動的範圍介於冰點與蛋白質產生變化的0～50℃之間，植物因為先天基因的選擇也適用於此溫度範圍。原產於熱帶、亞熱帶的觀葉植物，大部分無法在低於10℃的環境底下生存，有一些觀葉植物可短暫生存在40℃的高溫，但是長期下來，養分便會減少生產。本章將會介紹溫度對於植物的影響，室內盆栽適合的溫度，植物對低溫與高溫的反應以及室內空間的溫度管理。

溫度的作用

溫度（temperature）與光線、水分一樣，對植物生長的影響甚鉅，與植物的光合作用、呼吸、蒸散、休眠的誘發與打破都有相關性。

光合作用

植物在正常生理狀態下行光合作用，當光線、水分等生育條件不變時，如果溫度增加，光合作用率會增加。一般植物可在35℃下進行光合作用，如果超過這個溫度範圍，會因為植物細胞受高溫影響之故，而使光合作用率減少。大部分的室內植物適合在23～25℃的環境溫度，光合作用在32～35℃下停止，如果超過此溫度範圍，便會對植物造成傷害。反之，如果是在低溫環境，也跟高溫環境一樣光合作用率會降低。

呼吸

植物的呼吸（respiration）會隨溫度的上升而增加，這裡所指的呼吸，就是消耗因光合作用所產生碳水化合物的過程，溫度上升時，光合作用率將會提高，但是也會因為植物的呼吸，養分的消耗也會變多，若長久持續處於高溫條件下，會使植物體越來越虛弱。在涼快的溫度條件之下時，雖然養分的消耗量會變少，但是如果長期處於低溫條件，光合作用的養分生產與儲存量會變少，這麼一來呼吸活動也會越來越弱化，而使植物整體的生理活動越來越衰退。

晚上若溫度太高，會因為呼吸增加而消耗養分，所以夜晚的室內溫度最好能接近大自然的溫度，比白天氣溫低5℃左右是最理想的。

蒸散

植物葉子上的蒸散（transpiration）與溫度有直接關係，白天時氣孔打開與外界交換氣體以利光合作用與呼吸，這時植物體內部會透過氣孔行蒸散作用，水分由氣孔排出。在高溫低濕的環境下會加快蒸散作用的進行，然而如果蒸散過於旺盛而使植物水分不足，這時植物體就會開始枯萎，一旦超過枯萎程度，就會完全喪失觀賞價值或死亡。

當溫度上升時空氣會膨脹，而使大氣濕度相對降低，加速蒸散作用的速度。如果蒸散的水分超過植物根部所吸收的水份量，葉子上的氣孔便會關閉，同時也會停止吸入空氣，這麼一來就無法行光合作用。

打破休眠

溫帶產植物多數在秋天落葉，在冬天休眠，等寒冷的冬天過去春天來到之際，才打破休眠。即使將溫帶產樹木至於冬天溫暖的室內，也需要進行休眠，直到接受一定期間的低溫處理前（通常為4.5℃），休眠不會被打破，看起來了無生氣。熱帶室內植物則不必考慮休眠的問題。

蛋白質合成

蛋白質合成在低溫時減少，升溫時增加，但是如果溫度過高，蛋白質的立體構造就會遭到破壞，如此一來酵素活性減少，生理作用的活性度也會跟著降低。

室內空間溫度與植物反應

植物種類繁多，各類植物所適應的溫度也不同，然而種植於室內的植物，有些可以承受其溫度，有的則會因此受到傷害，出現壞死、凋落現象。

適當溫度

以觀葉植物為主的室內植物具有各種特性，然而因為植物種類繁多，因此對於生育適溫很難有一定的標準，最適合的溫度可說是植物原產地的氣溫。熱帶與亞熱帶地區的氣溫幾乎不會落到20℃以下，年溫差小於5℃，雖然白天熱，但是夜晚涼快，屬於此氣候區的城市有馬尼拉、雅加達等等，這些地方的年均溫度為25℃，年溫差不超過5℃。

把熱帶、亞熱帶地區的觀葉植物移到其他國家栽培，最適當的溫度為白天32℃，晚上21℃，大部分觀葉植物可在13～32℃的環境底下生存，18～27℃最適合植物生育，其實這個範圍也是室內空間最舒服的溫度。

室內空間因為有冷暖氣的關係，所以可以維持在20～22℃最舒服的溫度，不過還是要端看管理者對於室內溫度的要求（表17-1）。

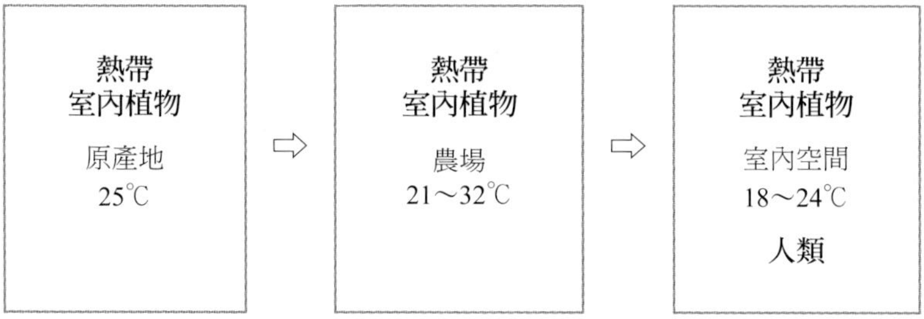

表17-1　熱帶、亞熱帶室內植物原產地、生場農場與室內空間的溫度

雖然任何的室內溫度大都能符合人類的需求，不過夏熱冬冷是不變的常理，大型辦公大樓或飯店內部終年可以維持20～22℃的溫度，人類生活的平均室內溫度只要能夠維持在18～24℃之間，就是適合室內植物生育的環境。

也就是說人類感到舒服的溫度，其實與熱帶室內植物的生育溫度類似，只要是人類可以接受的室溫，通常也就適合植物，因此植物的溫度管理算是非常容易的。

大自然的溫度一般夜晚低於白天，所以在適當的室內溫度範圍之下，可將晚上的溫度略為調低，此時植物的呼吸作用會減少，碳水化合物的消耗也會減少，晚上溫度建議以調低5℃最為恰當。

低溫

以下將說明熱帶、亞熱帶、溫帶植物適應低溫時的狀態。

（1）熱帶、亞熱帶原產觀葉植物：一般人們用於室內的吊蘭、一葉蘭、八角金盤、英國長春藤、花葉冷水花（Pilea cadierei）、海桐、羅漢松、虎耳草、南洋杉屬等植物，依原產地特性的不同，有些品種可以承受室內低溫，但絕大部分熱帶、亞熱帶觀葉植物若處於10℃以下的低溫則會受到傷害。如此在低於10℃的溫度條件下，植物的生理活動會減少而產生黃化現象，或綠葉凋落，如果是低於5℃的低溫，葉子組織會壞死，出現褐色斑點、葉柄莖部分萎蔫、葉子開始捲曲、生長低落或終止、葉子變色、落葉、植物枯死等症狀（圖17-1）。

針對綠蘿、豹紋竹芋、金脈單藥花、花葉冷水花（Pilea cadierei）等四種植物進行低溫害實驗，會產生如表17-2所示，各自出現不同的特定症狀。另外，麒麟尾屬（Epipremnum）與竹芋屬（Maranta）在進行4.5℃低溫處理之前，先16℃進行為期9、18、27天的前置處理後，植物產生了可忍耐4.5℃低溫產的抗性。

寒害是細胞膜產生化學變化的結果，低溫所造成的首要影響，就是物質代謝速度減低，連帶影響植物的生長速度。由於低溫會擾亂所有的物質代謝與生理過程，就低溫對植物造成的負面影響，當中有許多複雜的內容要理解。

口紅花（Aeschynanthus pulcher）、銀后粗肋草（Aglaonema，Silver Queen）、彩葉芋屬（Caladium，horutlanum）、白玉黛粉葉（Dieffenbachia maculata）、中斑香龍血樹（Dracaena fragrans，Massangeana）、百合竹（Dracaena reflexa）、喜蔭花（Episcia cupreata）、紅網紋草（Fittonia verschaffeltii）、紅脈豹紋竹芋（Maranta leuconeura erythroneura）、裂葉福祿桐（Polyscias fruticosa）等植物，即使只是短暫暴露在2～10℃的溫度之下，也會受低溫害。不過，只要漸進式降溫就能防止化學驟變，植物被馴化之後就能降低傷害。有許多植物只要事先對低溫進行馴化，那麼等冬天來臨時，即使溫度驟降，超過適合生育溫度，也可以承受與適應低溫。

（2）溫帶植物：室內空間因為低光常溫的環境特性，常見使用熱帶、亞熱帶的室內植物盆栽，所以會具有熱帶氛圍，若設計師想要改變這樣的氣氛，而在室內使用溫帶植物的話，即使室內環境明亮，植物也會因為冬天的溫度而

冬天夜裡置於沒有暖氣窗邊的蔓綠絨

葉子捲曲（12月24日）

葉片變長且黃化（12月31日）

大部分的葉子褐變且枯萎（1月13日）

黃化的葉子轉黑壞死（2月24日）

秋海棠葉子捲曲

九重葛屬的葉子下垂

九重葛屬綠葉凋落

桐油樹屬的葉子枯萎下垂

粗肋草新長的葉子變皺

圓葉蔓綠絨的葉子枯萎下垂

金錢樹的葉子壞死

非洲堇的葉子乾枯

圖 17-1　各室內植物的寒害

產生一些問題。

溫帶植物的一生就是不斷重複春天發芽開花與冬天休眠（dormancy）的生活史，需經歷冬天的低溫，隔年春天才會正常發芽開花，換句話說溫帶地

表17-2　夜裡分別對各實驗植株以4.5℃進行二、四、六、八天低溫處理，然後再於常溫狀態下放置兩週後，發現綠蘿、豹紋竹芋以及金脈單藥花的實驗植株有出現寒害症狀（Mcwilliams與Smith，1978）。

綠蘿 (Scindapsus pictus)	以4.5℃進行四天的低溫處理後，日後即使放置於良好環境，葉了會呈水浸狀，而帶有灰、黑的顏色，並在一星期之內壞疽。	
豹紋竹芋 (Maranta leuconeura)	以4.5℃進行六～八天的低溫處理後，一週後開始萎凋，葉子出現壞疽，八週後枯死。	
金脈單藥花 (Aphelandra squarrosa)	以4.5℃進行四天的低溫處理後，植物在一天之內葉子變長，葉緣與葉脈組織在兩天後壞疽。以4.5℃進行六～八日的低溫處理後，植物開始產生脫水現線，不過並不會枯死。	
花葉冷水花 (Pilea cadierei)	不會因為低溫而受到傷害。	

區植物的花芽分化與開花都是受溫度所影響，這種與低溫相關的現象稱為「春化現象」（vernalization）。

低溫處理時所需的溫度與時間會因植物種類而異，絕大部分的溫帶植物在冬天休眠時，需歷經過零下溫度，然而人類生活的空間不可能存在這種溫度。冬天一月均溫均為零上的韓國南海岸與濟州島，會將暖帶木本植物引進室內，這些暖帶木本植物計有山茶花、厚皮香、交讓木、枸骨、紅楠、側柏、檜柏、日本木薑子、竹子、八角金盤、硃砂根、珊瑚樹、紫金牛、青木、海桐等常綠闊葉樹。

然而這以上這些植物即使接收充足的光線，移到室內後，因為無法像在大自然裡經歷低溫環境，所以有些品種會產生樹枝徒長、落葉以及樹勢弱化問題，繼而影響觀賞價值，最後必須更換或棄置。

紐約福特基金會（Ford Foundation）大樓室內花園種植的荷花玉蘭，已在21℃的常溫下生存了十七年，由此可見如果暖帶木本植物完全適應常溫後，可以生存相當長的一段時間，當然也有像青木、八角金盤這種沒有適應問題的植物種。

如果想在室內種植溫帶木本植物，冬天溫度需調低至10℃以下，然而人類生活的室內空間無法維持這樣的溫度，所以必須種在距離人類生活空間有一段距離的地方。一般樹木園若設置溫帶植物溫室，在冬天時會維持在10℃，有時候會有十天的時間下調至4℃。

除了溫帶木本植物以外，像是秋植球莖植物水仙花、風信子、鬱金香、葡萄風信子等等，必須歷經過冬天低溫才會開花，如果在室內無法歷經低溫，則必須將植物放置於5℃的低溫底下達二十日以上。如果持續置於溫暖室內，就無法開出美麗的花朵。

高溫

對於30℃以上的高溫環境，會使得植物體產生過多的蒸散，引發組織的凋萎、過度乾燥，而植物呼吸的增加則會加速消耗儲存的養分。在40℃以上高溫條件下，如果溫度上升過快，那麼此時將會使蛋白質凝固，原生質遭到破壞。如果溫度上升速度緩慢，則蛋白質會分解，植物體內會排出毒性氨，並產生會導致植物枯死的傷害病徵。有美麗花紋樹葉的植物會開始褪色，整體的花朵色澤變得暗沉，特別是低光度高溫度的室內環境會促進生長，而使植物看起來又細又長。 有些植物若短暫置於高溫環境之中，甚至會產生抵抗性。

像這樣因高溫而產生的症狀，主要跟蛋白質有關，負責調節主要機能的蛋白質，當立體構造被維持住時，生理作用會很活潑；當溫度上升時會促進分子的熱運動，雖然酵素反應速度增加，但是一旦到達高溫標準，蛋白質的立體構造便會遭到破壞，隨著酵素活性會減少，生理作用的活性也跟著降低。當溫度到35℃時，只要水分供給充分，植物尚可以忍耐，不過因為呼吸的關係，養分消耗量依然很大。

在適當溫度範圍底下時，酵素反應速度雖然因為分子運動的增加而增加，不過因為酵素立體構造遭到破壞，兩者之間互相抵銷，而得以維持適當的酵素反應速度。

溫度管理

大部分的室內空間都是維持人體感覺舒適的18～24℃，觀葉植物在這樣的環境底下都能生長良好，適合植物的溫度就是人類覺得舒服的溫度，在管理上可說是相當容易。不過室內偶爾也會有非正常情況發生，而使溫度產生變化。

防止高溫逆境之管理

植物在室內遇到高溫逆境的情況並不會比低溫逆境多，常發生於擺放在直射光線強烈的南向窗邊，或冬天時擺放在暖氣旁，以上的問題只要多加注意，是可以避免的。大部分的高溫逆境，都是在植物買來之後，放置於玄關前等室外場所，使植物暴露在夏天強烈的直射陽光底下，而導致葉子被曬枯，以上不是因為不清楚解觀葉植物特性，就是因為沒有合適的擺放空間的關係。

以觀葉植物來說，很多植物在原產地雖是處於陰暗的雨林，然而在直射陽光底下也是可以存活的，不過相較於室外，專門培育的農場為低光多濕環境，如果把從場購買的植物直接放在室外，原本已經適應昏暗室內環境的植物，突然接收夏日強烈陽光的照射，這時就會遇到高溫逆境。尤其當無法供給充足水分時，所受的傷害更大。

環境的溫度最好不能超過會使光合作用會停止的35℃，以及要注意不能把植物擺放於暖氣，或溫風口附近，當夏天時則要避開陽光直射的窗邊或室外。

防止低溫逆境之管理

若將觀葉植物置於冬天室外空間，會因為暴露在低溫環境底下，所以很容易就遭受到寒害。冬天雖然偶會遇到暖氣機故障的情形，但大部分的情況都是週末或假日時因為人們外出，所以室內沒有暖氣的供給，而使整個室溫驟降。即使室內有開暖氣，如果把植物擺放在窗邊或門口附近，也會因為灌進冷風而受到寒害。另外，夏天置於冷氣出封口前的盆栽，也會面臨到低溫逆境。

如果將許多品種的盆栽擺放在一起，那麼冬天室內空間的溫度必須不能低於10℃，如果是耐低溫的觀葉植物，若溫度低於0℃一樣會有寒害。如果冬天溫度無法維持10℃以上，建議以八角金盤、一葉蘭、厚皮香、羅漢松、海桐等溫帶植物代替熱帶觀葉植物。

冬天時若將植物擺放在窗邊、門口附近，則需特別注意，因為植物很有可能因為一次寒流的來襲而死亡，室內凡是有配置盆栽的地方，最好能一併設計溫度計，以便隨時確認溫度。或許有些人會認為冬天因為暖氣費用增加，不妨將所有盆栽移除，等春天時再重新購置。然而冬天若室內沒有盆栽妝點，整個室內空間會顯格外冷清，究竟哪種方法最有利，不妨考慮清楚再下決定。

相較於高溫逆境，室內植物遇到寒害或凍傷的低溫逆境更多，不妨參考植物生長時所需的最低溫度，再行配置盆栽。或者在設計室內花園時，先行確認與暖氣相關等維持溫度的機制，再選擇合適的植物。

18 水分與灌溉

在不具備降雨條件的室內環境中，為了維持盆栽植物的生命而採用之持續且重要的管理方式為灌溉。設計師或使用者需精確掌握盆栽植物需要水分的時機，適時給予水分。然而，大部分的人不太清楚要在什麼時候、以什麼方式進行灌溉。在擁有適當光線條件的室內環境下，無法好好管理盆栽植物的原因，大部分都是因為不適當的灌溉。因此，植物的生存狀態惡化，使其觀賞價值降低，嚴重時還會導致植物枯死。

水分和光線、溫度一樣是植物成長的必要因素。植物總重量的85％是由水構成。由根部吸收的水分成為細胞質的主要成分，而光合作用的產物也會溶解在水中，從葉子輸送至生長點及根部。水分藉著膨壓使原本柔軟的組織開始具有堅固的形態，讓葉子展開。如果沒有這個機制，不屬於木質部的部分將會變得垂軟無力。

被吸收的水分有部分會直接變成植物的構成成分，大部分則透過蒸散作用藉由葉子蒸發至空氣中。蒸散作用的角色是將透過根部自土壤吸收的礦物質輸送至葉子，然後進行蒸發，而自土壤中吸收的水分將有95％會被蒸散。蒸散可以調節植物本身的溫度，並增加空氣中的濕度。

本章將解說擁有各種特性的室內植物之必要水量、水質、灌溉時機、灌溉方法，同時了解盆栽設計師的適當灌溉要領，並為優秀的設計師與使用者提出理想的灌溉方式。

水分需要量

購買盆栽的人大部分都會向商人詢問大約幾天要澆一次水，但是植物需要多少水分，則會因買家欲擺放的室內環境不同，而受到各種要素影響，所以盆栽設計師難以事先正確地回答。

影響灌溉時期的因素有光線、溫度、濕度、植物種類、植物年齡、大小、花盆的體積、土壤成分、成長期與休眠期等（圖18-1）。如果光線增加，光合作用就會更活躍，而需要更多水分。

若擺放在溫度較高的室內，則將比溫度較低的環境需要更多水分。空氣中的溼度若偏低，蒸散作用便會更活躍，連帶需要更多水分。不同種類的植物對水分的需要量差異更加明顯。多肉植物比起擁有寬大葉子的鵝掌藤或蔓綠絨需求量更少。即便是相同種類，年齡較大、尺寸較高大者當然對水分的需求度較大。

栽植在大花盆的植物因為土壤較多，具有較大的水分保有能力，不需要太常給水。在這裡需要特別提到土壤，不同的成分在含水量具有差異，含有較多粗大粒子成分的土壤，比起含有泥炭蘚或腐葉土等有機成分的土壤更快乾涸。原產地在熱帶或氣候偏熱地區的室內植物，大部分的生長期為夏天，冬天則是休眠期，因此冬天時應給予較少水分。

在各種因素中，對水分需求量具有決定性影響力的因素為光線。光線增

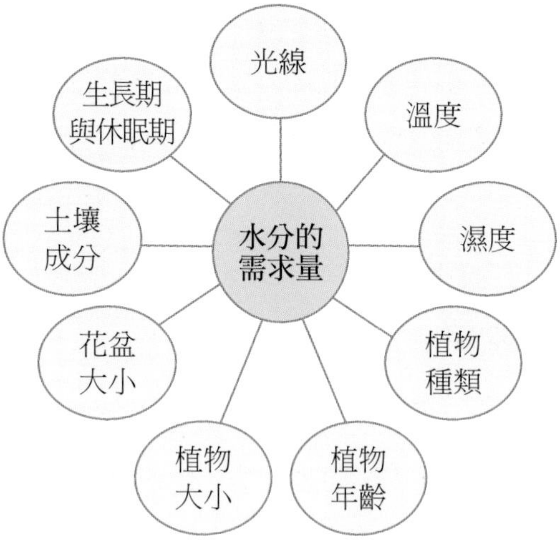

圖 18-1　影響室內盆栽水分需求量的因素

加，包括光合作用在內的生長活動變得活躍，水分的消耗量也會依比例增加。相反的，光線減少的話，生長活動也會隨之減少，對水分的需求也會跟著下降。大部分的植物被栽植於室內空間時，光線條件比原產地降低，隨著光線減少，水分也需要跟著減少。非專業管理者常會為了彌補光線不足而充分灌溉，反而造成許多植物枯萎。室內植物經常替換的原因約有90％不是因為水分不足，而是因為水分過度供給，這點需要多加留意（圖18-2）。

植物在活動力下降的狀態下，若給予過多的水分，將導致根部窒息。若對垂榕給予過多水分，會出現葉片掉落的現象，這便是根部窒息的證據。特別是在生命力不活躍的冬季，必須給予更少的水分。

雖然在室內栽培時，整體而言水分需求量減少，但是不同種類的植物對於水分的需求量仍存在差異，如果只為了追求視覺效果而將水分需求不同的植物混在一起種植，將難以供給各自需要的水分。各種植物混和種植時，除

圖 18-2　因為過多的水分而使根部受傷的秋海棠（左），以及從葉子下半部開始枯黃的半葉橡膠木（右）

了水分以外，光線、溫度也需一起列入考量，如果不將特性類似的植物栽植在一起，將不利於管理。大部分的室內植物對光線及水分的需求量為中等，因此在終年溫度皆維持在20～22℃的飯店等空間內，植物的選擇相當簡單。選擇植物時，除了上述的植物生理因素外，還需考慮美觀因素及機能性因素，所以設計師的植物選擇工作不是件輕鬆的事。

水質

在室內環境中灌溉盆栽的水源為自來水和地下水。在國外，有些因為自來水或地下水的硬度較高，也會儲存雨水使用。然而在國內的大規模建築物的屋頂上不易建造集水設施，再加上大氣汙染造成pH值低的酸雨現象，以及降雨多集中在夏季，因此並不太使用雨水進行灌溉。

檢測植物灌溉用水的水質時，需考慮的條件之一為水的硬度。過多的鈣（Ca）與鎂（Mg）溶於水中，使水質變得不適合飲用，並讓清潔劑或肥皂無法起泡的水稱為硬水，反之則稱為軟水。灌溉用水的水中鈣與鎂濃度不可超過500ppm，若濃度超過此數值，在水份完全蒸發後，殘留的鈣、鎂成分會在葉面形成一層白色薄膜，不僅會阻礙光線，視覺上也不甚美觀。

除此之外，白色的結晶體也會凝固、堆積在土壤表面或花盆邊緣。為了除去堆積的鈣和鎂結晶，需要用軟水沖洗植物與土壤，但是種植在不具排水孔的容器，或是即便具有排水功能，種植在室內的植物也是難以清洗。

溶解於水中的鈣和鎂屬於鹼性，如果長時間以硬水進行灌溉，土壤的pH值就會增加，形成鹽化土壤。這就如同酸性土壤一樣，不利於植物的生存。原因在於土壤中的氮（N）、磷酸（P）、鉀（K），以及鐵（F）、錳（Mn）、溴（B）、銅（Cu）、鋅（Zn）、鉬（Mo）等元素在pH6左右的弱酸性狀態下容易被吸收，因此灌溉用水的質地為pH6左右的軟水時最為理想。

一般自來水中的鈣、鎂等鹽類濃度必須在300ppm以下，低於植物灌溉用水的水質標準500ppm，pH值得許可範圍也被必須介於5.8～8.5之間。儘管不是最理想的pH6，卻也不會造成如同強酸或強鹼所帶來的問題。有些國家的自來水可以生飲，因此直接用來灌溉植物也不會造成危害。如果抽取地下水做為灌溉用水，在用水量較大的大規模建築上，雖然費用比自來水節省，但是水的硬度和pH值會因為建築物所在的地區有所不同，需進行水質檢測。尤其是都會地區的地下水，容易受到地面上的有害物質汙染，更是需要進行檢測。

上述的硬度問題之外，另一個與灌溉用水水質相關的注意事項為投入自來水中的化學物質。將天然的水製成自來水的過程中，為了抑制有害的微生物而加入氯（Cl），若氯的濃度過高，將會對植物造成傷害。用來當作都市食用水淨水劑的氯，通常不具有對植物造成傷害的量，而且只須事先暴露在空氣中二十四小時，便可去除水中的氯。然而，在大規模室內泳池裡，空氣中累積的氯氣卻有可能導致植物死亡。因此，建造於大型室內泳池附近的室內庭園，裡面的植物時常因殺菌用氯氣而受到損傷。在這種情況下，需要充分進行換氣，讓汽化在空氣中的氯氣無法聚集在室內環境中。

除了氯，另一個投入自來水中的化學物質為氟（F）。無論國內或國外都有些地區為了保護飲用者的牙齒健康，而在水中投入氟。雖然，自來水中的氟含量尚不足以對植物造成損害，但少部分對氟較敏感的植物會在葉子尾端出現損傷。因此灌溉前最好先檢測該地區自來水是否含有氟，並確認栽種的植物種類是否會對氟產生敏感反應（參考「19.空氣的潔淨與植物呼吸」）。

灌溉用水的水溫若太低，有些植物的葉子會因此受到損傷。冷水向下滲透，對土壤中的根部造成傷害，而灑水時所帶來的低溫將直接對葉子造成損害。蔓綠絨、合果芋等植物的若接觸到冷水，葉子的組織便會遭受破壞，產生白色的斑點，非洲菫的葉子若接觸到冷水，表面會出現斑點或枯萎。

大部分的熱帶室內植物在進行灌溉時，使用微溫的水最好，水溫若能控制在與室溫相似的 20～22℃左右最為安全。有些較高緯度國家冬季相當寒冷的氣候下，隆冬時的自來水溫度多會降至5℃左右，灌溉時需多加留意。可混和溫水和冷水使水溫超過12℃，但是用超過24℃的熱水進行灌溉並不適當。譬如韓國地區的地下溫度在地下5公尺處為15℃，因此冬季時的地下水溫度要比自來水溫暖。

灌溉時機

室內植物枯萎的原因中，90%以上為過度灌溉所引起的根部窒息，因此灌溉時機的判斷相當重要。在判斷該在什麼時候對室內植物進行灌溉時，有許多方法可使用，也難以明確指出哪一種為最佳方法。栽培過多種植物的專家或有經驗者單憑植物外觀就能判斷出適當的灌溉時機，但是對初學者而言，從觀察土壤含水量或直接觸摸土壤著手較為容易（表18-1）。

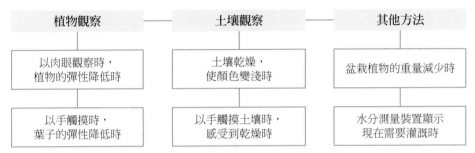

植物觀察	土壤觀察	其他方法
以肉眼觀察時，植物的彈性降低時	土壤乾燥，使顏色變淺時	盆栽植物的重量減少時
以手觸摸時，葉子的彈性降低時	以手觸摸土壤時，感受到乾燥時	水分測量裝置顯示現在需要灌溉時

表18-1　灌溉時機的判斷方法

一般而言，土壤乾燥時會呈現較淺的顏色，此時便可視為植物需要灌溉的時機。然而，儘管土壤的表面乾涸，底部有可能仍含有足夠的水分，所以用手指直接插入土壤能更準確地判斷。拔出手指時，如果指尖上發現有土壤附著，代表內部仍含有水分。土壤深度較深的大型花盆可用木棒插入約十五公分，確認木棒上是否沾染土壤（圖18-3）。土壤內部仍殘留水分，只有表面乾燥而呈現淺色時，這便是預防過度灌溉的方式之一。

觀察室內盆栽的成長，長期下來只要看葉子也能知道灌溉時機，但是為了更準確的掌握，用手摸摸看葉子便能輕易了解。植物獲得充分的水分供給，且其他條件也良好的話，葉子的觸感將充滿彈性。除了木質部以外的植物器官藉由膨壓維持形狀，特別是葉子最為明顯。水分不足的話，膨壓也會跟著降低，葉子與莖便會失去支撐的力量而變得疲軟無力。土壤完全乾涸，植物也會萎縮無力，任何人看到這種景象都會知道植物需要水分，但是到了這種情況，不管再怎麼給予水分都無法恢復了。

圖 18-3　測量土壤內部水分含量的測試棒（New Pro Containers 產品）與灌溉時機測量儀

掌握葉子彈性變化時，雖然需要經驗，多多嘗試後便會熟悉。觸摸葉子，只要失去彈性就進行灌溉，成為最簡單的方式。然而，此時需要注意的是，除了水分不足之外，還有其他的原因會造成葉子枯萎。

過度給水造成根部損傷，使得吸收不良進而造成葉子枯萎的情況，常常被誤以為是膨壓不足，此時若持續給水，便會對植物造成致命影響。土壤中的鹽分濃度升高，也會妨礙水分吸收，造成膨壓降低。在這種情況下，觀察土壤的顏色，能減少錯誤給水的失誤。失去膨壓的植物在充分給水後，若仍不能恢復葉子彈力，應暫時中斷給水，並找出水分以外的原因。

根部感染線蟲（nematode）的植物，水分吸收會受到阻礙，造成膨壓喪失。使用專業處方的作物保護劑後，如果未被治癒的情況頻繁發生，此時就得放棄該盆植物。另外，低溫也會讓植物出現枯黃的症狀。

小型盆栽植物可以用手提起感覺重量，便可以知道土壤是否乾涸。使用機器可以更輕鬆地知道土壤含水量。如同圖 18-3 所示，水分測量儀器由插入土壤的金屬感知棒與儀表板構成。將金屬棒插入土壤後，依據水分含量，指針在一到十之間移動，或是顯示灌溉時機等具有多種形式。例如，仙人掌的指針位置在一的時候需要進行灌溉，垂榕則在指針位置為四時進行等方式。但是，適用的植物種類有許多限制，受限制的種類在進行測量時，儀表可能會顯示比實際含水量更高的數值，但只要反覆使用，就能慢慢學會正確的用法。

依原產地的降雨量，將室內植物分成對水需求量高、中、低三群，這三群植物在第一次灌溉時需給足水量，但是到下次灌溉前，間隔與灌溉頻率必須不同。

水分需求量較高的植物群在給足水分後，需要讓土壤隨時保持濕潤，避免乾燥；水分需求量中等的植物群在充分給水後，等到土壤乾涸呈現淡色之後再進行灌溉；水分需求量低的植物群在充分給水後，儘管土壤乾涸呈淺色，只要植物尚未枯萎，盡可能越晚給水越好。然而，這是在將植物分成三群時，依據整體狀況進行的說明，針對個別情況，應進行觀察後再進行灌溉。

植物枯萎前需要進行灌溉，但是越晚灌溉，有時反而有利植物健康，耐旱性也會增強。經常進行灌溉雖然能讓植物長得漂亮，但是體質也會減弱。過度頻繁的灌溉卻無法正常排水時，會對根部造成損害（圖 18-4、18-5，表 18-2）。在農園裡，灌溉時常能夠進行充分的灌溉，讓植物快速、漂亮地長大，但是在室內，因為光線不足，減少灌溉頻率使植物茁壯也是一種管理方法。管理者需依據植物栽培方法的不同選擇灌溉的頻率。

灌溉方法

熟悉如何掌握給水時機後，就需要考慮灌溉方法。一般人在灌溉時最常犯的錯誤，就是以少量多次的方法灌溉。以這種方法灌溉的話，水分只能浸潤土壤表面而無法抵達根部底端，導致水分不足的現象。此外，因為水分並未均衡地滲入土壤，使根部的生長不均衡，連帶使地面的部分也無法均衡生長，降低觀賞價值。最適當的灌溉方式是充分給水，讓水完全浸潤土壤。這樣一來，土壤內的根部便能均衡生長。水會因為重力而向下滲透，所以應該

圖 18-4　植物枯萎前需要進行灌溉，但越晚灌溉有時反而有利植物健康，耐旱性也會增強。經常進行灌溉雖然能讓植物長得漂亮，但是體質也會減弱；過度頻繁的灌溉卻無法正常排水時，會對根部造成損害（Kwon Gye Kyung，2015）。

2次／1周　1次／周　1次／2周

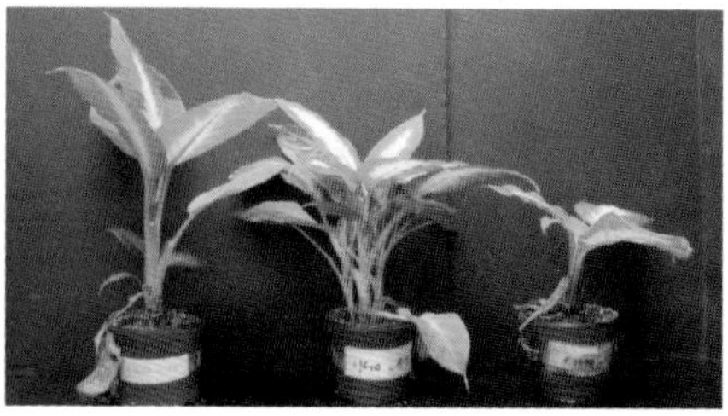

2次／1周　1次／周　1次／2周

圖18-5　依據灌溉週期分類的白鶴芋（左）和花葉萬年青（右）的栽培狀況（5月起至9月，歷經4個月後）（Kwon Gye Kyung，2015）。

1　2　3　4　5

9. 17 全體灌溉

1　2　3　4　5

10. 12

1　2　3　4　5

10. 22 全體灌溉

1　2　3　4　5

11. 2

灌溉日期與花盆編號	1	2	3	4	5
09.17	O	O	O	O	O
09.22	X	O	O	O	O
09.30	X	X	O	O	O
10.05	X	X	X	O	O
10.12	X	X	X	X	O
10.22	O	O	O	O	O

表18-2　全體灌溉（9.17）後，下一次灌溉時（9.22、9.30、10.5、10.12），從一號開始除外（以X標示）。接著在10. 22進行全體灌溉後，觀察海芋因灌溉（O）而產生的栽培反應。

在土壤表面均衡給水，在下方排水口排出剩餘的水分時方可停止。

若是在不具排水口的容器中種植植物，將會因為無法充分給水而難以進行灌溉管理。附在建築物上的盆栽因為看不到排水口，使用能保障過剩水分排出的土壤，並使用幫助排水的排水管，成為相當重要的條件。

為了順利排水，在混和土壤時有相當多的公式可以參考，基本上就是配製出能讓較小的毛細管空隙能抓住需要的水分，並將過剩水分藉由空隙較大的非毛細管空隙排出的土壤。土壤內的空間構造中，土壤粒子占50%、毛細管空隙占25%、非毛細管空隙占25%的土壤最為理想。

在對調配完成的土壤進行灌水時，根部必須吸入充足的空氣。如果土壤無法順利排水，在灌溉過程中，應該充滿空氣的空隙反而會被水分佔據，造成根部窒息，由此可見，灌溉和土壤之間有著密切的關連。只要植物不枯萎，直到下次灌溉前維持乾燥的狀態，土壤內的空氣含量便會提高，使得植物能健康成長。

為了不讓從排水孔流出的水分再次被吸收至盆栽或容器內，最好讓容器與接水盤之間保持些許距離。如果使用不具排水孔的容器進行栽種，為了不讓水累積至排水層上方，需要一點一點進行給水。萬一水給得太多，較大的容器可以藉由埋在土裡的PVC管連接幫浦，將累積的水分抽除。較小的容器可以直接傾斜，將水分倒出。

接下來，讓我們依序探討手動灌溉方式與自動灌溉方式，還有地下灌溉方式與水耕方式。

手動灌溉方式

比起無差別灑水或澆水的自動灌溉方式，以人工方式一一觀察植物，一邊用水管或灑水壺進行灌溉的方式更為適當（圖18-6）。然而，手動的方式需要投入勞力與時間，如果加上自動灌溉方式作為輔助，將能達到事半功倍的效果。在室內空間中，應在每個需要可混和冷、溫水的水龍頭之處進行設置，水龍頭之間的間隔最好維持在3公尺以內。如果水管的長度過長，使用時可能發生水管打結或絆倒經過的人等情況，讓灌溉作業不易施行。

水管底端與灑水器連結，灑水器下方若附有長導管，連隱密的角落也能

圖 18-6　手動灌溉（上與下左：Nicolas Le Moigne 設計作品，下右：Aqua-mate 產品）

輕鬆進行灌溉。灑水器可以控制水壓的強弱與水的開關。如果沒有這樣的裝置而直接用水管進行灌溉時，將難以控制灑水方向，土壤表面也可能因為水壓而下陷。如果在沒有水龍頭的寬敞空間裡對盆栽植物進行灌溉時，先在水桶裡裝滿水，還需要準備一台手推車以方便行動。

水桶和水管、灑水器連接，並用幫浦或電力進行灑水。如果盆栽的數量不多，可以使用灑水桶代替。

室內空間因不具降雨條件，盡可能採用葉面灑水的方式，不但能洗去葉面的灰塵，還可以增加空氣中的濕度。葉面灑水也具有去除害蟲的效果，讓室內的植物也能看起來像被雨水洗滌一樣，呈現新鮮的樣貌。

自動灌溉方式

長期不在家中，或是對大規模空間進行灌溉時，想節省人力成本，通常會採用自動灌溉方式。自動灌溉方式可分為噴灑水分的自動澆水裝置（sprinkler）和一滴一滴少量給水的點滴式裝置（圖 18-7）。在大規模室內庭園內，可事先將水管埋在地下，只露出自動澆水裝置在地面上。

除此之外，還可將水管末端連結的自動澆水裝置放在需灑水處的地面上進行灌溉。然而，因為自動澆水裝置會讓水花四濺，若不是大規模的庭園，在一般室內環境中不常使用。另外，灌溉後如果不盡快讓植物表面沾染的水

（日本 National產品）　（Gardena產品）　（Lucky Store產品）

（Scheurich產品）　（Scheurich產品）

圖 18-7　自動灌溉方式（各種點滴式灌溉）

乾燥，還有可能發生病蟲害的危險。

點滴式灌溉是從與長導管相連的微細管尾端一滴一滴給予水分，不只是單獨的盆栽植物，大規模的室內庭園也適用。若不將管線埋入地下，與地面的水管連接看起來會雜亂不堪。另外，花盆專用的點滴式灌溉方式若無法藏起水管時，也會影響盆栽美觀，這點需要在採用前納入考量。單獨盆栽用的小型點滴式灌溉工具，目前也在市面上銷售。

地下灌溉方式

地下灌溉方式是在土壤底部設置儲水槽，藉由連接水與土壤的吸水芯（wick）或導管（tubes），利用毛細管現象進行水分供給的方式。不僅是小規模的花盆，目前市面上也能找到可輕鬆設置於大型盆栽的產品（圖 18-8）。

地下灌溉裝置大致分為四種。第一種是底部附有水桶的花盆打洞，連接滲透能力佳的吸心芯，將土壤下方的水傳達至土壤上部。第二種是在花盆底部的水桶上，由外往內做出一個導管，透過導管上的小縫隙讓水分滲入導管內部的小碎石或土壤中。第三種方法則是在花盆外部做出儲水空間，將連接

（Cotta pot產品） （Cotta pot產品） (Baer Plant Works, 2016) （Ollie產品）

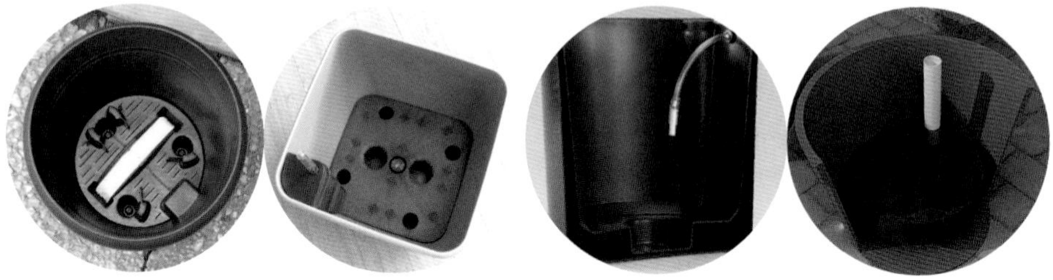

利用導線（合成纖維）進行之灌溉　利用毛細導管（capillary tubes）進行之灌溉　利用真空感應器進行之灌溉（A2Z產品）　在容器內放入地下灌溉桶的方式（Hook & Lattice產品）

圖 18-8　地下灌溉方式

水桶的感應器埋於土壤中。當感應器偵測到土壤中的水份完全被吸收後而呈真空狀態時，下方的水便會從出水孔開始滲入土壤。第四種是將引起毛細現象的導管式儲水桶製作成多種尺寸，使其能夠放入各種大小的容器中。這種儲水桶不但有小型容器專用的產品，大規模室內庭園也有適用的尺寸，而室內庭園用的可依照花盆大小延長，坡地上也可設置（圖 18-9）。

水耕方式

水耕方式是在容器內部放滿土球以支撐植物，並灌溉水分，最後插入水位計以掌握水量。觀察水位計在必要時添加水分，但是為了讓空氣流通，比起在容器內灌滿水分，讓水位高度能碰到根部底端即可（圖 18-10）。

水耕方式不僅適用於農場裡以水耕法栽培的植物，原本種植於土壤中的植物，在移除土壤並將根部清洗乾淨後，也可以用水耕方式栽種。大部分觀葉植物的根部在水中也能正常生長，但是如果計畫以水耕方式栽種植物，在植物年齡較低時開始較能幫助植物適應。

圖 18-9　利用Mona－Link連接成的地下灌溉方式（Mona－Link產品）

圖 18-10　水耕方式（左：Casual living for Home & Garden，2016，右：Fans share，2016）

19 空氣的潔淨與植物呼吸

空氣（atmosphere）以氣體的狀態出現在植物體周圍與植物生長的土壤中、植物組織內，團團圍住植物體。空氣中的氮氣（N）為大多數，占78%，其次為氧氣（O_2）占20%、二氧化碳（CO_2）占0.03%，還包含了其他氣體與水蒸氣、灰塵、微生物及花粉等，然而室內空氣的組成成分多少有些不同（圖19-1）。

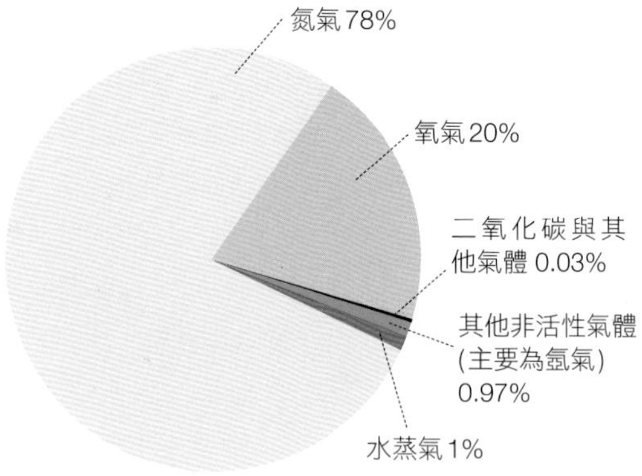

圖 19-1 大氣中的空氣組成

所有活著的植物為了呼吸需要氧氣，並在一天二十四小時內進行的呼吸作用中放出二氧化碳。另外，在光線存在的環境下，綠色植物會進行光合作用，吸收水與二氧化碳來製造養分，並排出氧氣。這使得植物和以氧氣進行呼吸的人類成為共生關係。雖然植物細胞每天也會進行呼吸作用而消耗氧氣，但是消耗量並不足以對人類或寵物造成危害。就算是密閉的室內空間，也可以透過建築物本身具備的通風裝置，使氧氣沒有缺乏的憂慮。

此外，家庭中使用的空氣清淨裝置能幫助維持室內的氧氣與二氧化碳的比例。然而，在土壤中，環繞在根部附近的空氣和地面空氣相比，氧氣含量較少，二氧化碳含量較多，這是因為根部的呼吸作用與土壤緩慢的換氣能力所造成的。

根據美國太空總署（NASA）所發表的研究結果，室內植物不只能生產氧氣，還能吸收、分解常在密閉空間發現的三大有害物質：苯、甲醛、三氯乙烯，並做為生產養分的原料。上述三種有害物質，通常是從空氣流通不良的建築物或地下商場的油漆、家具塗料與光澤劑、壁紙以及各種顏料中被發現，會對人體造成疲倦、頭痛、眼部疾病等病態建築症候群（sick building syndrome）。

因此，室內植物對在建築物內活動的人不僅能帶來美觀上、心理上的效果，也扮演著供給氧氣並去除空氣中汙染物質的重要角色。

一般而言，植物在室內空間內幾乎不會因為空氣汙染而發生危害，並能扮演為人類帶來舒適空氣的角色。本章將以室內空間內有利植物生存的空氣條件為中心，與對人類構成舒適的空氣環境做連結進行探討。

室內空氣

室內與室外不同，因為沒有風吹的條件，室內植物與自然植物所接觸的空氣有所差異。所以，為了進行與光合作用和呼吸、蒸散作用相關的氣體交換，以及對日光或人工光線造成的熱能進行散熱，需要讓室內空氣進行循環，因此對於空氣循環的管理相當重要。

在室內裡，沒有其他機制可以分散植物藉由光合作用或蒸散作用釋放出的氧氣與水蒸氣，並帶來新的空氣。在靜止的空氣環境中，植物如果持續進行光合作用與蒸散作用，將會使氧氣持續累積，妨礙二氧化碳的進入，水蒸氣的壓力也有可能比植物內部的壓力大。此時，葉子的氣孔會關閉，暫停蒸散作用，使代謝活動停止。因此，保持室內空氣的暢通，植物釋放的氧氣與水蒸氣才能讓空氣變得乾淨濕潤，並讓人類呼出的二氧化碳順利進入植物內部。

室內空間累積了熱量便會讓溫度上升，這是因為在玻璃窗多的建築物裡，隨著光線進入室內的紅外線（熱線）無法散出屋外，而在室內累積造成溫室效果。如果不將室內的熱能散出，溫度將會劇烈上升，讓植物的蒸散作用變得更劇烈，造成植物萎縮無力，嚴重時甚至會使氣孔關閉，導致光合作用中斷，植物的生長因此惡化。

此外，室內環境也會因為各種人工光線而產生熱能，在陰暗的室內連白天也需要開燈，或是在陳列商品時，為了美觀而打開展示燈，在各種狀況下使用的人工照明中，尤其以白熱燈產生的熱能為最多，此時植物若擺放得太近，將會受到與溫室效應一樣的傷害，所以室內的換氣機制是相當重要的一件事。

換氣是為了排出對植物有害的各種氣體的必要工作，這些有害氣體不僅是對植物，對人體也會產生危害。雖然植物具有吸收、分解空氣中有害氣體，淨化空氣的功能，但是當有害氣體累積過多，超出植物的分解能力時，就需要進行換氣，將汙染物質排出。

除了苯、甲醛、三氯乙烯之外，其他還有氨、氯、香菸煙霧等會對植物造成傷害的氣體。用含有氨的產品進行地板清潔後，如果不進行換氣，氨氣將會對植物的葉部造成傷害，濃度較高時甚至會讓葉子變黑，最後整株植物枯死。在高速公路休息站化妝室的室內庭園內，積極引進可以去除氨氣的黃金葛、合果芋、白鶴芋、肖竹芋屬、袖珍椰子、龍血樹屬（千年蕉）、發財樹、棕竹（觀音竹）、垂榕、腎蕨、鵝掌柴等室內植物。在室內泳池裡，也會因為消毒用的氯氣讓植物產生損傷，室內換氣不只是為了人，對植物也一樣重要。

土壤空氣

不只是植物的葉子，土壤內部根部組織的空氣流通也對植物生長相當重要。根部藉由呼吸作用形成能量，促成細胞分裂並吸收水分與礦物質，同時也和蒸散作用有所關聯，將養分往地面上的部分搬運。根部進行呼吸作用而產生的二氧化碳會在支根附近聚集，如果土壤內部無法進行換氣供給足夠氧氣，便會造成根系缺氧而窒息（參考「6.土壤的組成與分類」）。

與動物不同，除了水生植物之外，一般的植物無法讓氧氣往內部移動。土壤中，對根部組織進行空氣供給的過程需要依靠灌溉。如果朝土壤給水，空氣也會隨著因重量往下跑的水進入土壤。

水分一面向下，雖然會通過較大的非毛細管空隙，但最後會留在較小的毛細管空隙內。因此，跟著水分進入土壤的空氣便會留在非毛細管空隙中，為支根供給氧氣。

土壤的空氣問題是因為不適當的土壤材料造成土壤比例變差。土壤毛細管空隙的比例高於非毛細管空隙，會導致土壤的排水不良，通風性也變差。此時如果進行灌溉，土壤大部分的空隙會被水分佔據，如果想藉由植物吸收水分讓毛細管空隙清空並讓空氣進入，需要經過一段時間。

然而，根部會持續進行呼吸，所以根部周圍會積滿二氧化碳，造成氧氣供給不足，最後造成根部窒息。此外，過度的灌溉也會造成土壤問題，灌溉頻率如果過度頻繁，毛細管空隙將會隨時充滿水分而沒有時間清空。每次灌溉之間，最好等到毛細管空隙的水分完全被植物吸收且空氣完全充滿空隙，讓土壤和根部有機會維持一定程度的乾燥，這也是為了杜絕病原菌繁殖的機會。

濕度

溫度上升的話，空氣便會膨脹，可含有的水分量增加。空氣中的濕度可藉由現有溫度，空氣可含有之飽和水蒸氣與實際空氣中水蒸氣量，測定出相對濕度。

除了光線、溫度、土壤水分，濕度也是室內植物重要的生存要素。室內植物大部分來自濕度高的熱帶雨林，喜歡濕度較高的環境，但是室內環境通常比較乾燥。若想在室內營造對植物生存有利的高濕度環境，雖然對植物為理想環境，但對人類生存空間而言則會產生問題。

室內濕度如果達到90%，人的不舒適指數就會升高，無法進行正常的活動，紙類用品將會變得潮濕，家具和其他器械也會生鏽、故障。室外氣溫較低時，玻璃窗、天花板和牆壁則會出現結露現象。因此，室內環境的濕度通常會維持在人類可舒適活動的50%左右。

室內觀葉植物的原生地濕度為70～90%、生產地為85～90%。室內空間維持的50%濕度對植物而言偏低，因此造成蒸散作用加速，水分快速流失。但是除了蕨類等部分植物之外，在人類能舒適生活的50%濕度下，大部分的植物仍能生存良好。

不過，在容易因為室內暖氣而降低濕度的冬季，必須將濕度維持在25%左右，如此大部分植物的觀賞價值才不會損失太過嚴重。如果濕度降至25%以下，將會引起劇烈的蒸散作用，即便給予充足的水分，植物仍舊會因為蒸散量大於根部的吸收量，造成葉子喪失彈性與新鮮度，讓葉子萎縮或是從尾端或邊緣開始變黃、乾燥，最後的結局是變成落葉，所以室內濕度最低需維持在25%以上。

在濕度低的環境下，除了仙人掌等多肉植物之外，龍血樹屬（千年蕉）、橡皮樹、蔓綠絨等葉子較厚的觀葉植物，比起葉子較薄的觀葉植物更能在低濕度環境下生長良好。如果知道撒哈拉沙漠的空氣濕度為25%，將

圖 19-2　為了提高空氣濕度利用加濕機，讓水累積在接水容器或將植物栽培在玻璃容器內。

不難了解冬季室內濕度若低於25%，對人類和植物而言都是過低的濕度。

提升室內空氣濕度的方法有很多種，最簡單的方法就是啟動加濕機。另外，也可將盆栽集中放置栽培，利用累積在接水容器的水增加周遭空氣的濕度（圖19-2）。最具效果的方法，是在室內盆栽植物栽培的空間或是室內庭園裡設置水池（pool）或池塘、瀑布、噴水池等設施，這樣的環境，能讓只在50%以上濕度環境中生活的蕨類也可以種植。另外，將小型植物種植在玻璃盒等密閉玻璃容器內，也不失為一個好方法。

為了提高空氣中的濕度，雖然也可以進行葉面灌溉，但如果持續讓葉子保持濕潤，可能因病原菌滋生產生病變，所以也需要讓植物體有乾燥的時間。在室內擺放溫度計與濕度計，讓濕度最低不降至35%以下，如果人難以呼吸或維持皮膚水分時，對植物也會產生危害，因此只要在不會讓人感到不舒適的條件下，濕度越高對植物越有利。

空氣汙染物質

一般而言，在室內環境下，並未累積會對植物造成危害的物質。然而，因為清潔及其他狀況，空氣汙染物質也會造成問題。

乙烯

碳氫化合物（油、瓦斯、汽油、炭）的燃燒產物「乙烯」，可自建築物的暖氣設備或車輛廢氣中產生，所以散入建築物空氣中的乙烯會對植物造成傷害。在植物體內，乙烯算是一種賀爾蒙，所以植物組織本身就會產生乙烯。在密閉空間裡，植物本身製造、釋放的乙烯也有可能對植物造成傷害，有些黴菌還可能會儲藏合成的乙烯。

乙烯所造成的典型症狀為葉子往下彎曲的上偏性生長，另一種症狀則為從下方的葉片開始慢慢變黃，最後幾乎所有葉片脫離並不再生長。此外，開花植物將會不正常地長出花苞，並在開花之前掉落（如圖19-3）。空氣中，若含有5ppm的乙烯將會對金脈單藥花（斑馬花）、澳洲鴨腳木屬、鞘蕊花屬、青鎖龍屬、橡皮樹、網紋草屬、草胡椒屬、蔓綠絨造成傷害，但是千葉蕉、蘿藦等具有抵抗性。

為了去除乙烯，必須進行換氣。裝在密閉箱子內搬運的植物，不要直接堆疊放置，應該打開箱子供給新鮮空氣。

氯

室內植物在室內泳池附近的話，將會因氯汽化而受到傷害。氯傷害的一般症狀為葉片產生壞疽或褪色。表19-1中的植物是對游泳池的氯擁有相對較高抵抗力的植物。

氟

工廠地區附近產生的氟化物會對植物造

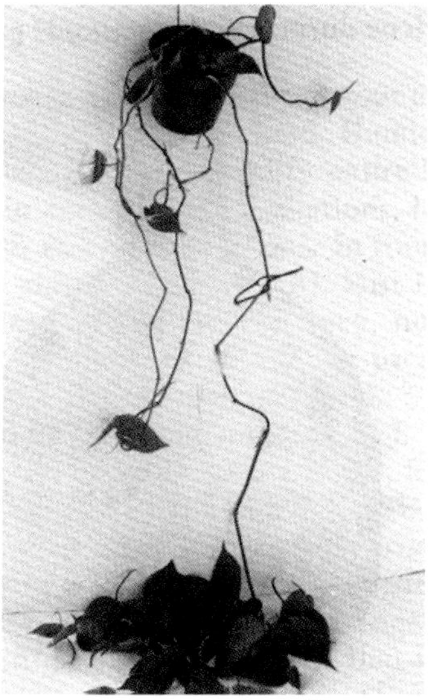

圖19-3　乙烯的傷害（Manker，1987）

表19-1　對游泳池的氯擁有較高抵抗力的植物

植物	
Agave（龍舌蘭）	Aspidistra eliator（一葉蘭）
Beaucarnea recurvata（酒瓶蘭）	Bromeliads（鳳梨科植物）
Clivia miniata（大花君子蘭）	Dracaena deremensis, Warneckei（銀線火龍樹）
Ficus elastica ,Decora（印度榕）	Leea coccinea（暗紅火筒樹）
Sansevieria trifasciata（虎尾蘭）	Yucca elephantipes（象腳王蘭）

表19-2 對空氣中的氟較敏感的室內植物（Manaker，1987）

敏感程度	植物
非常高	Asparagus densiflorus, Sprengeri（非洲天門冬）
	Euphorbia pulcherrima（聖誕紅）
高	Begonia rex-cultorum（秋海棠）
	Chamaedorea elegans（袖珍椰子）
	Coffea arabica（小果咖啡）
	Cordyline terminalis, Baby Doll（娃娃朱蕉）
	Dracaena deremensis, Janet Crig（白紋龍血樹）
	Lilium longiflorum（百合）
	Philodendron bipennifolium, Panduriforme（琴葉蔓綠絨）
	Pteris cretica, Albo-lineata（歐洲鳳尾蕨）
	P.cretica Mayii（蜘蛛人鳳尾蕨）
	P.ensiformis, Evergemensis（白羽鳳尾蕨）

成傷害。因為蒸散作用所造成的水分流動方向，受氟所傷害的植物會從葉子底部或邊緣開始出現症狀。老年與中年葉片開始泛黃，並出現壞疽現象為其特徵。幼葉在泛黃後，出現滲水現象及組織壞死，最後造成植物枯死，而對氟的毒性較敏感的植物如表19-2所示。

灰塵

建築物內部空氣中的灰塵會累積在植物表面，讓植物觀賞價值降低。灰塵在氣體進行交換時，可能會堵住葉子的氣孔，因此需要定期清理，可利用雞毛撢子，或是盡量用水清潔葉子表面。

商業用植物光澤劑可能會堵住葉子的氣孔，或是在葉子表面產生其他衍生物，最好避免使用。

20 肥料的組成與施作

在光線不足的室內環境下，盆栽植物通常無法長得高大，大部分也不需要進行施肥，就連使用人工土壤進行栽種的植物，也無須進行施肥。然而，在光線條件相對較佳的室內條件下，植物的生長活動在春、夏季較為旺盛，開花植物則依情況不同，可能會產生缺乏症，若進行施肥可以幫助植物生長得較好。施肥如同灌溉一樣，難以準確掌握正確的供給時機與適當的給予量，盆栽設計師或管理者應徹底了解施肥工作，並對顧客們給予正確的建議。

肥料（fertilizers）是植物生長時必要的養分元素，透過人為方式進行供給。在植物的生長過程中，至少需要十六種的元素。碳、氫、氧是植物有機構造的主要構造，可以透過空氣與水輕鬆獲取。除了這三種以外的元素可以由土壤吸收，但是土壤累積的元素有一定限制，所以根部吸收及流失會造成某種養分較快枯竭。肥料是為了將植物生長所需的養分補給，添加於土壤而製成的礦物質混和物。讓植物可以吸收這些元素，轉換成醣分、脂肪、蛋白質等型態，製作成自己需要的營養。

對肥料的理解

植物需要的養分以固體的型態存在於土壤中，然後慢慢溶解於土壤溶液裡，植物透過土壤溶液中帶有電流的粒子－「離子」吸收所需養分。

氮（N）、磷（P）、鉀（K）、鈣（Ca）、鎂（Mg）、硫（S）在植物生長過程中需求量較大，而被稱為大量元素。鐵（F）或鋅（Zn）、錳（Mn）、硼（B）、銅（Cu）、鉬（Mo）、氯（Cl）等雖然需求量極少，但完全缺乏也不行的元素則稱為微量元素，在人體內扮演類似維他命的角色。氮、磷、鉀並稱為三大營養素，再加上鈣、鎂，則成為五大元素（表20-1）。

對室內盆栽植物，應該適量地給予必須的養分。肥料的缺乏和過剩都會對植物造成危害，缺乏肥料的話，植物的生長能力將會降低，並且產生肉眼

表20-1　植物必要元素之主要功能與其缺乏及過剩症狀（常綠股份有限公司，2016）

必要元素		主要角色	缺乏症狀	過剩症狀
多量元素	碳（C）	（由空氣供給）	—	—
	氫（H）	（由水供給）	—	—
	氧（O）	（由水供給）	—	—
	氮（N）	蛋白質與核酸、葉綠素等的組成要素。葉部與莖部的成長、促進營養成分吸收、促進碳同化作用、合成蛋白質。	從老葉開始，葉肉之間或葉子全體黃化。葉子枯死或掉落、植物無法長大、部分植物在老葉部分累積花青素（變紅）。	葉部變成暗綠色，並過度茂盛；組織變弱，容易傾倒並引發病蟲害。
	磷（P）	蛋白質、磷脂質、酵素等的組成要素。促進開花與結果、幫助呼吸及根莖部成長。	老葉的葉脈泛紫、生長萎靡、葉片縮小、莖部直徑減少、葉部呈不正常的暗綠色。	植物長不高，葉部肥厚，且發育不良；引發鐵、鋅、銅的缺乏症。
	鉀（K）	調節細胞pH值，並維持各種代謝過程的酵素系統。和氣孔調節機制有關、影響其他礦物質的吸收與傳遞。	從老葉開始，葉部尾端、邊緣、葉脈間隙等部位一一黃化，最後葉子全體黃化。落葉、根部發育不良，莖部衰弱，植物容易傾倒或折斷。	誘發鈣、鎂的缺乏症。
	鈣（Ca）	促進細胞成長與分裂、預防葉部老化、促進根部發育、強化植物耐力。	莖部頂端枯死、根部生長弱化、老葉的葉脈間黃化後壞死、葉片變成褐色後掉落。	誘發錳、硼、鐵、鋅等元素的缺乏症。
	鎂（Mg）	製造碳水化合物與葉綠素、酵素活性劑、內部代謝與傳遞、氮的吸收與傳遞。	從嫩葉開始黃化、葉片變薄，容易粉碎、葉柄變得更垂直。	發育不良、因鐵質吸收不良，讓果實無法肥大，且畸形果常發生。
	硫（S）	活化細胞分裂；製造蛋白質、葉綠素；精油成分。	老葉的葉脈之間黃化、莖部之間的距離變短、後期與鉀缺乏症相似。	土壤酸化、引發根腐病。
微量元素	鐵（Fe）	促進葉綠素產生、呼吸作用時搬運氧氣、參與氧化還原。	新葉的葉脈之間出現黃化或黃綠化；葉子的大小正常，型狀也不會扭曲。	誘發磷酸、錳缺乏症。
	鋅（Zn）	合成蛋白質、澱粉；使酵素作用活化；生長素合成之所需酵素的組成成分。	歪曲、根部末端不正常、葉子出現斑點、葉片寬度縮小、葉部黃白化。	新葉黃化現象、產生紅褐色斑點、葉部老化與異常落葉。
	錳（Mn）	參與光合作用的氧氣製造、氧化還原反應的觸媒。	葉部變小、新葉呈淡綠色並扭曲；與缺鐵症相似，但是會沿著葉脈與小葉脈出現綠色寬帶。	生長終止、葉片前端產生褐色斑點、葉部老化、異常落葉。
	硼（B）	幫助細胞分裂、形成細胞膜果膠、幫助植物體內鉀的移動。	植物不會長大、未成熟葉畸形、生長點枯死、葉柄栓化。	葉部黃化、枯死。
	銅（Cu）	參與呼吸作用、產生葉綠素、氧化還原作用中酵素的成分。	嫩葉黃白化且枯萎。	抑制根部成長、發育不良、葉部黃白化。
	鉬（Mo）	氮同化作用中，酵素的輔助因子；氧化還原作用中的電磁傳導者。	歪曲、葉片邊緣糾纏。	葉部黃白化。
	氯（Cl）	酵素催化劑。	嫩葉黃白化。	

可見的異常生長狀態。只要症狀出現並經過診斷證實，可藉由補充適當的肥料緩解缺乏症狀。定期的土壤檢測可以了解肥料需求度，也可以知道施肥計畫的效果，但是一般的設計師或使用者若想和農場一樣藉由土壤分析進行管理，有些不太實際。

氮是植物蛋白質、核酸、葉綠素，以及胞器、細胞質重要的組成成份；磷是提供代謝能量的細胞組成成份；鉀是細胞代謝的酵素催化劑。具有適當均衡的十六種元素是植物的正常活動的必備條件，各種元素如表20-1所示。

植物對氮的消耗量相對較高，以硝態氮的形式輕易從土壤中流失，和其他要素比起來更容易缺乏。氮缺乏症狀一般而言會在葉部整體或葉脈之間出現黃化或枯死。這些症狀會從老葉開始發生，漸漸朝頂端蔓延，原因在於植物的綠色色素－葉綠素在缺乏氮的狀態下，無法合成新的分子。黃化的葉片最後會從前端開始乾枯。另外，生長速度變慢，生長能力降低，新葉的大小也會變小。

磷在土壤中會和其他元素進行化學合成，成為不可溶元素，因此不易流失。如果缺乏磷，主要會對碳水化合物的代謝造成影響，造成花青素堆積，讓老葉背面的葉脈成紫色或紅色。這種色素不可和吊竹草屬（Zebrina）等葉子本身就呈紫色的植物混為一談。葉脈之間會出現不正常的暗綠色。植物缺乏磷會造成生長能力降低，植物的大小可能因此縮小，使用混和肥料可以減少鉀缺乏症的機會。另外，如果容器中的土壤含有自然土壤，大部分不會出現微量元素缺乏症。

肥料的種類

肥料可分為有機質肥料與無機質肥料。在室內空間裡，考慮到各種條件的便利性，大多選擇價格低廉的無機質複合型肥料。肥料有時會在調配土壤時就事先混入土壤中，但是大部分會將水溶性粉末型或液態的複合肥料混在水中，在灌溉時一起供給，有時候也會使用遲效性肥料，直接將肥料放在土壤表面。

有機質肥料

有機質肥料包括植物的葉子、莖、枝椏等腐敗的堆肥，可分為落葉腐敗後的腐葉和糟粕等植物性肥料，以及各種動物的排泄物和骨頭、血液，以及魚類內臟等動物性肥料。

為了將有機質肥料轉變為營養成分被植物吸收，需要微生物先進行分解作用，所以效果不會立即顯現，但是持續使用的話，可以改變土壤構造，讓pH值趨於安定。化學肥料會使土壤漸漸變為酸性，相反地，有機質肥料可將pH值維持在6.0～6.5左右，使植物可以均衡吸收多量、微量元素的所有礦物質。

與無機質肥料相比，有機質肥料的成份較低且作用緩慢，水溶性鹽分不會累積，讓植物根部不易受到潛在傷害。然而，除了熟成的肥料之外，有機質肥料容易產生惡臭，難以在室內使用，而熟成的有機質肥料的價格普遍偏高。

利用酵母、乳酸菌、麴菌、光合菌、放線菌等80多種的有用微生物EM（effective micro-organisms），可在家中簡單地製作出微生物肥料。這些微生物不只扮演簡單的肥料角色，還可合成抗氧化物質互相共存，並且抑制腐化，對土壤帶來良好影響（表20-2）。

無機質肥料

無機質肥料是在工廠裡，運用無機物做為原料所生產而成的化學肥料，並以消耗量大且容易缺乏的氮、磷、鉀為中心進行研發生產。化學肥料的包材表面標有氮－磷－鉀的比例，依照氮－五氧化二磷－氧化鉀的順序，標示出重量的百分比。因為化學肥料只含有必要的養分，只用一點點便會立即產生效果，使用方式也相當簡單。不過，也因為使用方法相當容易，常有過量使用的疑慮，實際上也容易發生過度施肥的危害。

這些肥料被製成粉末、液體、錠劑的型態進行販賣，粉末型通常會和土壤混和或灑在土壤表面，也可和水混合後再進行施肥；液體型肥料則需以適當比例稀釋於水中後方能使用，而錠劑型肥料撒在土壤表面後，會隨著日後灌溉的水分一點一點地融化。

表20-2 利用EM的肥料製作法

種類	製作方法	施肥方法
EM發酵液	在1.5公升的寶特瓶裡裝入1.4公升的水＋30克以上的糖漿（可用砂糖30克＋1茶匙海鹽代替）＋EM原液30毫升以上並進行混合。接著，將寶特瓶密封後，放置在不會被光線直射的溫暖（20～40℃）的環境下，經過七至十天的發酵方可使用。如果選用砂糖，因為砂糖內不含礦物質，而需要添加海鹽。	灌溉、葉面施肥時，以100～1000倍進行發酵後使用。
EM洗米水發酵液	在1.5公升的寶特瓶裡裝入1.4公升的洗米水＋30克以上的糖漿（可用砂糖15克＋半茶匙海鹽代替）＋EM原液15毫升以上並進行混合。接著，將寶特瓶密封後，放置在不會被光線直射的溫暖的環境下約七至十天即可。打開瓶蓋後，如果發出如小米酒一般微酸的味道，就算大功告成（發出惡臭即為失敗）。開封後，需盡快使用完畢。為了提高香味及品質，可另外添加艾草、香草、人參、綠茶、辣椒等材料。不只做為肥料，只要加入少量的酒、醋、蒜頭等材料，還可以提高預防病蟲害效果。	用來當作植物葉面施肥的肥料，稀釋倍數約為1000倍。經常使用的話，還可幫助預防病蟲害。噴灑在葉片背面，效果更好。

以水溶液進行施肥的肥料效果迅速，但是流失的速度也快，因此效果的維持時間較短，且有過度施肥的危險。錠劑型肥料的效果雖然慢，但是浪費的量較少，效果更為持久。另外，錠劑型的優點在於不會產生過度施肥的危險，施肥量過多時，可以直接將肥料收回。所以使用無機質肥料時，可以錠劑型肥料為主，必要時再另行添加少量的液體肥料。

（1）複合肥料（complete fertilizers）：室內植物通常以含有氮－磷－鉀三種成份的複合肥料進行施肥。複合肥料依照各種產品的功能，也包含部分微量元素（圖20-1）。在標籤上，都會標有像是「15－15－15」的分析表。觀葉植物通常使用氮、磷、鉀比例為1：1：1，或是2：1：1、2：1：2、3：2：2、3：1：2的肥料。譬如比例為14－14－14、20－20－20、14－7－7或19－6－13的複合肥料。

圖20-1中的愛林（Ever Green）肥料以6.5－4.5－19－0.05等四個數值標示，這代表著氮、磷、鉀，以及硼的含量，標籤上也標明這個產品含有微量的鉬。

時常使用人工土壤的盆栽植物，適合以硝態氮（NO_3-N）肥料進行施

圖 20-1　家庭用複合肥料

肥。含有銨態氮（NH_4-N）的肥料如果使用於含有 炭蘚、波來鐵、蛭石或松樹皮等成份的人工土壤，有可能會產生毒素。這是因為促進銨轉換為硝酸的微生物在自然土壤內十分常見，但在人工土壤內卻相當缺乏。

（2）遲效性肥料（slow-release fertilizer）：遲效性肥料包覆無機質複合肥料被製成圓球狀，在種植植物時一併混入土壤，可以持續供給養分長達六個月以上。另外，也可以放在土壤表面，或是在土壤鑽出兩、三個2～10公分左右的洞，將適量的肥料放入。只要水分碰到肥料球，裡面的無機物便會慢慢溶解於水中並被植物吸收。儘管遲效性肥料可能比液肥略不具效益，但是可以長時間供給一定的養分，適量使用的話，可以長期維持植物的健康。

市面上有各種遲效性肥料。奧斯魔肥料（14－14－14、18－6－12）在介於田間容水量與萎凋係數間的水量中，會溶出礦物質，透過土壤酸鹼性及微生物活動進行調節，如果土壤溫度升高，溶解量便會增加。

（3）微量元素（micro elements）：微量元素的缺乏和過剩之間，症狀差異相當細微。一般天然土壤中，為了讓植物正常成長，保有充分的微量元素，但是以泥炭蘚或波來鐵、蛭石、樹皮等為主的人工土壤中，通常缺乏微量元素。微量元素可在調製土壤時混入，或是在栽種植物後另外施肥添加，重點在於適量供給。可透過土壤與組織檢驗知道微量元素的需求量，但是對一般的盆栽設計師而言不是個平易近人的方法。最簡單的方法就是觀察植物的生長過程，確認是否出現缺乏症狀，再進行補充。

施肥

施肥是維持植物健康的重要環節，時機、方法、施藥量等都須詳細評估。

施肥時機

熱帶雨林位在赤道南、北各5～7度範圍內的熱帶地區，熱帶雨林的南、北端到南、北回歸線之間的亞熱帶地區內，乾季、雨季交替，氣溫也出現年溫差，可明顯感覺出些微的高溫期與低溫期，這個地區的植物在乾季與低溫期時將進入休眠。

就算是在室內空間內，冬季比其他季節低溫，日照時間也較短，以原產地在熱帶、亞熱帶地區的觀葉植物為主要種類的室內植物，在冬季時的生長活動較不活潑。因此，一般而言，施肥最好在春季到夏季的生長期進行約三次，但是次數並沒有明確規定。

施肥方法

盆栽植物施肥時，大多將適量的液肥或肥料粉末混入水中，在灌溉的同時進行供給，所以在盆栽數量較多時，也可以輕鬆地一次完成施肥工作。市面上有各種適合室內植物使用的濃縮液肥和水溶性粉末肥料，乾肥可在調配土壤時混入，或是灑在土壤表面，也可溶解於水中，在灌溉的同時進行施肥，但是除了遲效性肥料等錠劑型肥料和過磷酸之外，其他乾肥不會用於盆栽植物。這是因為，一一計算需求量，並一點一點對各個盆栽供給的過程中，需要投入相當多的時間與能力。

溶解肥料時，應依照固定的比例進行稀釋，以濃度過低的肥料進行施肥，等同於不適當的肥料供給，濃度過高也可能造成傷害。為了溶解水溶性肥料，會使用82℃的熱水。肥料應施於濕潤的土壤上，乾燥肥料在供給於土壤後，應充分進行灌溉。供給在土壤表面的肥料可能會對附近植物的莖造成部分傷害，或是讓莖部邊緣產生凹陷。

此外，供給於植物上部的肥料可能會堆積在生長部位的凹陷處，對新葉造成傷害並使其壞死，施肥時須特別注意。如果施肥不適當，施肥效果可能要在幾周後，葉子開始膨脹肥大時才看得出來。

施肥前先將肥料液盛裝在灌溉用容器中，施肥時讓盆栽中的土壤由上至下完全浸潤，直到有多餘的水分從排水口流出時方可停止。累積在接水容器中的多於肥料液會讓留在土壤中的殘留物發生淋溶作用，施肥後需盡快倒掉。如果一直不進行處理，會再次被土壤吸收，可能造成鹽分在土壤中累積。

圖20-2　液肥混合器（左：Phytotronics產品，右：Lee Valley & Veritas產品）

盆栽植物的數量較多時，如果一一進行施肥，需要投入大量勞力，所以在規模較大的空間，利用與水龍頭連接的液肥混合器（proportioner），可以節省施肥時間。

液肥混合器是將濃縮液肥和水龍頭流出的水混合成適當溶液的灌溉裝置（如圖20-2）。不過，這個裝置在韓國並不常被使用。液肥混合器根據水壓的不同，以1：12到1：22之間不同的比例吸入濃縮肥料液並混入水中。因此，液肥混合器使用前，需先測試在吸入一公升濃縮肥料時，有多少的水會從灑水器噴出，以確認混合比例。

例如，濃縮肥料被吸入1公升時，灑水器所噴出的水量為16公升，則濃縮肥料和水的比例為1：15。因此，濃縮肥料要比原來的濃度再濃縮十五倍，也就是說，假設使用液肥混合器並以50g／100L的比例進行施肥，那麼，在1公升的水中需溶解8公克的肥料製成濃縮液。這樣一來，濃縮液以1：15的比例稀釋後，才能達到50g／100L的濃度（表20-3）。

某些肥料內會加入染色液，藉由從灑水器噴出的液體顏色判斷液肥混合器是否能正常使用。液肥混合器裝設在水龍頭上，並將吸管（siphon）放入濃縮液肥後，打開水龍頭即可。水管會先流出乾淨的水，爾後，當水的顏色改變時，便可開始進行灌溉。水的顏色改變，即代表裝置正常運作中。

購買液肥混合器時，應考慮價格、混和正確性、移動性與平均度、要求的稀釋度、容納能力，以及是否提供售後服務等條件。若想提高施肥的精準度，應和測量溶液中離子濃度的鹽類測量儀一起使用，或是定期檢測液肥混合器的準確度。

表20-3　使用液肥混合器時，濃縮液肥的計算方法

施肥比例	液肥混合器的比例	計算方式
假設以50g／100L的比例進行施肥，50g／100L＝0.5g／1L	如果液肥混合器的比例為1：15，要吸起一公升的濃縮液肥，需要15公升的水，液肥總容量則為16公升。	・0.5g／1L的比例讓8g／16L濃縮成8g／1L ・亦即施肥比例→符合施肥比例的肥料量／（液肥混合器比例＋1）L

肥料的施藥量

在室內環境下，一年的時光過去，長出的新葉數量並不多，與其說是讓植物長高、長壯，倒不如為了維持植物健康而進行管理，所以在施肥時，和大型農園不同，應減少肥料量。室內植物需要的肥料量，依據植物種類與大小、光線、土壤含有的養分、植物的健康狀態而有所不同。

其中，最重要的影響因子為光線，在普遍光源較少的室內，使用的肥料量應為大型農場的十分之一，才能符合室內植物新陳代謝的比例。室內植物的栽培者時常過度使用肥料，因為光線不足而對逐漸萎縮的植物大量灌溉或施肥作為補償，這就是典型的不當管理案例。施肥時，應理解光線減少，肥料的量也該跟著減少的原則，過度投入肥料的話，根部將會萎縮，葉片邊緣將變黃，這就是鹽分所造成的傷害。

和灌溉一樣，在室內種植盆栽的使用者，因為難以準確計算肥料用量，通常依照經驗進行施肥，但如此一來，很容易發生失誤。

為了幫助了解肥料的投入量，等一下將介紹一種計算肥料投入量的方法。藉由土壤檢測而得知的缺少成份或植物的缺乏症狀，選擇適當之氮：磷：鉀比例的複合肥料，或者在無任何異常的情況下，選擇標準比例（氮：磷：鉀=2：1：2、3：1：2、1：1：1)的肥料。

確定肥料混合比例後，再依據植物的種類、光量（光照度×時間），利用表20-4、20-5算出一年的肥料需求量，這種計算方法通常以氮為基準（表

表20-4　四種光度下，室內觀葉植物在一年內，每1ft2面積的氮施肥量（g N／ft^2／yr，8～12小時的日照／天）（Manaker，1987）

種類	光度（fc）			
	50～75	75～150	150～250	250～500
亮絲草	0.60	1.20	1.80	2.40
鵝掌柴	0.90	1.80	2.40	3.00
天人菊	0.45	0.90	1.50	2.10
朱蕉	0.60	1.20	1.80	2.40
花葉萬年青	0.60	1.20	1.80	2.40
千年蕉	0.45	0.90	1.50	2.10
黃金葛	0.60	1.20	1.80	2.40
蕨類	0.30	0.60	1.00	1.60
橡膠樹	0.90	1.80	2.40	3.00
椰子類	0.75	1.50	2.00	2.50
草胡椒	0.30	0.60	1.00	1.60
蔓綠絨	0.75	1.50	2.00	2.50
合果芋	0.60	1.20	1.80	2.40

表20-5　1ft^2面積內各種大小容器的數量

盆栽大小（吋）	盆栽數量／ft2
3	16
4	9
5	7
6	5
8	3
10	2
12	1.3
14	1

20-6）。選擇好肥料並確定氮的量後，磷和鉀的量將可依固定比例算出，因此複合肥料的選擇相當重要。

以上述方式計算肥料用量雖然十分妥當，但是就像表20-4、20-5所示，各種植物所需之適當肥料量應以有效研究結果明定，也必須正確掌握室內光度，對一般人而言，不是個能簡單上手的方法。通常，上述方法會被當作參考資料使用，實務上則依據光度、溫度、土壤、水分量，以及視覺上對缺乏症狀的觀察，決定肥料的用量。

大致上，在室內空間中，通常以肥料標籤指示量的十分之一進行施肥。也曾有人提出室內空間中，將5－15－15的肥料以200～400ppm的比例稀釋後，在200fc的低光照環境下，每年進行一～二次施肥；在500～700fc的中光照環境下，每三～四個月進行一次施肥；在700fc以上的高光照環境下，

表20-6　一年內氮施肥量計算方法

順序	說明
例	種植於10吋花盆中的鵝掌柴被放置在50～75fc的光線下，選用肥料的N－P－K比為12－6－6時，此肥料在一年內應使用多少公克？
1	首先，肥料的比例為12－6－6，且投入量通常以氮為基準，所以此肥料100公克中，含有12公克的氮，以此可推算出含有氮1公克的肥料重量為100／12＝8.33公克。
2	此時，鵝掌柴栽植於光照度50～75fc的環境下，因此，這棵植物一年內在1ft^{2}的面積下，需要0.9公克的氮。
3	想知道上述12－6－6的肥料在一年內需要多少的量，藉由8.33＊0.9＝7.5公克，可得知使用N－P－K＝12－6－6的肥料時，須投入7.5公克的量。
4	因為1ft^{2}內可放置兩個10吋的花盆，一個花盆的施肥量則為7.5／2＝3.75公克。
5	如果肥料在春、夏、秋三個季節各施肥一次，則一次的投入量為3.75／3＝1.25公克。總結來說，一株鵝掌柴每一季的肥料投入量為1.25公克時最為適當。

每一～二個月進行一次施肥的建議。

尤其在低光照且高溫的環境下，如果以高比例的肥料頻繁施肥，植物將會呈細長且彎曲的不正常狀態。

決定施肥時期與次數時，還必須考慮植物種類與大小、外形狀態、成熟階段、季節、土壤、灌溉方式等其他要素。一般而言，體型較小、生長緩慢且根部較細的植物，與體型較大、生長快速且根部較粗的品種相比，對肥料的需求較小。

施肥費用

在一般只有幾個盆栽的家庭中，施肥的費用通常不會造成困擾，但是在植物較多的寬闊空間裡，費用會依據肥料的種類而有所不同。肥料一般以氮為基準進行選擇，計算施肥費用時，不只是氮的購入費用，還須考慮氮的形態、化學純度、水溶性、穩定性、施肥方法、使用便利及人力成本等其他條件。

土壤酸鹼度

盆栽設計師或管理者應多注意土壤的酸鹼度。pH為「以氫離子為基準之潛在酸鹼度」的簡寫，一般通稱為酸鹼度。酸鹼度的單位為pH1～pH14，以pH7為中性，數值越小酸性越強，數值越大鹼性越高。每個數值之間相差十倍，也就是說，pH6為pH5的十倍，而pH7則為pH5的一百倍。

土壤的酸鹼度之所以需要被重視的理由，在於氮、磷、鉀必要元素在不同的酸鹼度環境下，被根部吸收的狀況有所差異。亦即，土壤酸鹼度對植物所需之礦物質的效果產生影響，有些物質在酸性環境下不易被吸收。

反之，也有在鹼性環境下不易被吸收的物質，在強酸性的土壤中，鋁（Al）和錳（Mn）的溶解度增加，容易對植物造成毒害。而關於土壤檢測與組織檢測，請參考「22.室內盆栽植物管理」。

圖20-3中，以寬度顯示在各pH值範圍內，哪些礦物質吸收得較好。依圖所示，在pH6.0～6.5之間，所有養分元素的寬度都出現變寬的現象。換言之，土壤為弱酸性時，所有礦物質的吸收狀況相對較好。大部分的觀葉植物在pH值為6.0～6.5的弱酸性狀態下，可均衡、有效地吸收利用各種需要的礦物質。自然土壤的酸鹼度通常維持在6.5～6.8左右，而人工土壤則維持在5.5～6.0左右。

當土壤呈強酸或強鹼時，須調整為弱酸性。如果要將pH值往鹼性方向調高，則需在土壤內混入石灰粉，相反的，如果要將pH值往酸性方向調降，則需添加泥炭蘚、腐葉土等有機物質，或是硫磺粉、鐵粉等成份。投入

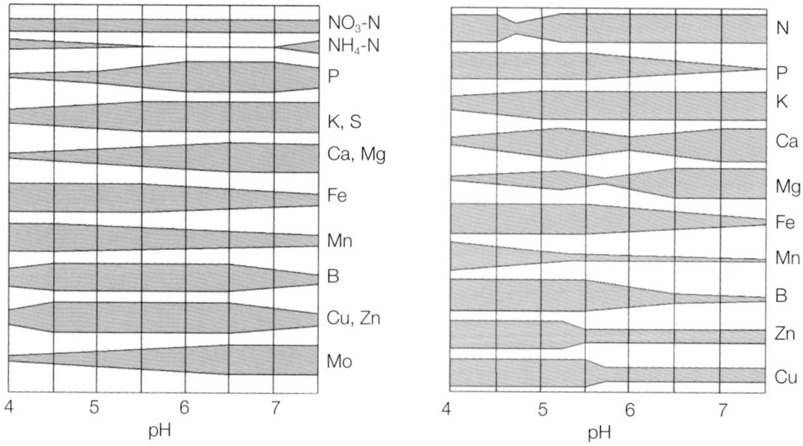

圖20-3　酸鹼度對自然土壤（左）與人工土壤（右）內礦物質溶解度的影響（Koths，1976；Peterson，1982）

化學肥料的話，土壤會漸漸酸化（表20-7）。

化學肥料造成的土壤酸化，對自然土壤而言是相當嚴重的問題。有機添加物之所以重要，是因為它能將土壤調整為弱酸性，並讓土壤pH值長久維持在弱酸範圍。

長期以化學肥料施肥的土壤會呈現強酸性，雖然可以添加石灰粉，將pH值往中性方向改善，但是效果僅只是一時的。因此，在反覆實施矯正工作時，堆肥等有機物能將土壤固定在有利的pH值狀態。

土壤酸鹼度會因為施肥及水中殘留物的累積，隨著時間經過而發生改變，所以應定期進行土壤酸鹼度檢測。酸鹼值數據可在土壤檢測時獲得，但在採樣現場，也可以透過經濟實惠的酸鹼度測定器與測定試紙進行檢測（圖20-4）。

如果需進行土壤酸鹼度矯正，可以參考下列指示 —— 灌溉時，以石灰水浸潤土壤，可以比使用石灰粉（熟石灰，$Ca(OH)_2$）時更快提高土壤酸鹼值。在一公升的水中，加入一公克的水化石灰並攪拌均勻。

透過這個方式，可將酸鹼值提高1/2～1個單位。兩週後再進行一次土壤檢測，如果數值依舊過低，可再用相同比例的石灰水進行灌溉。雖然這個方法的效果並不持久，但是石灰粉的作用發生得相當緩慢，直到完全反應完畢的時間，已算是相當充裕。

特別要提醒的是，使用水化石灰的時候要小心燙傷，手上有水氣時千萬

表20-7　改變容器中土壤酸鹼度所需之熟石灰與硫的量

土壤酸鹼度變為6.0～7.0時		土壤酸鹼度變為5.0～5.5時	
原土壤酸鹼度	添加量	原土壤酸鹼度	添加量
3.5～4.0	4tsp熟石灰	3.5～4.0	2tsp熟石灰
4.0～4.5	3tsp	4.0～4.5	1tsp
4.5～5.0	2tsp	4.5～5.0	1／2tsp
5.0～5.5	1+1／2tsp	5.0～5.5	1／4 tsp硫粉
5.5～6.0	1tsp	5.5～6.0	1／2tsp
		6.0～6.5	3／4 tsp
		6.5～7.0	1tsp
		7.0～7.5	

①將土壤1＋蒸餾水2混和　②用攪拌器攪拌三十分鐘　③沉澱　④以土壤酸鹼測定紙或酸鹼測定器檢測

圖 20-4　土壤酸鹼度測定紙與測定器

不可觸碰，且須配戴護目鏡。

鹽分

存在於土壤內的水溶性礦物質為水溶性鹽分（soluble salts），鹽分來自於土壤本身，或是肥料、灌溉的水分，而所謂的「鹽分低」指的是植物為了維持正常機能而可吸收的養分不足。超過1,000ppm的高濃度鹽份會妨害根部吸收水分，嚴重時甚至會讓根部的水分滲出，讓鹽分堆積在植物體內。相當於毒素的鹽分會對根部造成傷害，完全阻絕水分與養分的吸收，甚至可能造成植物死亡。鹽分的多寡有無，可從土壤表面或花盆邊緣累積的白色結晶物看出。

水溶性鹽分可能因如下的一種或複合原因累積，此時可能產生的症狀及

原因		症狀		解決
• 以過高的比例施肥。 • 頻繁施肥。 • 未供給完全浸潤土壤的水分。 • 土壤排水不良。 • 使用部分Ca、Mg、NaCl及碳酸鹽濃度過高的水分。 • 施肥時，時常讓植物體處於乾燥狀態。 • 使用肥料保存能力高的土壤。	⇨	• 枯萎。 • 葉部黃化。 • 生長能力衰退。 • 從莖部頂點開始，葉邊緣與前端枯死。 • 根部損傷病枯死。 • 土壤表面出現鹽分結晶。	⇨	• 以大量的水分將土壤完全過濾，除去過多鹽分。三十～六十分鐘後再次進行淋溶作用。 • 藉由定期灌溉，確保水分充足。 • 避免過度使用肥料。 • 硬水在使用前先放置二十四小時，讓Ca、Mg等離子沉澱，減少潛在的鹽分。

表 20-8　鹽分累積的原因與症狀、解決方法

其解決方法如表20-8所示。以大量的水清洗鹽分時，如果盆栽使用沒有排水口的容器，或是在大型室內庭園內，無法使用這種方法，因此需更換土壤。萬一高濃度的鹽分是因為過量的遲效性顏料而產生，大量的灌溉反而可能讓更多的無機鹽份釋出，造成更複雜的情況。如果遲效性肥料在土壤表面，應直接將其去除。

專業的室內盆栽植物管理者可利用鹽分測定器，快速且輕鬆地測定鹽分的水準。將土壤樣本與水混和，靜置一段時間後，使用鹽分測定器進行分析（表20-9、20-10）。

表20-9　土壤鹽分測定方法

採集土壤樣本	⇨	測定土壤容量	⇨	將樣本與其容量兩倍的水混和。使用自來水時，須將事先測定出來的鹽分減去。	⇨	將混於水中的土壤連續攪拌三十分鐘。有機物多的混和水需攪拌三～六小時。	⇨	以鹽分測定器測量鹽分。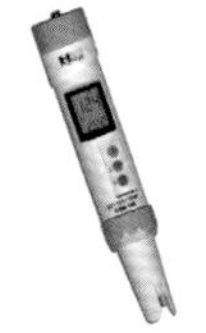

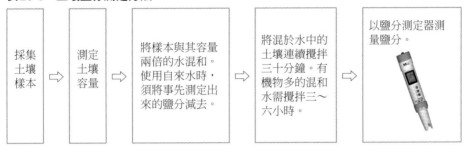

表20-10　土壤：水分以1：2稀釋後所測出之鹽分分析

包含自然土壤的土壤（mhos＊10-5）	人工土壤（包含泥灰蘚、樹皮）（mhos＊10-5）	分析
0～50	＜100	過低，導致養分不足
51～125	100～200	滿足大部分植物需求
126～175	200～350	比需求量略高，可能對部分植物造成傷害
176～200	＞350	對一般植物造成傷害
200以上	＞350	過量，造成嚴重傷害

有毒物質

施肥時，針對肥料與水分，應注意氟化物（fluorides）或氯、軟水等會對植物體造成傷害的有毒物質（toxic substanced）。

娃娃朱蕉、白紋香龍血樹等觀葉植物對土壤中氟化物相當敏感，會沿著老葉的尾端或葉緣產生褐色的壞死點或斑點。氟化物所造成的植物傷害是溶於水中的氟化物、添加過磷酸鹽肥料（含有1.5%的氟）、泥灰蘚、蛭石或珍珠石等物質的土壤，以及大氣中的氟所造成。即便只是0.15ppm的氟，也會對娃娃朱蕉產生傷害。

欲減少傷害，最好的方法便是將土壤的pH值維持在6.0～6.5的範圍內，在此酸鹼度下的氟為不可溶性。使用氟含量在0.1ppm以下的水，也可以減少危害。都市中的自來水為了達到預防蛀牙的目的，可能含有1.0ppm的氟，對敏感植物進行灌溉時，最好先靜置於室溫環境下二十四小時，待氟化物消失後再行使用。如果已經發生氟害，不可以含有過磷酸鹽成份的肥料進行施肥，也應避免使用德國泥炭蘚等人工土壤。如果不得已必須使用，最好是先將土壤用清水洗淨。

用來當作食用水淨水劑的氯，在水中的含量尚不至於對植物造成危害。和水中氟化物的處理方法一樣，將水放在室溫下靜置二十四小時，即可去除氯。

為了將硬水變成軟水，通常會使用食鹽或氯化鈉等當作陽離子交換水分的軟化劑。這類物質是為了交換硬水中的鈣與鎂，卻也有可能造成水中鈉含量升高。因此，以軟水進行灌溉時，可能會因為鈉含量增高而導致水中鹽分增加，對植物造成傷害。

21 病蟲害

植物的一生中，將不斷地受到微生物及病蟲的攻擊，也會因不適當的環境對植物健康產生危害。一般而言，植物本身可以抵禦來自微生物或病蟲的攻擊，但如果健康狀況因環境條件或其他原因惡化，植物將無法自己抵禦而生病。植物的健康因為微生物攻擊而惡化時稱為「病害」（diseases）；因為害蟲所產生的傷害稱為「蟲害」（pests）。另外，因為環境因素或生理原因而產生的問題則稱為「障礙」。

只要使用經過消毒的乾淨土壤，並將環境維持在適合生長的條件，種植於室內的觀葉植物不常發生病蟲害。然而，萬一發生病蟲害，必須先掌握原因才能進行治療，但是在室內空間中，可能對人類產生危害或是散發惡臭，無法使用作物保護劑，所以在發病當下，時常需要立即更換有問題的植物及其附近的土壤。雖然，藉由根部吸收進入植物體內，並能持續發揮藥效的家庭用作物保護劑，或環保有機農藥正進行開發，但是並非所有病蟲害都能適用。

本章將介紹室內空間裡常發生的病害與蟲害與防治方法，以及預防病蟲害發生的方法。

蟲害

「害蟲」指的是妨害經濟目的達成，或對人類生活造成不便的小生物，一般指的是昆蟲類。與棲息在自然植物上的害蟲相比，棲息於室內植物的害蟲數量較少，只要在種植前對土壤進行消毒，或是在淨化期間進行防治作業，可將傷害降到最低。

接下來將要介紹的是典型室內植物的害蟲與防治方法，其中又以蚜蟲、介殼蟲、蟎蟲等三種最為常見。

蚜蟲

蚜蟲（aphides）是一種長約1.4～1.6公釐、外表呈西洋梨狀的昆蟲，顏色一般為綠色，也有其他不同顏色（圖21-1）。沒有翅膀的型態最為常見，修長的蟲腳及觸角為其特徵。雌蟲可不經交配就繁殖幼蟲，蚜蟲可藉此輕易傳播。雄蟲則在繁殖時進行交配，產生受精卵。

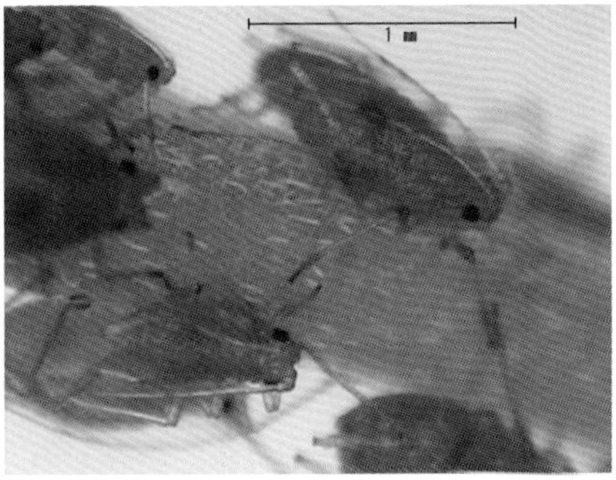

圖21-1　蚜蟲

蚜蟲主要在莖部頂端、新的生長點，以及嫩葉的背面發現。蚜蟲會自該處細胞吸取汁液，造成嫩葉、芽、花的畸形，並使植物扭曲不正。蚜蟲會排出黏液，沾染黏液的葉面將會出現光澤。此黏液會造成煤煙病（sooty mold），導致植物外觀損傷，此外黏液也會傳染其他疾病。

蚜蟲的防治相對較容易，在發現初期將花盆傾斜，並用水管以強力的水柱清洗，此時如果混入肥皂水，將會更有效果。蚜蟲繁殖狀況若較嚴重，須使用作物保護劑，如果感染嚴重，須將植物丟棄或燒毀。

介殼蟲

據統計，會造成室內植物感染的介殼蟲約有二十種，介殼蟲可分為具有堅固外殼的種類，以及身體相對較柔軟的蟲體。擁有硬殼的介殼蟲稱為甲殼蟲（scale），不具硬殼的一種粉介殼蟲（mealybug）則被稱為吹綿介殼蟲（圖 21-2）。

硬殼介殼蟲的直徑約1.5～3.1公釐，因為圍繞身體的硬殼而容易辨識。外表有半球體、橢圓形，以及牡蠣殼等造型，相當多元。

硬殼下的卵會孵化成幼蟲。幼蟲從硬殼下孵出後，短時間會以爬行的方式活動。因為體型太小，如果不用放大鏡，將不容易看出。當幼蟲找到適合的地點，便會定居在該處，並將口器刺入莖部或葉片的細胞中吸取汁液，接著身體就會開始形成硬殼。雌蟲會持續藏身在硬殼下，但是擁有翅膀的雄蟲則會活躍地四處活動，並和雌蟲進行交尾。雌蟲會在三個月間，產下一千個卵後身亡。

粉介殼蟲身長約0.42～0.63公釐，動作相當緩慢。外表披上毛茸茸的蠟絲，看起來就像棉花一樣，因此又被稱為「吹綿介殼蟲」。粉介殼蟲喜歡溫暖潮濕的環境，容易在溫室或室內環境下被發現。喜歡群居在莖與葉，或是葉腋、莖部重疊的部份等處，很容易在該位置發現一團團毛茸茸的白色圓

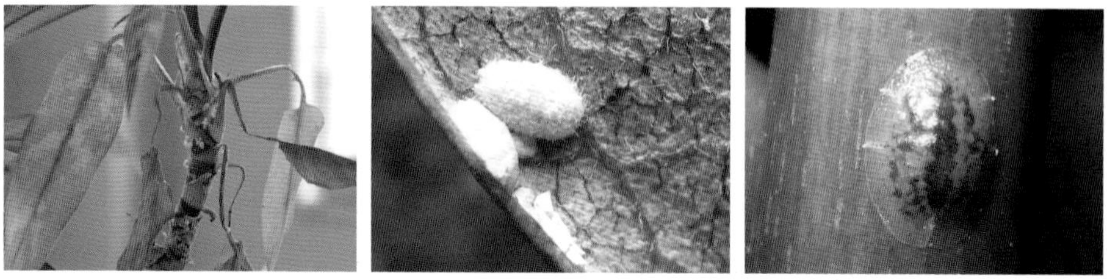

圖 21-2　介殼蟲

球，讓植物看起來不甚美觀。從卵中孵化到長成雌蟲成蟲約需六～十週，一年中可以產生許多世代。

介殼蟲會攻擊植物的葉部與莖部，吸取汁液讓組織無法成長，並讓葉子的顏色產生變化。植物因此降低活力而停止成長，嚴重時還可能造成葉片枯萎掉落，甚至整株枯死。而介殼蟲所排出的黏液會滴落在下方葉子上，造成煤煙病。

介殼蟲防治方法中，最簡單的就是在可移動盆栽植物的情況下使用作物保護劑（殺蟲劑），但若非在幼蟲時期用藥，容易因為硬殼或蠟質表面，使殺蟲劑難以侵入。介殼蟲在固定位置後，需要一一用手摘除，所以如果數量太多將難以進行防治工作。

如果無法將盆栽植物移至戶外，可噴灑蛋黃油，或是在不造成植物傷害的前提下，以衛生紙輕輕將粉介殼蟲刮除。雖然不會對環境與人類造成嚴重危害，但是幼蟲會藏在各處並不斷冒出，須以浸泡過酒精的棉花棒或鑷子一一清除，需要相當的時間。

雌蟲不具翅膀也無法遠距離爬行，主要靠接觸進行傳染，因此最好不要讓感染的植物和未感染的植物太過靠近。如有嚴重感染的部位，需將該部位剪除，或是將整株植物丟棄。孟邸隱唇瓢蟲會吃粉介殼蟲和牠的卵，寄生蜂也對去除粉介殼蟲有所助益，但是在室內環境下不易進行。

蟎蟲

蟎蟲（mites）不屬於昆蟲（insect），而是屬於蛛型綱的生物。蟎蟲的顏色除了透明之外，還有紅色、黑色等各式各樣的顏色，也會因為生長時期的不同而變換（圖21-3）。因為牠們的大小多半不到0.5公釐，難以肉眼看出，但是牠們是群居性生物，通常會拉出一條如蜘蛛網般的細絲，以此附著在植物的邊緣或表面，可藉此知道蟎蟲的存在。

蟎蟲繁殖時，通常將卵產在葉片背面，一年會多次產卵。依照種類的不同，蟎蟲從孵化到成蟲所花費的時間，短則五天，長則約二十天。因為屬於蛛型綱生物，蟎蟲蛻變時進行不完全變態，可從幼蟲直接長成成蟲。在乾燥、高溫的環境下，蟎蟲的數量將急速增加。

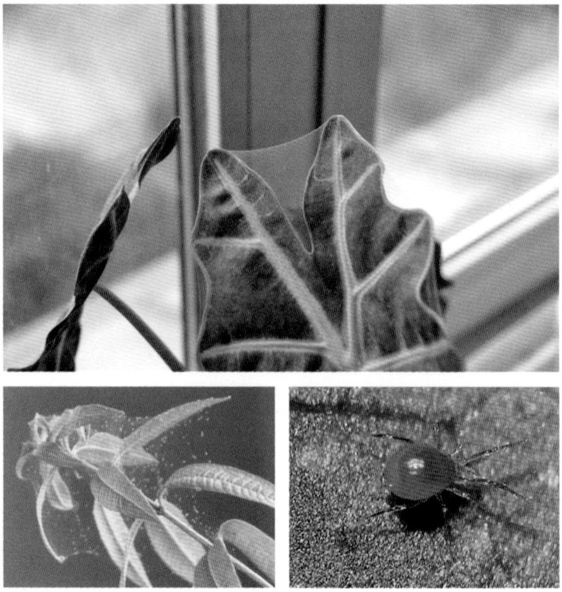

圖 21-3　檸檬馬鞭草及姑婆芋葉片上的蟎蟲

蟎蟲的種類約有七十種，其中，二斑葉蟎（Tetranychus urticae）和神澤氏葉蟎（Tetranychus kanzawai）常在室內植物繁殖。二斑葉蟎的大小約在0.4公釐左右，身體呈淡黃色或黃綠色。因胃裡的內容物會像黑色斑點一樣出現在身體兩側而得名。神澤氏葉蟎全身呈紅褐色，體型非常小且輕盈，成蟲與幼蟲會藉著風向四周傳播。

如果蟎蟲的密度增加，多沿著如蜘蛛絲一樣的細絲移動，並常群聚在植物頂端，很容易以肉眼辨識。蟎蟲大多聚集在葉片背部，以口器（嘴）刺入葉部細胞中，吸取葉綠素等細胞物質。

因此，儘管在葉部不會造成明顯症狀，但是葉片整體會像覆蓋了一層灰塵似的，讓植物外表顏色看起來不鮮明。若是仔細觀察，還可以發現像被針戳過一樣，在葉片表面上覆滿白色或黃色斑點。嚴重的話，還會造成葉片枯萎、掉落。比起嫩葉，蟎蟲更偏好已經成熟的葉片，時常在大的葉片發現上述症狀。受蟎蟲危害的葉片會比一般葉片更早掉落，還可能造成花苞生長不良的問題。

容易受蟎蟲危害的植物種類相當多，且因蟎蟲繁殖力強，時常發生蟲害突然急速發展的現象。因為蟎蟲懼怕水，可定期用水管朝葉片背面灑水以減少數量，但是在室內環境下，這個方法不易操作，反而有可能讓蟲害進展得更加快速，應在感染初期立即使用防治蟎蟲的作物保護劑（殺蜱劑）。

蟎蟲類的卵、幼蟲、成蟲對藥劑的反應程度有所不同，最好選用對卵及成蟲都有殺傷力的植物保護劑。藥劑最好在蟎蟲危害發生初期便開始使用，如果可以將盆栽植物移至室外，考慮到蟎蟲的棲息地點，應對包含葉片的植物所有部分進行噴灑。蟎蟲容易對藥劑產生抗藥性，如果要持續使用，最好時常更換不同系統的藥劑。

粉蝨

粉蝨（white flies）是大小約1.5公釐的害蟲，看起來就好像沾上白粉的小蒼蠅（圖21-4）。佈滿葉片背面的蟲卵孵化成幼蟲後，就會開始貪婪地攻擊並侵蝕葉片。幼蟲成扁平的蛋形，顏色呈淡綠色。

成長過程中，四次蛻皮之間還有一次化蛹期。約三十天過後，擁有四片翅膀的成蟲便會破繭而出，雌、雄蟲皆能飛行並棲息在葉片背面。成蟲約可活三十～四十天左右。搖晃葉片，如果看見粉蝨像雪花一樣飛走的狀況，就可知道這株植物已經被感染了。粉蝨會吸取植物的汁液，造成植物生長能力降低，並引發黃病、枯死、落葉等現象。此外，粉蝨也會分泌黏液，引發煤灰病。

受感染的植物經過世代交替，不論何時都會看得到病癥，難以進行治療，必須時常處理。使用殘留毒性較小的馬拉松可以去除粉蝨及粉蝨卵，但是成蟲會飛行，因此需進行多次噴灑。使用名為「海市蜃樓」的賀爾蒙劑可以讓成蟲不孕，經過約三次的噴灑，就可讓粉蝨幾近消失。

薊馬

薊　馬（thrips）是一種長的很像跳蚤的小型昆蟲，非常少見。身形細長且呈黃褐色或黑色，身上還有鮮明的紋路（圖21-5）。通常會在葉片破裂的隙縫中產卵，約二～七日後就

圖21-4　粉蝨

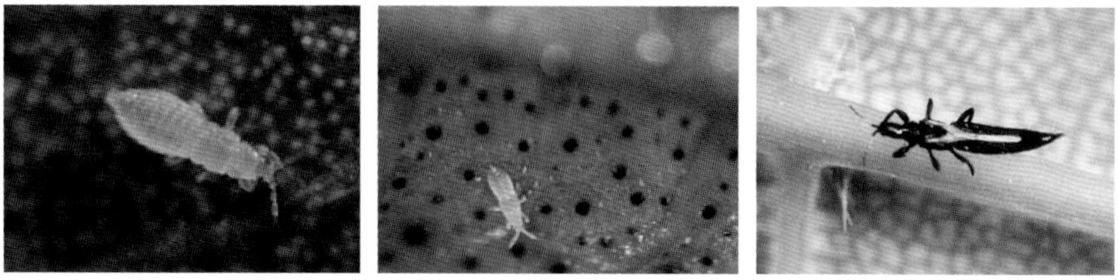

圖 21-5　薊馬

會孵化出幼蟲。

在成長過程中，通常會經過四個階段，每隻薊馬可以生活約二十五～三十五天。薊馬會撕咬葉片與花的組織。缺口附近會因為組織乾燥而出現特別的銀白色斑點。薊馬會造成葉片彎曲、發黃和掉落。葉片的背面還會因為看起來像黑點的薊馬排泄物而產生損害。

發生初期，可將盆栽植物傾斜，利用水管噴灑肥皂水即可。如果感染情況嚴重，應朝葉片下方噴灑馬拉硫磷。

線蟲

線蟲類（nematodes）是一種看起來像蚯蚓的極微小線型動物，大小一般在一公釐以下，身體呈透明狀，不容易以肉眼看出。線蟲會在土壤中的水分游動，並棲息在植物根部。成蟲會在根部製造贅疣並在上面產卵，孵化後的幼蟲會在土壤中移動，並穿入柔軟的根部造成新的感染。線蟲在乾燥的組織中也能生活三年。

線蟲會在植物的葉部和根部造成傷害並吸收植物的汁液，被線蟲感染的觀葉植物會在葉片下方出現如同被細菌或黴菌感染所產生的斑點，這些斑點會從褐色漸漸變為黑色，有可能造成整片葉子被感染。

植物的生長能力降低、葉片黃白化、營養缺乏症以及凋零現象，這些都有可能是線蟲造成的。線蟲也會在觀葉植物的根部造成許多病變及贅疣，除此之外，也會讓根部尖端腫脹或出現傷口，只要感染線蟲，便會使植物的活力減損。

線蟲的防治相當困難，但是只要使用消毒殺菌過的土壤，就能大大降低線蟲感染的發生。如果已經感染，則必須將整株植物移除。

蛞蝓與蝸牛

屬於軟體動物的蛞蝓（slugs）常被當作沒有殼的蝸牛（snails），身長約1.3～10公分，身體顏色介於灰色與褐色之間，以植物的葉子、莖和根部為食。蛞蝓屬於夜行性動物，白天主要隱身在土壤等潮濕處，等到夜晚降臨才開始活動。牠們爬行過的地方都會留有閃亮的分泌物，可以很容易掌握牠們的蹤跡。體型雖小但外表與成蟲一樣的幼蟲會在一個月內破卵而出，成長速度緩慢，多半可以存活一年以上。

防治方法除了直接捕捉之外，還可將蛞蝓及蝸牛無法爬行的沙子灑在植物周圍，或是用盤子盛裝一些啤酒，蛞蝓和蝸牛便會被引誘而來，最後溺死在盤中。

除了以上列舉的代表性害蟲外，螞蟻會幫助蚜蟲移動，而蚯蚓與水蛭會從花盆的排水孔鑽入並潛伏在土壤內，當外面溫度變熱或變冷，就會從土壤中爬出，所以有時也需要在排水孔外加上防蟲網。蟑螂、蠼螋、蛆、蟋蟀等，則不會對植物造成嚴重傷害。

病害

植物須符合三種條件才會生病，包括適合的宿主植物、病原菌，以及有利於病原菌生長的環境（表21-1），宿主植物為觀葉植物在內的室內植物。造成植物生病的病原菌種類繁多，其中最常見的為真菌（fungi），此外還有病毒（viruses）或細菌（bacteria）、植物菌體（phytoplasma）等也常常讓植物生病。

真菌是我們生活中常見的微生物，主要透過風或水進行散播，而細菌或植物菌質體則多藉由吸取植物汁液的害蟲進行傳染。病毒非常微小，即便是顯微鏡也難以發現它們的存在，主要透過接觸或害蟲進行感染。

病原菌需要在適當的環境條件下才能感染各種範圍內的植物，而容易讓病原菌孳生的條件正是高溫潮濕的環境，尤其在溫度和濕度都相當高的時候，植物特別容易發生各種疾病。因為引起植物疾病的病原菌大多喜歡特定

表21-1　室內空間中，病害需符合三種條件才會發生

宿主植物		病原菌		環境
觀葉植物等室內植物	+	真菌、病毒、細菌、植物菌質體等	+	高溫潮濕

範圍內的溫度，如果溫度太高或過低，反而會讓疾病減少。

然而，也有一些疾病好發在低溫環境下。植物疾病最常發生的濕度為飽和溼度，也就是相對濕度為100％的環境。濕度越高，幾乎所有的疾病就會越活躍，如果三種條件中，只要有一個條件未達到標準，植物就不會產生病變。

一般而言，室內環境的濕度較低，植物不常發生疾病。如果發病，通常是因為不適當的生長環境所引起的壓力，只要排除壓力的根源便能解決問題。

容易造成疾病的主要原因為過量灌溉、排水不良、空氣濕度過高、過高或過低的溫度、光線不足、過度施肥、植物受傷等。其中，形成病菌棲息孳生的大部份原因就是過濕的環境，讓葉子和根部容易產生病菌。因此，每次灌溉之間，需要給予讓葉子及根部能夠有充分乾燥的時間，這樣便能減少疾病的發生。

發病植物主要會出現生長阻礙、黃白化、葉片出現斑點、落葉、葉子焦化現象，以及莖部與根部腐爛等病徵。更重要的一點是，植物疾病就算經過診斷並接受治療，生病的葉片也不會恢復原貌，因此直到新葉長成而找回觀賞價值前，須投入大量的時間。

根腐病

根腐病（root rot disease）容易發生在灌溉不當的室內植物上，只要根部死亡，地上的部分也會跟著枯死，所以種植植物時，灌溉管理相當重要。

因為灌溉管理不當所衍生的傷害有很多種，其中又以感染疾病的殺傷力最大。仔細觀察盆栽植物接近土壤處，會發現莖部有像被燙過一樣發軟的部分，嚴重時甚至會在根部附近或莖部某處發現黴菌生長的痕跡，這就是植物被真菌感染的證明。

不只是真菌，其他還有容易在充滿過多水分的土壤中生長的許多病原菌。最典型的病症便是植物體枯萎，並從下方的葉片開始黃化，形成落葉。另外，根部也會腐爛，呈現褐色到黑色之間的顏色，最後導致整株植物枯死。仔細檢查根系，就可知道是否已感染病原菌（表21-2）。

對抗根腐病，預防勝於治療。應將植物種植於通風、排水良好的環境，並使用消毒殺菌過的土壤。另外，也需注意不可過度灌溉，若發生感染，應減少灌溉次數。如果能夠治療，可以用殺菌藥劑浸潤土壤，達到防治病原菌的效果。

選擇殺菌劑時，需先掌握病原菌的種類，但如果不是專家，很難準確辨別。殺菌劑需要依照標籤上的指示進行稀釋，再次使用殺菌劑時，需和前一次相隔至少三個月。如果感染狀況嚴重，就必須將整株植物除去。

莖部與葉部疾病

室內盆栽植物的莖部與葉部雖然不如根部容易發生疾病，卻也經常受各種疾病危害，為了避免疾病的發生，持續性的管理相當重要。

灌溉時，應避免葉子長時間潮濕，需將盆栽擺放在通風處。如有已感染的葉片或植物應立即去除，以防疾病擴散。除了白粉病菌外，其餘在觀葉植物上出現的病原菌就算不使用作物保護劑，只要保持植物乾燥，也能有效防止疾病感染。盆栽設計師雖然不容易進行病原菌診斷，但若經確診就可用推

表21-2　造成根腐病的黴菌病源

病原菌	症狀
絲核菌屬（Rhzoctionia）	所有植物組織皆有可能感染，已死去的組織上可看見黴菌明顯的菌絲，土壤表面也會被黴菌覆蓋。
疫黴菌屬（Phytophtora）	不只是根部，葉片也可能被感染，產生斑點並感染成熟的植物組織，造成能使植物崩壞的疾病。
凋萎病菌屬、立枯病菌屬（Fusarium）	棲息在土壤的代表性土壤傳染病原菌，一旦感染，植物便會枯萎且根部腐敗。
腐黴菌屬（Pythium）	腐黴菌是在潮濕狀態下滋長的水黴菌，一旦感染，植物的葉片會從下部開始往上產生黃化並枯萎。根部會從尖端開始腐化、變黑，且造成根部外皮脫落、腐壞。
小菌核屬（Sclerotium）	在土壤表面嚴重出現白色黴菌，並感染植物體，如芝麻般大小的白色或褐色菌核相當明顯。
柱狀分歧孢菌屬（Cylindrocladium）	下方葉片出現黃化並枯萎，最後使植物完全黃白化。葉柄也有可能完全腐壞，根部則會變黑、腐爛。

薦的殺菌劑進行治療，不過需將盆栽移至室外（表21-3）。

21-3 防治

在室內環境下，不易使用化學性的作物保護劑，所以對室內植物而言，治療疾病的特效藥便是事前預防。

為了有效防治害蟲，最好從了解牠們的生活習性著手，因為有些害蟲在成蟲階段不易死亡。例如，蚜蟲容易死亡，但是介殼蟲在長為成蟲後不易死

表21-3　好發於莖部與葉部的疾病種類及其症狀、防治方法

病名	症狀	防治方法
葉斑病	因感染病毒或黴菌而在葉面上產生周圍呈黃色、中心為黑色的斑點。造成感染的主要原因為過度灌溉、空氣濕度過高、氣溫過低、光線太少、通風不良，會造成斑點突然產生。	摘下生病的葉片，並噴灑作物保護劑。
煤煙病	因為生長在蚜蟲與介殼蟲分泌物上的黑色黴菌，讓葉子看起來像被燻黑一般。大多發生在潮濕的環境下。雖然不會對植物有著直接傷害，但是會妨礙光線照射，使光合作用受到阻礙，造成生長活動減弱。通常症狀和白粉病類似。	除去病原害蟲，並噴灑作物保護劑。
灰黴病	灰黴病菌（Botrytis cinerea）在濕度高且溫度介於20～25℃之間時，將會在20小時內感染植物。但若是氣溫比此範圍高，或濕度較低的環境下，感染的時間將會拉長。 有機會受它們感染的植物種類相當多元，尤其是栽培在室內環境中的植物，特別容易受到感染。灰黴病菌不會入侵健全的組織，反而只攻擊已死去或老化的組織，以及有傷口的組織，造成疾病。受感染的組織會出現呈褐色或深褐色的灰軟化現象。	保持清潔與改善環境是最好的防治措施，例如除去散佈在土壤表面的死去組織，並保護植物體，不讓植物受傷。此外，也須降低室內濕度。 部分灰黴病菌會對特定的殺菌劑產生抗藥性，因此最好避免持續使用相似的殺菌劑產品。
白粉病	身上彷彿灑滿白色粉末的黴菌在葉片或莖部上擴散，主要原因為空氣濕度過高，或是頻繁的葉面灌溉，讓葉子經常處於潮濕的狀態下。此外，也會因為過度使用氮肥而發生。不像是煤煙病只是在分泌物上進行繁殖，白粉病菌會直接傷害葉子，讓葉片呈乾燥狀。	降低濕度，噴灑做物保護劑。
馬賽克斑紋病	發生原因為藉蚜蟲傳播的病毒，會在葉面上產生馬賽克狀的斑點或長條狀的紋路。這種病菌會讓植物生長能力下降，並開出畸形的花朵。	去除蚜蟲為首要工作，但是因為沒有治療方法，一旦染病就必須移除植物。

亡，因此需要趁它們還是幼蟲的時候進行防疫。

植物疾病中，由真菌引起的症狀最常見，市面上已有許多可以防治的殺菌劑，然而對於其他的病原菌，尚無特別有效的藥劑，受病毒感染的植物，除了將整株植物移除之外，尚未有其他的防治方法。細菌和植物菌質體所引起的疾病可藉由黴素類抗生素看到治療效果，但是療效並不顯著且容易因反覆使用而產生抗藥性，在操作上並不容易。

預防

管理盆栽植物病變的最佳方法便是事先預防，不讓植物染上疾病，而預防的基礎則是讓植物能健康的成長。在新的盆栽植物到達的同時，就必須開始進行預防工作。儘管在原產地已經接受過防治，新來的植物上仍有可能寄生其他害蟲，所以應將新的盆栽植物與原有的植物進行隔離並仔細檢查。就算感染的部分再小，也應在販賣前或擺放在室內之前去除。

栽培植物時，應盡可能滿足最適合植物生長的條件，如果植物受到壓力或免疫力變弱，將更容易感染疾病，因此必須在成長過程中維持最適當條件。對於感染疾病或害蟲的部分，得最快將枯死的葉片及花朵摘除，要是植物枯死，應將整株植物移除。如果可以，應盡可能消滅所有害蟲，使用真空清潔的方式也相當具有效果。

在植物體上噴灑微溫的清水，將可洗去蚜蟲、蟎蟲和其他害蟲。用少量稀釋的肥皂水清洗植物，也是不錯的害蟲防治方法之一。另外，保持葉片兩面清潔也相當重要，如果輕微感染介殼蟲和蚜蟲，可用海綿沾上酒精進行清潔。然而，酒精也可能對植物體造成傷害，擦拭時應注意盡量不要碰到植物。除此之外，也可利用蟲餌、捕蟲紙和鑷子進行清除。

化學性防治

化學性防治（chemical control）是利用化學性的作物保護劑進行的病蟲害防治方法（表21-4），在室內環境下操作化學防治，可能對人類和環境造成危害，因此執行上有些難度。但是，如果能將植物移到室外，將會是個相當有效的方法。作物保護劑其本身有些毒性，錯誤的使用時機或使用量將造成更嚴重的傷害，使用時應多加留意。

表21-4　作物保護劑的類別

類別		功效
種類	殺蟲劑	防治植物害蟲
	殺菌劑	防治植物病原菌
	殺蜱劑	防治蟎蟲類
	殺線蟲劑	防治線蟲
	除草劑	預防雜草孳生
	殺鼠劑	防治鼠類
	生長調整劑	增進或抑制植物生理機能
	引誘劑	利用害蟲喜歡的化學物質引誘並防治害蟲
	驅避劑	利用害蟲討厭的化學物質引誘並防治害蟲
外觀型態	粉劑	呈細緻粉末狀的作物保護劑，可直接散佈使用
	粒子劑	呈細小顆粒狀的作物保護劑，可直接散佈使用
	水溶劑	將易溶於水中的材料製成粉劑，混入水中後使用
	水化劑	以黏質壤土或矽藻土為增量劑，再加上界面活性劑，將不易溶於水中的材料製成可加入水中使用的粉末狀作物保護劑
	乳化劑	不易溶於水中的材料溶於有機溶劑，加上界面活性劑，製成可加入水中使用的液體狀作物保護劑

化學殺蟲劑為去除昆蟲與其他害蟲時所使用的劇毒物，對人類及動物也有可能造成危害，如非必要建議盡量避免使用。在購買殺蟲劑前，應該先調查植物的病癥，以確認該殺蟲劑是否正確。無論哪一種，不只是對植物，還應對人類及動物都不能產生毒害。

另外，殺蟲劑應不會產生殘留物，且不具刺激性氣味。使用上具有限制的殺蟲劑，在購買及使用時應多加留意。可在室內使用的殺蟲劑相當稀少，使用前應詳閱說明書，且避免從事說明書上特別明言禁止的事項。殺蟲劑可利用噴霧、煙霧、浸泡、浸潤土壤、鋪上顆粒、滲透、燻蒸等方法使用（表21-5）。

化學防治的注意事項

化學性殺蟲劑在使用時，須留意其本身的劇毒，並依照說明書的指示使用（表21-6）。在購入殺蟲劑及使用之前，需詳細閱讀說明書，再次確認自己所購買的殺蟲劑是否為解決問題的最適當產品，並正確遵守說明書上的所有指示及注意事項。關於環保與有機防治與生物學防治（biological control），請參考「24.病蟲害防治與堆肥」。

表21-5 消毒方法（Manaker，1987）

名稱	方法
噴霧（sprays）	噴霧消毒是將殺蟲劑用水稀釋後，噴灑在害蟲棲息的地方，利用殘留的殺蟲劑使害蟲死亡。比起水化劑，乳化劑更容易混合，使用後也不會遺留殘渣，但是乳化劑的成分為油脂，可能會對植物造成傷害。水化劑因為不易溶於水中，需要持續攪拌，且使用後會在葉部及莖部會遺留殘渣，須另外以清水洗淨。 進行噴霧時，必須要在葉片兩面、葉柄及葉脈處充分噴灑，直到有多餘水分滴落方能停止。正在枯萎或是位於太陽直射環境的植物，則不建議進行噴霧。氣溫高於27℃時，植物有可能受化學物質侵害。
煙霧（aerosols）	煙霧消毒是將壓縮容器內的殺蟲劑噴灑於有害蟲的地方，來使害蟲致死的方法。使用煙霧消毒時，應嚴格遵守說明書上所載明之植物與噴嘴的距離，這是因為壓縮容器中噴出的氣體蒸發非常快速，可能會造成植物組織結冰。大部分的煙霧消毒在30℃以上的溫度或葉片潮濕的狀態下使用，便容易對植物造成傷害。所以，使用前應確認煙霧消毒對植物是否為最適當方法，以及植物體是否處於安全狀態。
浸泡（dips）	將殺蟲劑稀釋於足以完全浸泡植物體的容器中，並將植物頂端朝下，浸泡在藥劑中幾秒。操作時，須先將盆栽以塑膠袋包好，以防土壤掉落，並注意不可用手直接觸碰殺蟲劑溶液。
土壤浸潤（drenches）	藉由以適當比例稀釋的殺蟲劑溶液浸泡土讓，可防治好發於土壤的害蟲。水分不足的植物應先避免採用浸潤土壤的方法，等到灌溉之後再進行。
鋪上顆粒（granules）	鋪在土壤表面的殺蟲劑顆粒為了安全起見，因以土壤覆蓋，使其漸漸被土壤吸收。
滲透（systemics）	在不易噴灑藥劑的地方，可選擇滲透性的作物保護劑。滲透性作物保護劑主要是作為殺蟲劑使用，噴灑在土壤並藉由根部吸收，所以會讓植物體變成具有有毒物質的植物，害蟲如果啃食植物，會因植物具有的毒性而死亡。植物要代謝體內吸收的毒素，需要花非常多的時間。另外，滲透藥劑的毒性大部分都非常強，在室內環境使用時，也有可能對寵物或人類造成危害，因此需特別注意。
燻蒸（fumigation）	在室內環境中，不可能以燻蒸方式進行病蟲害防治。

表21-6 化學性殺蟲劑的注意事項

編號	注意事項
1	穿著防護衣，避免殺蟲劑接觸皮膚，確認手臂和腿完全被遮蔽，並應該戴上手套。在通風處混和殺蟲劑並且噴霧時，為了避免吸入殺蟲劑，應讓噴嘴遠離自己。有些殺蟲劑需配戴面罩才可以使用。
2	依照說明書上的比例進行混和，如果實際使用的量比推薦用量少，會讓殺蟲劑失效，浪費時間與金錢。混和量比適當用量多時，會讓植物具有毒性，對植物造成傷害甚至死亡。
3	殺蟲劑可能會腐蝕噴霧工具，即使在保存期間，品質也有可能下降。處理剩餘藥劑時，不可將其倒入下水道，需依照該地區的規定處理。
4	只針對受感染的植物，用需要的量進行處理。在葉子兩面噴霧，直到有多餘藥劑滴落方可停止。噴霧前，需要將寵物及其飼料、飲用水隔離，並在魚缸上蓋上蓋子以防汙染。使用殺蟲劑的時候，應禁止吸菸並避免飲食。
5	使用後，應將器具進行清潔，並放在可以風乾的地方保管。剩下的藥劑需密封，並貼上說明書，放置在通風的倉庫保管。

編號	注意事項
6	使用完殺蟲劑後，需將全身清洗乾淨並換下衣服。如果藥劑不慎跑入眼睛，應使用大量清水清洗，以安全的醫學方法進行處置。要是使用後症狀繼續惡化，應尋求醫院或毒物處理中心的幫助。
7	害蟲的防治方法不斷地推陳出新，確認具體的問題後，向鄰近的植物保護劑經銷商或農業機關詢問。
8	不當使用農藥可能會對植物產生危害，新的生長點受到的影響最大，頂端部位和葉面會枯死，且葉面會產生斑點，有時也會發生葉片焦黑的情況。上述情況在殺蟲劑使用後十八～七十二小時間最常發生。另外，一周之內便可知道是否出現傷害。受到壓力的植物最好不要使用殺蟲劑。

栽培與環境問題

室內植物常見的問題大部分不是因為蟲害或疾病造成，而是在室內環境的特性上，因土壤、光線、溫度、水分、空氣、物理性障礙等不當栽培或環境問題，對植物造成壓力所產生的問題。

為了讓植物健康生長，需營造能讓代謝活動順利進行的環境。為了有利光合作用進行，植物需要接受適當強度的光線，另外為了充分吸收包括氮在內的無機鹽份，土壤中需含有適量的水分及肥料。

此外，種植植物的土壤，需保持乾淨，且擁有良好的排水能力。已經栽培過其他植物的土壤，尤其該植物若是因為黴菌滋生而枯萎死亡，盡量避免使用為佳。

栽培方式和環境因素引起的典型症狀有許多相當類似，且常常多種症狀同時發生，所以正確的診斷相當重要。

例如，葉片如果發生黃化，不是一定因為單一原因而產生，有許多因素皆可能造成黃化。發生黃化的葉片為老葉或嫩葉？整個植物體都出現黃化，或是僅有部分發生？

只要能夠先掌握這些資訊，對問題做出診斷及開立處方有很大的幫助。只要掌握問題的根源，便可訂立需要的解決方案（參考「22.室內盆栽植物管理」）。

22 室內盆栽植物管理

大部分的人都希望買來的植物可以永遠保持美麗的狀態，但是不管在哪一種室內環境下，植物的狀態會隨著時間的流逝，與甫購入時有所不同。在較優良的室內環境中，好好接受管理的植物，只要進行或修剪枝椏也能長得很好。但是，如果植物被栽種於不適當的環境中，且未能好好管理，將會造成生長力降低甚至死亡。就算繼續存活，也因為外貌不佳，大部分都會被淘汰（表22-1、圖22-1）。

表22-1　室內盆栽植物的設計和施工後管理時的植物變化

設計	施工	管理			
盆栽設計 ⇨	購入並種植植物 ⇨	室內空間	好的空間適當的管理 ⇨	植物成長 ⇨	換盆、修剪枝椏
			不好的空間不當的管理 ⇨	生長狀態惡化 ⇨	治療、替換、淘汰

在室內栽種植物時，人們常碰到各種問題，這些問題多半是因為不適當的環境或是管理方法、病蟲害等一種或多種原因所造成，而這些原因中的一種，會讓植物的品質急速下降。專業的盆栽植物管理人員因為人們的要求或契約的規定下，在植物發生問題時，利用各種方法解決。

圖22-1　栽種於昏暗室內空間的火鶴花所產生之生長力不足

如果說設計師非常有能力，創作出美麗的設計，並將巧思實際做成好看的盆栽，那麼如何將栽種空間持續維持美麗和有用性，則是管理人的工作。

不熟悉的處理方式與疏忽可能在短短一～二周的時間內，會讓空間變成盆栽植物難以生存的環境；一直獲得良好照顧的植物，也有可能因為一時的不注意讓植物死亡。管理室內植物時，應徹底認識有利植物生長的環境因素，並體認植物也是活著的生命體，並且需要帶著熱情仔細觀察植物的變化，在發現問題時，仔細分析症狀與做出最適當的處置。

建築物的居住者或使用者對盆栽植物一方面具有母性的保護本能，另一方面也認為植物是沒有生命的生物，而產生各種反應。居住者的各種反應長期下來會對盆栽植物所在的空間造成影響。居住者們容易在照顧植物時，進行過於頻繁或不適當地灌溉，或是不小心將汙水或藥物傾倒在植物身上。此外，也有一些人會故意殘害植物，還有些人自認為很了解照顧盆栽植物的方法，進而對管理者所提出的管理方式有所不滿。管理人應和這些人達成共識，再決定管理的方式。

室內空間內的盆栽植物管理方式，雖然會因為建築物的用途而有所不同，主要可分為四種方法。第一種方法就是由建築物的居住者直接進行管理；第二種是聘請專家為管理人員進行管理；第三種則是與管理公司訂立勞動契約，使其負責管理工作；最後一種就是租用盆栽植物，讓租借公司進行管理。

第二種方式主要被擁有許多大型盆栽植物或大型室內庭園的辦公用或商業用建築採用，全職員工通常在庭園附近會有一間辦公室和一間工具倉庫，以便進行管理。第三種方式常被擁有小型室內庭園的空間選擇，由專門管理人定期訪問、管理，通常一週會定期訪問一次，或是在需要時不定期訪問。第四種方式主要是需要盆栽植物，卻無法投資時間與人力進行管理的商辦大樓所會選擇的方法。

管理工作常常託付給清潔人員或管理員等非專業人員，儘管對盆栽植物擁有熱情，還是容易因為管理知識不足而發生過度灌溉與施肥的情況，盆栽設計師應懂得先考慮管理方式再進行設計。

專門盆栽管理師的工作包括耗時最長的灌溉、摘除乾枯的葉片、病蟲害防治、施肥、土壤管理、植物替換、修剪、清潔，還包含調整光線、溫度、濕度、通風性等環境條件的作業。

診斷

為了糾正植物發生的問題，必須先進行診斷，但是診斷工作一直都不是件簡單的事。這是因為，有太多類似的症狀，很多時候難以準確掌握最根本的原因。例如，葉片變黃的原因從光線不足和過度灌溉，到缺乏無機物等皆有可能（表22-2）。如果同時出現兩種以上的問題，診斷時將面臨更加困難、複雜。

此外，因為肉眼看不見的害蟲而產生的問題很難診斷。像是蟎蟲類中，一些體型特別微小的種類無法直接用肉眼辨識，所以時常發生不能確認是否

表22-2　室內觀葉植物的一般問題與原因（Manaker，1987）

症狀＼原因	肥料過量	肥料不足	高鹽分	氟	土壤乾燥	過度灌溉	土壤酸鹼度不適當	光線過低	光線過高	單一方向的光線	根部腐爛	盆栽充塞	過度高溫	過度寒冷	冷水灌溉	濕度低	濕度高	排水不良	空氣汙染	殺蟲劑傷害	植物體損傷	疾病	老化	通風	病害
無新的成長						X								X		X									
生長減弱	X						X	X					X									X			X
生長緩慢		X	X		X	X		X				X	X	X		X		X	X			X			X
歪曲	X	X			X	X					X	X	X	X		X			X	X		X			X
新葉數量少		X	X		X		X	X			X	X	X							X		X			X
老葉黃化		X			X	X	X	X	X		X	X	X	X		X		X	X	X		X	X	X	X
嫩葉黃化		X			X	X	X	X	X				X	X		X			X	X		X			X
葉尾焦黑	X	X	X	X	X	X	X		X		X		X	X		X		X	X	X		X		X	
葉緣焦黑	X	X	X	X	X	X			X		X		X	X		X	X		X	X		X			X
葉片斑點		X							X					X	X				X	X		X			
葉片下垂	X	X	X		X	X	X	X					X	X		X		X	X	X		X	X	X	X
葉片彎曲									X				X	X		X			X						X
枯萎	X		X		X	X	X		X		X		X	X		X			X			X			X
土壤表面腐爛			X			X								X		X		X				X			X
趨光性										X															
莖部彎曲 葉片破碎																		X			X				X
根部壞死	X		X		X	X												X				X			X
葉片顏色變淡		X						X	X				X	X		X			X						
土壤表面出現苔癬	X					X																			
新葉顏色深葉片大	X																								
紫色葉								X						X		X									

為害蟲所造成的問題。

診斷植物發生的問題時，可使用放大鏡、照度計、濕度計、溫度計、酸鹼值測定器、鹽類測定器等各種工具。放大鏡是在仔細觀察植物組織上出現的害蟲或疾病時使用，另外土壤的營養狀態可藉由酸鹼度檢測器和鹽類測定器檢驗。

照度計則可以調查與光線照度相關的問題，濕度計則可測試相對濕度，

表22-3　診斷室內植物問題時的必要情報

項目		說明
環境問題	擺放	・擺放在該場所的期間等
	光線	・擺放空間的光線照度（由窗戶進入的直射日光或折射光）等
	溫度	・高溫（暖氣設備附近、窗戶直射日光）、低溫（冬季夜間、假日）等
	濕度	・溼度高或濕度低等
	風	・窗戶、出入口、通風口附近是否有風出入等
	土壤	・排水、養分相關的土壤適當性等
管理內容	容器	・容器的大小與材質、有無排水孔、清潔狀態等
	灌溉	・灌溉方法、灌溉次數等
	施肥	・最後施肥日、肥料種類等
	其他	・是否使用葉面光澤劑、周遭是否使用清潔劑等
病蟲害相關之莖部與葉部檢查		・對於害蟲與疾病，仔細觀察葉片與莖，害蟲可能會在葉脈或莖部頂端出現，也有可能不易發現。 ・植物疾病也常常在乾燥的環境下發生，對植物體進行菌絲或症候群檢查，植物體若非潮濕狀態，則可能為其他原因。萬一有多種植物同時被感染，應該從物理性或環境方面著手，甚至從地板清潔劑或葉面光澤劑等化學物質上尋找原因，這是因為疾病會對某些植物帶有特定性。
根部與根部組織檢驗		・為了進行酸鹼度與鹽類測定，採取土壤樣本。 ・檢查是否有根部粉介殼蟲和大蚊幼蟲等會感染根部的害蟲。根部的突出部位（疙瘩）可以看出是否有線蟲。並檢查是否有可能會對土壤或根部造成危害的蛞蝓、蝸牛，以及其他害蟲。 ・如果可以，將植物移出容器並檢查根部，觀察根部尾端是否壞死。拔下一部分根部，檢查斷面是否乾淨，或是仍留有像細絲一般的殘根。最具代表性的根部傳染病為腐黴菌屬（Pythium）、疫黴菌屬黑腐病（Phytophthora），以及絲核菌屬（Rhizoctonia）所引起。 ・找出栽培時的缺失。檢查土壤的通風性是否不足？排水機能是否不佳，讓土壤太過潮濕？或是土壤是否過乾？
氟問題		・水中的氟化物和大氣中氟氣可能對植物造成傷害。檢查水中是否含有氮？酸鹼度是否適當？是否使用過磷酸根？附近是否有玻璃製造廠或鋁加工廠？
人為傷害		・調查是否受到人為的物理性傷害。
寵物		・檢查寵物是否啃食植物，或用腳趾刺傷植物。

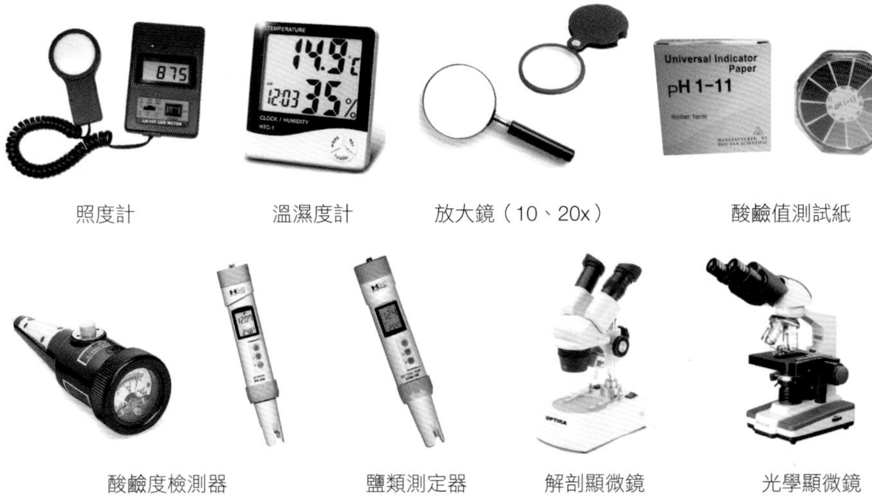

圖 22-2　管理用機器與道具

溫度計則在確認冬季夜晚溫度時特別有用。進行更加詳細的植物組織檢測時，則會使用解剖顯微鏡和光學顯微鏡等有效的道具，但是對一般人而言，準備顯微鏡略嫌困難（圖 22-2）。

管理者在拿著必要的工具，對植物的問題進行診斷之前，應先盡可能掌握大量情報，才能做出正確的診斷（表 22-3）。首先，應對出現疾病或害蟲的莖部及葉部進行檢測，並對土壤與根部進行分析調查。環境問題與栽種過程、因人類或寵物造成的傷害也應調查。

另外，雖然不常進行，有時也需要進行氟、氯、乙烯等元素的相關調查，盡可能收集越多情報越好。在室內空間中，植物暴露在多種因素下，每個因素對植物的生長與反應都會造成大大小小的影響。在獲取植物問題的相關情報後，才能對該問題做出正確診斷，才能找出多種適當的方法進行治療。

主要管理

為了維持植物的健康及美觀，清潔、土壤管理以及光線、溫度、濕度、通風等環境營造工作都十分重要。

修剪與趨光性的管理

在管理室內植物或室內庭園時，應摘去凋零的花和乾燥發黃的葉片，並剪去外表異常或生病、或壞死的枝椏。修剪枝椏不只是為了保持植物美觀，還可以提高通風條件，減少病蟲害。

葉子會因各種原因產生黃化，只要葉子開始發黃，就會因看起來不甚順眼而進行修剪。在室內環境中，等到葉子或莖完全乾枯、傾倒後，再進行修剪的話，雖然可以減少營養成分的流失，但是因為視覺效果的需求，大部分都在發黃時就先行去除（圖22-3）。此外，關於灌溉方式，請參考「18.水分與灌溉」。

在大部分依賴側窗照入光線的室內空間中，經常看到植物往窗戶方向生長的趨光性現象。依照型態的不同，植物傾斜的樣子可能看起來很自然，但是像椰子等筆直生長的植物，如果產生傾斜，看起來就會相當不自然。

因此，偶爾變換植物的方向，可以找回植物原本的體態。雖然室內盆栽植物可以輕易執行這個方法，但是在大型室內庭園，直接種植在花盆中的植物完全無法轉向。雖然設計師在規劃時，應事先考慮到這點再進行規劃，但是實際進行管理工作時，管理者將扮演舉足輕重的角色。容易因趨光性而變得不自然的植物，不直接種植於花盆內，而是連同育苗盆一起埋入土壤的間接種植法。管理者可在必要時，直接連著盆栽一起轉動植物。

圖22-3　剪枝和去除乾枯的花朵、葉片

清潔

老鸛草和秋海棠等開花植物在室內的窗邊，反覆進行開花、凋謝與掉落的循環而弄髒地板，所以需要每天進行清潔。另外，在許多人使用的空間中，人們可能會隨手將喝剩的飲料、煙灰、紙杯、口香糖等垃圾丟入盆栽或花盆內需要特別留意清潔工作。

土壤管理與施肥

室內庭園常常使用的人工土壤，因為其混合材料本身的性質與不斷的灌溉，大約過了一年左右，就會出現沉降現象。主要原因是幾乎所有土壤配方都會使用到的泥炭蘚發生分解，蛭石粉碎，再加上持續灌溉所造成的。土壤萎縮會造成排水及通風不良，尤其在處理表面時使用沉重的卵石或石塊，會讓萎縮更加嚴重。沉降現象嚴重時，必須將整個容器內的土壤倒出，重新進行調配、補充。

室內植物所生長的土壤如果可以每年採集一次樣本，送交土壤檢驗所進行分析的話，將可獲得管理植物時所需要的正確資料。

（1）土壤檢測：如果以經濟面來說，管理盆栽植物是極重要的工作，管理者在植物問題發生前的預防工作上，需要對土壤進行正確診斷（表22-4）。在栽種植物前後的定期土壤檢測，可診斷出與土壤營養相關的植物問題，幫助建立適當的施肥計畫。

表22-4　土壤與植物組織檢測機關

土壤檢測機關	
官方機構	各都市農業技術中心
	農村振興農業技術研究所
大學	各大學土壤研究室
企業	第一分析中心（www.cheilab.com）等

進行檢測之土壤樣本採集相當重要，藉此採集最能表現出問題的土壤。想知道一般的營養狀態，需要從幾個容器中，採集各式各樣的檢體，如果是有問題的植物，則應從該容器中採集檢體。在寄送樣本前，必須確認該樣本是種植哪一種植物的土壤。土壤分析的結果大致有土壤酸鹼度、水溶性鹽分水準，以及氮、磷、鉀、鈣、鎂等元素的水準和陽離子替換容量，還包含對於不足或過剩之處的建議改善方法。

（2）組織檢測（tissue testing）：監測並管理植物營養狀態的另一個方法就是組織檢測。土壤分析結果可以呈現土壤內養分的量，而葉子的成份檢測則可知道植物體實際吸收的養分量。同時送出葉片和土壤樣本，並比較分析結果，便可得出施肥時最適當的方案。

在植物葉片成份分析實驗室中，可同時運用土壤檢測和組織檢測的工具，依照指示取得樣本並送交分析後，便可獲得與結果相關的建議。

換盆

在室內空間中，如果是適合植物生長的環境，會長出新的莖和葉，根部膨脹，植物持續生長。因此，過了一段時間，需要幫植物換盆（repotting）。

室內空間中，植物的根部就算充滿容器也無妨，但是如果根部受到過度壓迫，對植物不太好。須經常進行灌溉的植物，如果根部從排水口的縫隙鑽出，就表示根部已擠滿容器內部。此時，就需要將植物從容器中取出，觀察根部的狀態以決定要不要進行換盆。

如果出現團團圍繞著土壤周圍並相互糾結在一起的樣貌，這就表示需要幫植物進行換盆了。取出植物時，如果是小型的植物，應先捏壓盆栽容器，讓土壤和容器分離。如果植物難以取出，可將手指伸入排水口輕輕推擠。如果還是拿不出來，就得將容器擊碎。有時候，植物擠滿容器且根部和排水口糾纏的面積較大時，須先將整個盆栽往旁邊放倒，用腳踩住後才能將植物取出。取出植物時，應盡可能小心操作，避免植物因此受到壓力（圖22-4）。

植物被取出後，需移植在尺寸較大的容器中。在室內，由於植物的成長較不活躍，以及考慮到費用問題，地上部份及地下部份的平衡，換盆時，不會使用過大的容器，而是使用比現在稍微再大一個尺寸的容器。例如，原本使用直徑十公分的容器，換盆時便選用直徑十二公分的容器；原本使用直徑十二公分的容器，則換成直徑十四公分的容器。

圖22-4　需進行換盆的盆栽植物

將植物移到其他容器栽種的過程，可參考培養室內盆栽植物的基本技術。但是，在移動因根部充滿容器而需進行換盆的植物時，有時會直接保留糾纏的根部，會稍微將根部鬆開後再進行移植。如果發現腐爛的根部，需將其清除乾淨。將植物放入新容器後，填入土壤並進行灌溉。

在換盆過程所中產生的壓力完全恢復前，須將植物擺放在適當的位置，並且在適應之前不隨意移動植物。此外，關於病蟲害防治，請參考「21.病蟲害」。

如果除去部分的根部組織，連帶會使吸收水分的能力減弱，為了減少蒸散面積來縮小水分耗損，有時需要修剪枝葉，幫助葉部與根部達到均衡。或是也可以除去因根部組織減少而乾涸的葉部與莖部。根部與地面部分經修剪的植物在換盆後，為了減少蒸散與蒸發作用，會在新的根部生長的期間，將原有的光線稍微減弱，並擺放在濕度高的地方。

植物的替換與廢棄

在室內空間中，儘管是對植物生長不利的環境，為了視覺效果而擺放盆栽植物的情況比想像中更多。擺放在這種環境下的植物，因為狀態會快速惡化，需定期替換植物（圖22-5），另外罹患不治之症的植物也應進行替換。依據管理方法的不同，可以自行購買新的植物，也可以和植物管理相關業者訂定契約，由業者準備新的植物進行替換。在室內庭園的花盆中種植開花植物，並計畫依季節進行更替的話，管理者應適當地進行替換。因生病而被更換的植物應放置在管理溫室中進行治療，並促進其生長，直到植物完全恢復為止。若植物無法恢復，則應將其廢棄。

光線、溫度、濕度、通風等環境營造工作

管理人員若發現有人蓄意毀損植物，應通報保全人員，一起進行調查。此外，在連假或過節時，為了不讓照明、暖氣、冷氣、通風設施停止運作，應和中央控制室密切的合作。

尤其，在冬天的連續假期或夜晚，如果暖氣中斷，植物將會遭受低溫傷害甚至凍傷，需格外小心注意（表22-5）。

圖22-5　放置於百貨公司低光源停車空間中的植物進行替換。

表22-5 列舉常見植物特性管理要領清單

原產地	生長習性		光度	冬季溫度	水分	濕度	參考
溫帶	木本植物	喬木、灌木、藤蔓植物	高	低	中	中	室外用
	草本植物	一年生與二年生	高	低	中	中	
		多年生	高	低	中	中	
暖帶	木本＋草本植物		高	中	中	中	室外用 室內用
熱帶、亞熱帶	木本＋草本植物	觀葉植物	低	高	中	高	室內用
		多肉植物	高	高	低	低	
		食蟲植物	中	高	中	高	
		水生植物	中	高	高	高	
		蘭	中	高	中	高	
		鳳梨科植物	中	高	中	高	
		熱帶花木、花草	高	高	中	中	

室內盆栽植物的繁殖

大部分來自熱帶的室內植物和溫帶植物比起來，繁殖的方法更加簡單且容易成功。人們購入盆栽植物放置在室內空間，建立營造一座室內庭園，但是也會想直接幫盆栽植物進行繁殖，增加植物數量。在非大型農園的室內空間內，只要稍微花點心思，也可以讓植物進行繁殖，所以設計師和管理者應熟知植物繁殖的相關知識與技術，以幫助有如此需求的人。

繁殖方法

以觀葉植物為主的室內植物比起種子繁殖，大致上以插枝與分株的方式進行繁殖。接下來將介紹在一般家庭中也能輕鬆進行的繁殖方法——

（1）種子繁殖：撒下種子進行繁殖的觀葉植物種類較少，像是合果芋、鵝掌柴、咖啡、紫金牛、南洋杉、蘆筍、椰子類植物、鳳梨科植物、春羽蔓綠絨、露兜樹等，其中椰子類的植物幾乎依靠種子進行繁殖。

繁殖用的土壤以蛭石、泥炭蘚、水蘚、沙子組成，而沙子需要先經過消毒；蛭石的吸水能力較沙子強，很適合當作微小種子播種用的土壤；水蘚需裁切成2～3公分左右的大小再行使用。

播種後的覆土工作依照種子的大小而有所不同，一般以種子的兩倍左右為佳。覆蓋得太厚可能會造成發芽不良或讓種子腐爛；覆蓋得太薄可能會因為太乾燥而讓種子乾枯。

椰子類植物的種子大多擁有堅硬的表皮，如果先用刀子在表皮上劃出幾條縫，可讓種子更容易發芽。播種完畢後需要進行給水，如果種子比較大，則使用洞口較細的噴水壺；如果顆粒大小中等，則以底部灌溉的方式進行給水。灌溉時應讓種子略為浮起，但不可讓種子流失。

播種結束後，需在容器上蓋上一層報紙，維持溫度與濕度，以促進發芽，溫度應維持在25～30℃。新芽冒出的時間快則一～二個月，發芽較緩者有些需耗時半年之久。新芽長出後，應移除報紙並慢慢地將其移至陽光下，防止植物徒長。

（2）孢子繁殖：蕨類植物會在葉片背面長出孢子，採集孢子並將其散佈在泥炭蘚等繁殖用土壤中，維持高濕度就可以見到蕨類植物發芽。

（3）插枝（扦插）：插枝是剪下植物的葉部或莖部，並將其一部份埋在土壤中使其生根的繁殖方式。對於可以長得相當高大，但是耗時許久的植物，為了在短時間內栽培，大多會選擇此種方式，尤其枝椏外型特殊或擁有斑點的珍稀品種，在繁殖時也會選擇插枝。依照莖或葉的插入部分，可分為枝插、莖插、葉插。

秋海棠、草胡椒、非洲堇、虎尾蘭等植物適合使用採用葉插法，可像虎尾蘭或秋海棠一樣，將葉片切成小片埋入土裡（圖22-6）。

也可像非洲堇或草胡椒一樣，將葉子互相緊貼，然後將葉柄埋入土壤中，便容易生根（圖22-7）。龍血樹屬（千年蕉）、粗肋草屬、草胡椒、花葉萬年青等植物，採集其莖部尖端作為插穗，可以在短時間內繁殖出美麗的植物。插穗的長度約為10～15公分，除去下端的葉片後，將3～5公分以下的深度埋進土裡，使土壤可以覆蓋過莖節。

將圓葉蔓綠絨等藤蔓植物的莖剪下2～4公分，並把莖節的部份埋入土壤，之後會從莖節發根。花葉萬年青、龍血樹屬（千年蕉）等莖部較粗的植物，將莖部截下30～120公分左右，並確保每一節都保有一個胚芽。插穗時，大部分會將胚芽部份朝上埋入土壤。

於四～五月開始進行插枝的話，生根的狀況最為理想；在夏天，觀葉植

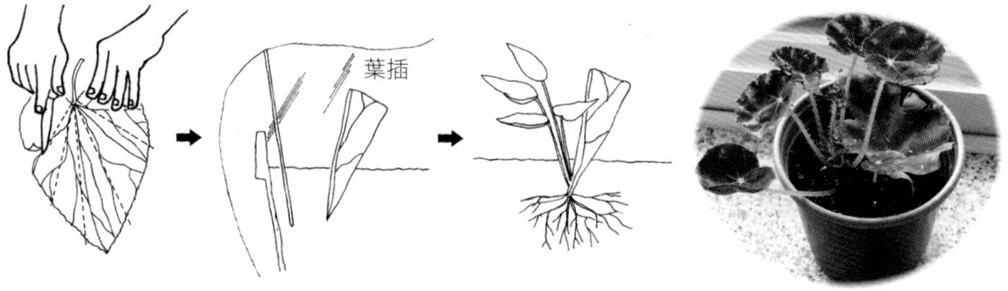

圖 22-6　秋海棠藉由葉插法所長出的幼葉

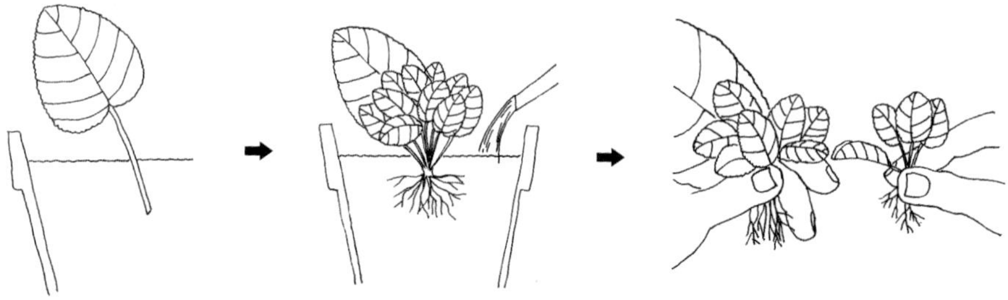

圖 22-7　非洲堇的葉插法

物也能表現出理想的生根效果；如果在十月份進行，在根尚未長齊之前天氣就已經變冷；如果有溫室的話，便可隨時進行插枝。

插枝所使用的土壤大多使用蛭石、泥炭蘚、水蘚、沙子，植物在生根後，如果不想移動植物，須在裝滿栽植用土的容器內直接進行插枝。插穗時，如果可以維持高濕度，就可以讓寬大的葉子獲得充足的養分供給。生根依據各種植物的不同，大約需要二十天～一個月。

（4）分株（division）：是將母植物上出現的子植物剪下並進行繁殖的方法（圖22-8）。隨著植物，根部將會密集地充滿容器，讓採光、通風的條件變差，容易發生徒長，最後造成成長狀況低落。分株不只能進行繁殖，也是讓植物容易栽植的必要方式。

容易進行分株的植物有肖竹菊屬、竹芋、棕櫚竹、觀音竹、檳榔、莎草、君子蘭、吊蘭、草胡椒、蘆筍、羊齒類植物、虎尾蘭、鳳梨科植物等。

將肖竹芋屬從盆中取出，分辨母植株和幼植株後以手分開，再用消毒過的刀子切開。鳳梨科植物會在葉子的基部冒出腋芽，接著長出新的植株，新植株長出四～五片葉片時便會開始生根。如果根部未生長，須將新植株切下，並用水蘚將根部團團包覆後，移植至其他較小的容器中。

將吊蘭長莖尾端的分生子株剪下，直接種在裝有土壤的容器裡，也可以讓分生子株留在母植株上直接種植，待長出根部之後，再將其剪下，可繁殖得更快。虎耳草或腎蕨的匍匐莖尾端也會長出新的植物體，將幼小的植物體剪下並種入其他的小容器，便可繁殖。

（5）壓枝法（壓條法）：壓枝法是將枝椏或莖部彎曲埋入土中，並使其生根的繁殖方式，又可細分為多種作法。綠蘿等匍匐植物雖然可藉由插枝法進行繁殖，也可以將匍匐莖上的節點埋入土中，待其生根後剪下，使其成為新的個體（圖22-9）。最適合進行壓枝法的時間是在五月之後，尤以六～七月最佳，因為生根需要一個月左右的時間，生根並與母植株分離後，壓枝工作大約在初夏時結束，九月之後最好不要進行壓枝。

圖22-8　肖竹芋的分株法

圖22-9　虎尾草的壓枝繁殖

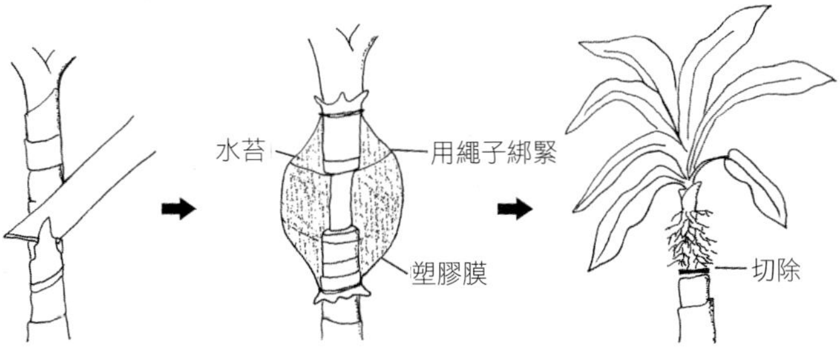

圖22-10　龍血樹屬（千年蕉）的高取法（環狀剝皮）

壓枝法中，有一種在植物莖部的中間部位製造傷口並用水蘚包覆，製造出與種在土壤相同的效果，接著待生根後將其分離成為新個體的方式，稱為高取法（圖22-10）。以此方法進行繁殖的植物，多半具有堅固的莖部且生根力強，像是龍血樹屬（千年蕉）、朱蕉、花葉萬年青、橡皮樹、蔓綠絨、龜背竹等。

進行高取法前，在植物的莖部或枝椏上造成傷口的方法可分為環狀剝皮和楔型剝皮。環狀剝皮是在植物的莖部或枝椏上，於靠近葉子生長處剝下一圈約兩公分寬，深度可達木質部的表皮。剝皮的深度太淺將無法長出新的根，但是如果剝得太深，則會讓植物枯死。

楔型剝皮是從莖部或枝椏的下方開始，用刀往上做出深度超過木質部的傾斜傷口，傷口的深度約占莖部或枝椏的三分之一到四分之一左右。用刀切出傷口後，為了不讓傷口輕易癒合，需填入水苔。

剝皮作業完成後，需用水蘚將剝皮部位團團包覆，接著包上塑膠膜並綁緊固定。塑膠膜的上方需預留可讓水分進入的開口，而下方僅需預留能讓多餘水分排出的縫隙即可。每天正常進行灌溉，一個月後，水苔包覆的部分便會長出白色的新根。當白色的根開始在周圍露出時，便可用刀從剝皮位置的下方將新植株與母植株分離，連同水蘚一起植入新的容器中。種植後，需將植物放在半陰暗處月一個月左右。

（6）嫁接：嫁接是將插枝與砧木結合，糅合兩種植物特性的繁殖方法，也是觀葉植物最常使用的繁殖方式。例如，朱槿在使用插枝法時較不易生根，因此常使用嫁接法進行繁殖。在大約像筷子一樣粗的砧木上，用刮鬍刀切開約1.5～2公分的開口進行割接。在砧木被輕微切開的楔子狀開口中，插入插枝的下端，確認插枝與砧木的形成層能夠互相癒合後，用塑膠繩固定。就算是初學者也能輕鬆操作。

水耕繁殖

在一般家庭中，有許多人選擇不在土壤進行插枝，而是將插枝苗插入水中進行繁殖（圖22-11）。水的通風性較土壤低，水中環境也不似土壤內部一樣陰暗，再加上插枝苗沒有支撐點，所以與土壤相比，並非對植物繁殖有利的材料。儘管如此，大部分的室內植物在水中能快速生根，所以利用水進行繁殖相當便利。有時候，將在水中生根成長的植物移植土壤栽種時，可能會無法適應土壤。只要供給適當的養分，大部分的植物在水中也能長久地生長。

圖 22-11　龍血樹屬（朱蕉）和吊蘭的水耕繁殖

Part 7

室外植物生育環境與盆栽管理

包括庭園在內的室外空間，盆栽植物因明亮的日光和降雨、風，生長活動比起室內會更加旺盛。然而，室外環境容易因季節產生變化，也會因天氣而發生不少的改變，被種植在限定容器內的盆栽植物，如果疏於管理，可能會因生長能力降低甚至死亡。尤其是高樓層建築的陽台、走廊、屋頂、牆面上，強烈的直射日光與風襲、冬季低溫都將形成不利植物生長的環境。另外，室外環境等於大方暴露在病蟲害之下，設計師或管理者應充分了解處理方法，才能做出好的設計及優良的管理品質。

在第七部裡，將說明擺設在室外空間的盆栽植物之所處環境的特性與室外環境下的盆栽植物管理方法，尤其將針對環保的病蟲害防治方法與手工製作堆肥的方法進行介紹。

23 室外環境特性與植物管理

室外有植物所需的水與陽光，但也有因城市叢林而產生的不良條件。放置於不同室外環境裡的植物，有各種需要注意的照料重點，了解環境與管理方式有助將植物維持在最好狀態。

室外空間的環境特性

室外和室內空間不同，有植物喜歡的充足陽光和降雨條件。就韓國的氣候特性而言，在春、夏、秋、冬四季中，有乾旱與雨季之分，偶爾也會有颱風侵襲。

盆栽植物主要擺放在建築周圍的室外空間，儘管同為室外空間，依照方向與屋簷的有無，可能會形成不同的陰影。在陰暗區域中，植物會出現徒長的情形，且花朵無法充分盛開、體質變弱。相反地，受到日光直射的盆栽植物土壤則會快速乾涸，尤其是在夏天的時候，所以應適當地進行灌溉。此外，當因建築物的屋簷造成無法接受自然降雨灌溉時，人為灌溉就成為必要工作。

雖然因為季節及氣候的關係，風的強弱或方向都會產生變化，但是高樓層建築物的屋頂、陽台、迴廊或牆面，不分季節，風襲情況通常較為嚴重。植物會因為風吹而感到壓力，且使得蒸散和蒸發作用旺盛，就算進行了適當的灌溉，植物也較容易乾枯。另外，較高的植物可能傾倒，造成植物型態改變，降低觀賞價值。尤其在夏天颱風特別嚴重的時期，將有許多植物出現損傷，所以時常需要替換植物。

在無法調節日光或降雨、風量的狀況下，應選擇種植符合該環境的植物，並進行適當的管理。擺設於窗台、陽台、迴廊、露臺、天井、玄關、大門前、屋頂、牆面、庭園、街道等處的盆栽植物，依照空間的特性，光線、溫度、水分、風量等環境條件皆會出現差異（圖23-1）。為了適當地管理盆栽植物，以下將探討各種室外空間的植物生長環境。

窗台

最常種植於花盆箱或懸吊花盆的窗台盆栽植物，其生長環境因為窗戶大小、窗台、遮雨棚的影響而有些許不同。尤其根據建築物窗戶的方向，陽光的強弱也會出現差異。面向南方或西方的窗戶可以充分地接受日照，但是和建築體以外的室外空間相比，盆栽植物所接受的日照仍可能稍嫌不足。此外，遮雨棚有可能讓植物在降雨時無法充足獲得水分，還需要另外進行灌溉，然而窗台的高度可能會讓操作產生困難。

在國外，懸吊式花盆或花盆箱通常會設置與一條微細導管相連的點滴式灌溉裝置，能進行自動灌溉。在高樓大廈密集的韓國，可能因為風力過強而無法在窗台設置盆栽植物，也有可能因為灌溉不便的關係而鮮少利用。以韓國的氣候特性而言，在夏天如果沒有自動灌溉裝置，而需以手動方式持續進行灌溉，整個工作將會非常複雜耗時。

陽台與迴廊

迴廊（veranda）和陽台（balcony）雖然顯露於室外，但在空間特性上，卻是室內空間的延伸，扮演與室外之間的緩衝角色。大多會朝屋外凸出，在視覺上屬於開放空間。以吸引他人視線的特性看來，也可算是公共空間。做為人類生活與自然連結的空間，美麗、整潔的迴廊或陽台往往扮演非常重要的庭園角色。

迴廊與陽台隨著不同的位置或方向、高度及型態，

圖 23-1　窗台、陽台與迴廊、街道

可接受的日照量、日照時間、氣溫、降雨量、風向、風速等條件也會有所差異。樓層越高，風吹的情況越嚴重。此外，由於地板的材質多半是水泥，白天、夜晚的溫差較大。尤其在冬季，氣溫如果降至零下，根部周圍的溫度也會跟著降低，甚至變得和外面的氣溫相近。降雨量因受迴廊或陽台的方向影響，需仔細留意是否過度潮濕或乾燥。

光線條件也會因為迴廊或陽台的方向有所差異，面向南方的迴廊或陽台由於可直接接收陽光照射，容易因日照量過多、高溫和乾燥而產生傷害。面向北方的迴廊或陽台則可能因為日照量不足，成為難以栽培盆栽植物的環境。適合盆栽植物生長的迴廊與陽台方向為東向或東南向，西向或北向則不是有利的方向。另外，迴廊或陽台的樓層越高，越不利植物生長。

迴廊和天井

迴廊和天井是和住宅建築相連接的室外空間，也是庭園的一部分。儘管光線條件也會因為方向而有所改變，但比起窗台、迴廊和陽台，迴廊和天井已算是限制較少的空間。然而，如果是和建築物連結的部分，或是設置了棚架、遮陽板之處，日照量將會有所改變，可能還需要以人為方式進行灌溉。隨著地面材料的不同，有些可能因灌溉後的排水產生腐蝕，而需要進行報廢整修，所以最好在盆栽底下放置盛水容器。

出入口

在住家建築的玄關或大門前，或是商用大樓的出入口，時常可見到在大門兩側，對稱擺放盆栽植物的景象。然而，依照建築物的方向和遮雨棚之有無，出入口可能成為無法充分接受日照或降雨的環境。可利用自動灌溉裝置減少給水所需勞力，但是也有可能找不到適當的水源。如果是面向道路的出入口，汽機車所排放的廢氣又是另一項需要擔心的問題。

屋頂

即便是屋頂，也會因為所在建築物的高度，而在種植盆栽植物的環境條件上產生差異。層數越高，風吹的情形越嚴重，日照量也就越強，因而容易乾燥，使得高大卻柔軟的草本開花植物容易枯萎甚至死亡。因此，在屋頂空間中，較常使用木本植物裡的灌木植物或尺寸較小的多肉植物，以及高山植物等低矮堅韌的植物。此外，由於冬季氣溫非常低，一般植物較難以被栽種在層數較高的屋頂上。所以，在選定能在屋頂庭園存活的植物上，要先做許多研究（表23-1）。

牆面

牆面上的垂直花園因建造方式之不同，需要不一樣的環境與管理方式。尤其是高樓層建築的牆面，因為風吹嚴重且冬季氣溫低，就算用盡各種方式管理，並且特意挑選耐寒植物，到了冬天還是幾乎都會被凍死，因此垂直花園的美化效果在冬天並不顯著。

近年來，緊貼在牆面的垂直花園為了讓植物能在土壤較薄的環境下生長，常於水龍頭處連接自動灌溉裝置，以達到定期供水的目的。或是裝設循環裝置，讓被排出的水可以回收再利用。遵循傳統的花盆形垂直花園因為土壤的特性，保水性較高，但是在乾旱時仍需灌溉。

庭園

在面對著建築物，擁有多種目的與型態的庭園中，種植許多盆栽植物可以提高視覺效果。為了維持庭園中的植物，最重要的工作是灌溉管理。在頗具規模的大型庭園中，對零星分布的盆栽植物進行灌溉，是一件非常麻煩的工作。因此通常會加大容器大小，並填入充足的土壤以提高含水量，透過盆栽設計師精密的設計，產生便於灌溉的管理方式。

街道

擺設在街道上的大型花盆或欄杆上的箱型花盆、路燈上的懸吊式花盆，

表23-1　屋頂綠地常使用的植物（Seo Jong Taek，2006；Jeong Myeong Il等，2013）

分類		植物種類
木本植物		百里香、地椒等
草本植物	一般多年生草本植物	射干、麒麟草、山韭、樓斗菜、九節草、石竹、頂花板凳果、萱草、長柄玉簪、常綠石竹、長藥八寶、麥門冬、虎耳草、荷包牡丹、吉林景天、萎蕤（玉竹）、佛甲草屬、蘚狀景天（或稱柳葉景天）、垂盆草、金星或鳳凰（景天科）、小瓦松、海菊、八寶、山巖黃芪等
	香草	蜜蜂花（又名檸檬香草）、蘋果薄荷、朝鮮當歸等
	濕地植物	濕地植物 水燭、光千屈菜、花菖蒲、溪蓀、細柱柳、黃菖蒲、東方澤瀉、絲帶草（藺草屬）等
	蔬菜	萵苣、豆類、番茄、辣椒、草莓、白蘿蔔、白菜、南瓜等

大多種植以花朵為重點的草本開花植物，或是擁有華麗葉片的草本開花植物。如果花開得不夠燦爛，或是植物的生長能力下降便會進行替換。然而考慮到經濟上的條件，每年大致會在春、夏、秋進行二～三次替換。

街道上的盆栽植物主要是由公共機關進行栽培、設置，而非由私人機構進行，因此種植後難以定期進行灌溉，常常可以在乾旱季節看見這些植物有大量枯死的現象。尤其是吊掛在路燈上的懸吊式盆栽，時常會擺放在難以藉由人力進行灌溉的位置。在活動期間內使用的花塔，最好從一開始便選用可進行導線澆灌的容器。

室外空間的盆栽植物管理

管理盆栽不外乎是灌溉、施肥、修剪、除蟲等等，根據室外的環境狀態以及盆栽種植的方法，有諸多選擇可提供設計與考量。使用適當的管理方式，不僅可以保持植物的健康，也能增進盆栽的美觀程度。

灌溉

降雨量會因季節不同而產生差異，使得室外盆栽植物的灌溉無法依賴自然降雨，定期、適當的降雨可以幫助植物成長。但是當梅雨季節來臨，排水不良的土壤會造成根部腐蝕，對植物產生傷害。夏季高溫伴隨著強烈日照，則會讓土壤快速乾涸，如果是土量較少的小型容器或排水能力佳的土壤，在沒有降雨的時候，一天只灌溉一次可能稍嫌不足。室外盆栽植物的容器擴大，是為了減少旱季時的灌溉次數，也是為了讓植物能在無法充分進行灌溉後不會輕易枯死。

可以使用灑水壺或與水管連接的灑水器直接對需要水分的植物進行灌溉，然而如果庭園面積過廣，一一尋找需要的植物再進行灌溉，過程將非常繁雜費時。在庭園用的自來水管上設置灌溉計時器，並在水管尾端接上具有各種噴灑方式的灑水器，可以讓灌溉工作變得更加輕鬆。然而，這個方式需要投資一筆費用，而且有可能發生無法連接到適當水源的狀況。另外，自動灌溉裝置的連接管道直接裸露在外面，也會影響庭園的美觀。

使用點滴式灌溉裝置也是另一個方法，但是有可能無法充分進行灌溉，灌溉管線也有可能顯得雜亂不堪。自動灌溉無法依照植物的種類給予適當水量，所以最好可以一面觀察植物，必要時與手動灌溉並行 ——

（1）點滴式灌溉裝置（drip irrigation）：在水龍頭上裝設計時器和盆栽用點滴式灌溉裝置，能使其在設定的時間點對植物進行自動灌溉。水分會藉由插在花盆土壤中的微細管一滴一滴注入土壤，不會造成浪費，但是隨著容器大小與土壤性質的不同，水分有可能無法充分滲入土壤（圖 23-2）。

（2）自動澆水器（sprinkler）：自動澆水器是一面移動噴嘴，一面噴灑出水分的灌溉裝置。不同的水壓和噴嘴種類，噴灑出的水在強度、方向、形式上皆有所差異，只要選擇符合需求的噴嘴即可（圖 23-3）。雖然用於盆栽植物上，可能會耗費較多水分，但是在盆栽植物較多的地方，能夠均衡地進行灌溉，並且扮演維持葉面濕潤或清潔的角色。

施肥

生長活動旺盛的室外盆栽植物，依照植物的狀態，如果在植物的生長期供給肥料可以讓生長狀況更好。在調製土壤時，如果混入已熟成的堆肥，則該年度可不必另外進行施肥。然而，如果以市面上摻入化學肥料的盛土或人工土壤為主要原料，大約一個月後，肥料成分便會枯竭，開始出現肥料缺乏症狀。因此必須在缺乏症狀顯現前進行肥料供給。特別是種植已超過一年的

圖 23-2　設置點滴式灌溉裝置的盆栽植物

植物，必須先確認土壤狀態與植物生長情況，並針對不足的部分進行供給。

將複合肥料溶於水中，在灌溉時連同水分一併供給植物，操作上相當方便。不過，將堆肥鋪在土壤表面，較能長期維持效果或是將固態肥料埋入土壤中。施肥的時機通常會選擇在春季和夏季，即植物生長活動旺盛的時候。

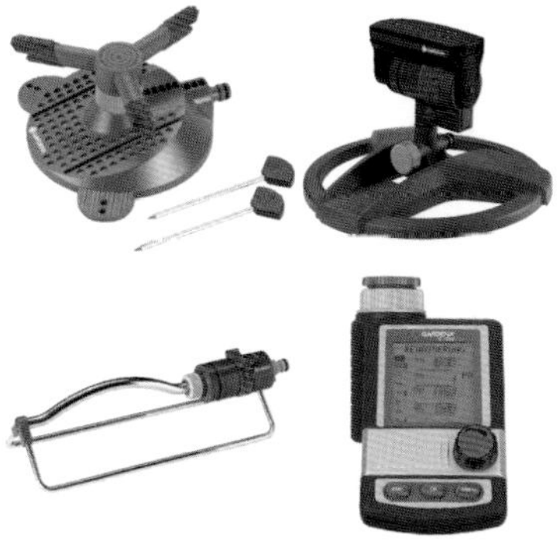

圖 23-3　自動澆水器的噴嘴與計時器（德國 Gardena 產品）

去除枯萎花朵

生長能力旺盛的室外盆栽植物，尤其是選擇草本開花植物進行栽植時，需經常將枯萎而相互緊貼、掉落的葉片或花朵清除，才能維持乾淨整潔的視覺效果。不過，持續清理枯萎的花朵或葉片是一件非常耗時費力的工作。如果栽植的環境允許，任其自然掉落，經過腐蝕後成為養分回歸土壤，也是個不錯的選擇。

修剪枝椏

不管是維持盆栽植物現有的樣子，或是創造新的造型，以及調整生長狀態以促進開花結果時，都需要對植物進行修剪。依照植物的種類與大小、數量，可能會需要鋸子、剪枝剪刀、摘芯剪、籬笆剪等工具。

修剪最好能考慮到植物的種類與生存狀態，並在最適當的時機進行。落葉闊葉樹的剪枝時期多在早春三月和葉子成熟的七～八月，以及落葉後的十～十二月；常綠闊葉樹是在早春三月和九～十月之間進行；針葉樹則在早春及十一～十二月實施剪枝工作。

為了防止草本開花植物的長度過長可使用摘芯剪。雖然剪去枝椏尖端後，可能再次冒出腋芽，但是植物的高度不會產生變化。然而，如果在花芽分化後才為植物進行摘芯，該年可能便無法開花。例如，通常在九月開花的藿香，如果在八月底進行摘芯，那一年就看不到藿香開花了。依據要修剪的植物長度，有時可能需要進行多次摘芯，且進行的時期也不盡相同。

在修剪樹木時需要一些技巧，長得太過茂盛的樹枝、長度過長的樹枝及萌芽枝都需進行修剪。另外，過度生長而使樹形失去平衡，或是天生體弱不良、生病的樹枝也必須被修去。適當地修去樹枝，便可以避免樹冠中較細小的樹枝枯死，還可以預防白粉病或介殼蟲等病蟲害。

裝飾修剪主要可將東北紅豆杉、淮陽木、木通屬、白花藤等萌芽力或生長力旺盛的常綠植物修剪成自己想要的造型。單純的造型可靠修剪技術成型，但是較複雜的造型，則須先將鐵絲製成的固定框架罩在植物上，當枝椏開始冒出鐵絲外，便開始進行修剪，這要經過長時間的管理，直到植物長滿鐵絲內部才算完成。

除草

盆栽植物的土壤面積雖然較少，但是每到梅雨季和夏季，雜草便會長得非常茂盛（圖23-4）。只要了解各種雜草的發芽時機與繁殖方式，便能有效率地清除雜草。

因為除草劑等化學方式不易使用，需要用手一一拔除盆栽中的雜草。一年生雜草有狗尾草、馬唐、牛筋草、藜、馬齒莧、斑地棉、一年蓬等。而多年生雜草則有白花三葉草、酢漿草類、小蓬草、車前草類、魁蒿、西洋蒲公英等。一年生雜草必須在播種前清除，多年生則需連根部一起去除。

病蟲害防治

室外盆栽植物暴露在許多病蟲害的危險下。為了避免感染病蟲害，需要進行預防工作。如果不幸感染病蟲害，需透過診斷找出適當的方法噴灑藥劑，進行初期救治。另外，感染傳染力強的疾病時，需剪除染病的樹枝或莖部，嚴重甚至必須將植物體整個焚燒銷毀。還可以利用環保的方法或天敵進行防治。（參考「24.病蟲害防治與堆肥」）

圖23-4　雜草生長旺盛的盆栽植物

預防病蟲害方法十分多樣——（1）將枯萎、掉落在

圖 23-5　盆栽植物的過冬準備

花盆的花瓣或落葉收集起來送至堆肥場，並將其他異物丟棄或銷毀，以防止病蟲棲息。（2）對葉面進行灑水，洗去病菌或害蟲、灰塵等。（3）老舊的盆栽遮蓋物可能會滋生害蟲與疾病，一年至少需更換兩次。（4）為了過冬而覆蓋在木本植物莖部上的遮蔽物，可能成為害蟲與疾病移動的通路，隔年春天務必將遮蔽物移除。

植物替換

以草本開花植物為中心種植的室外盆栽植物，在管理上重要程度僅次於灌溉的工作就是植物替換。得隨著季節變換，將開花期結束的植物用新的開花植物替代，選擇時應挑選適合該季節環境的植物。此時，該植物在冬季過後，隔年春天是否繼續沿用？替換時是否直接丟棄？不同的計劃，選定的植物也有所不同。

過冬準備

為了防止植物凍傷，禦寒能力較差的盆景樹木需用稻稈包覆，並且製作土壤遮蓋物，避免根部因土壤凍結而產生凍傷。草本開花植物為了在冬天維持視覺效果，地面上可見的除了留存下來的部位，其他部分得剪去。冬季的屋頂溫度非常低，為了防止植物根部凍傷，可用稻稈包覆植物或直接鋪在土壤表面。常綠多年生植物也需要用稻稈包覆盆栽或覆蓋在土壤表面。大理花（大麗菊屬）、美人蕉、唐菖蒲屬等春植球莖類植物需連根挖起移至室內保存，如果空間充足，可以連同花盆一起移往室內存放（圖 23-5）。

24 病蟲害防治與堆肥

室外植物在施肥、病蟲害防治、雜草清除、土壤管理上，使用以化學方式製造的肥料或作物保護劑，可以讓工作變得更簡單，效果也能夠即刻顯現，其費用更是低廉。然而，如果藉由環保、有機的方式進行，不但對環境較為有利，還會吸引許多野生生物。此外，種植於庭園的花卉或蔬菜、水果也都可以安全食用。

在管理盆栽植物時，若想要完全不使用化學物質，會比想像得還要困難。雖可以其他有機物質代替化學物質使用，但是這些方法大部分的成本都相當高，且容易不見任何效果。此外，也容易造成花卉或蔬菜、水果等之品質與產量下降，反而無法達到原先使用的目的。所以，管理者必須選擇是否全面使用這些有機物質，或是僅針對部分植物進行管理。

盆栽設計師或管理者得超越美感的需求，為了成就兼顧健康食材和環境多樣性的庭園環境，選擇可吸引蝴蝶、蜜蜂等昆蟲和鳥類等動物的植物，並且需要為蜜蜂等昆蟲建造小窩。另外，不僅要將鳥類喜歡的飼料掛在樹上，還必須避免使用化學藥品，並利用堆肥讓土壤變肥沃。

生物多樣性（biological diversity；biodiversity）是指生物的物種（species）多樣性、生物棲息的生態系（ecosystem）多樣性，以及生物本身具有的基因（gene）多樣性構成了自然界所有物種的相互依存，如果打破平衡，對任何物種而言都是有害無利，而在生物多樣性豐富的生態界，此循環不易被破壞。一九九二年，在里約舉辦的地球高峰會上，一百五十個國家的政府共同簽署了生物多樣性公約，這是因為當時，人們已經開始認知到生物多樣性將成為人類及食糧安全、醫藥品、大氣、水質、居住地與我們所居住的健康環境所必備的條件。

本章將介紹室外空間的盆栽植物管理方法中，利用環保、有機方式進行的病蟲害防治，以及直接利用庭園植物之副產物製作堆肥的方法。

環保的病蟲害防治方法

人們對健康和環境的關注日漸升高，越來越多人擔心化學植物保護劑所產生的副作用，一般民眾也開始注意環保的病蟲害防治方法。為了呼應顧客們的需求，作為一名植物管理者，必須熟知環保病蟲害防治的相關知識與技術。

害蟲的防治方法與時俱進，近年來，考慮到人類與環境共存的概念已成為主流。不同於一開始，人類用手除去害蟲，或是以稻草引誘害蟲，利用物理性方式驅除害蟲。在農耕日益發達後，利用作物輪作、耕耘等栽培技術進行的耕種式防治，或是利用害蟲天敵的防治方式漸漸開始被善用。

進入二十世紀後，因化學合成技術發達而出現的化學作物保護劑，在與害蟲的戰爭上成為重要的轉捩點。二次世界大戰過後，許多化學作物保護劑被開發、使用；然而自一九六〇年代起，這些化學性的作物保護劑就出現了抗藥性及環境汙染等問題，各國便開始立法進行規範。一九九二年的里約環境高峰會上，通過了至二〇〇四年止，化學作物保護劑，使用應減少50%的草案。此後，化學作物保護劑的使用，在全世界皆出現逐年減少的趨勢。韓國也制定了環保農業育成法，大力推動至二〇二〇年為止，化學作物保護劑和化學肥料之使用量，應減少至40%的計畫。近年來，為了讓化學作物保護劑對環境的影響降到最低，開始出現考慮到「生態平衡」的複合式防治技術。

在這個小節裡，將會把管理室外植物的環保方式分成利用非化學作物保護劑的防治方法，以及生物學上的防治方法進行說明。

使用非化學作物保護劑

各種非化學性的環保、有機作物保護劑已經在市面上流通、販賣，任何人也都可以自己製作、使用。想利用植物學的防治方法是件不容易的事，所以如果熟知一般人也能輕鬆製作、使用的非化學作物保護劑製作方法，將可扮演成功的植物管理者角色（表24-1、圖24-1）。

生物學的防治方式

生物學的防治（biological control）是利用微生物、昆蟲、植物之間的寄生、捕食等關係，對可能危害人體的病原菌、害蟲、雜草等進行防治的方法。運用大自然本身捕食與被捕食的食物鏈關係，藉由人工造景技術，做出害蟲的天敵能盡情活動的環境。其最大的優點在於，防治工作結束後，對自然環境造成傷害的機率也相當低。雖然主要為專業農業使用的方式，與庭園緊密連結的盆栽植物，也可利用這個方法進行病蟲害防治。此外，室內空間裡也可以有限度地執行（圖24-2）。

生物學的防治方法出現的原因是為了一邊維持健全的自然生態，一邊將害蟲密度降至控制閾值之內。利用天敵昆蟲進行的害蟲防治方法，比起不當

表24-1　可親自製作的機種環保作物保護劑

環保作物保護劑	防治目標	製作方法
木醋液	蚜蟲	木醋液為最常使用的自然農藥。在樹木製成木炭時，收集煙霧和外部空氣接觸後液化產生的產物，經過六個月以上的熟成，去除所有的毒性與有害物質後，即為木醋液。木醋液為水溶性液體，酸鹼值大約在pH3左右。其成分中，約80%～90%為水，乙酸則約占3%。除此之外，還包含甲酸、脂肪酸、甲醇等高達兩百餘種的少量礦物質。 木醋液比起治療病蟲害，在預防方面效果更佳，也可以作為肥料使用。有時也扮演著除草劑的角色。木醋液可用來當作蚜蟲預防劑。進行蚜蟲防治時，混和一些柿子醋進行噴灑，可以溶解蚜蟲蟲卵或幼蟲的外皮，使其死亡。根據植物和蚜蟲的狀態，將木醋液稀釋成八百～一千兩百倍，並添加一點燒酌，可以讓效果加倍。
EM發酵液	蚜蟲	在9公升的水中，混合2.5公升的醋和2.5公升的酒、2.5公升的EM、2.5公升的糖漿（水60%＋醋（玄米或糟糠）10%＋酒（25度）10%＋EM10%＋糖漿10%）並進行密封，放置在20～30℃的環境下約七天。在下個七天中，每天都稍微轉開瓶蓋，以排出氣體。就這樣過了十五天後，如果容器內產生香味且不再出現氣體時，即大功告成。發酵液的有效期限為三個月。進行蚜蟲防治時，將EM發酵液的三百倍稀釋液＋木醋液的三百倍稀釋液一起噴灑。
蛋黃油	白粉病 露菌病 蟎蟲	蛋黃油是把菜籽油（芥花籽油）或葵花油等用蛋黃乳化後製作而成。用來治療植物的白粉病、露菌病、蟎蟲等病蟲害，也可以當作營養劑，對所有害蟲具有預防和治療的效果。 製作一斗（20公升）蛋黃油的方法為①在100毫升的水中打入一顆蛋黃，並用攪拌機攪拌約一～二分鐘。②接著，加入芥花籽油或葵花油（比食用油好）或食用油（60毫升），用力攪拌五分鐘以上（油滴小才能成功分散並附著在植物上，發揮良好防治效果）。 用於預防時，以七～十四天為間隔，在早晨或晚間，將蛋黃油均勻噴灑在葉片兩面。如果用於治療，製作時加入100毫升的食用油，以五～七日為間隔進行噴灑。蛋黃油會在植物表面形成薄膜，如果太常進行噴灑，或是濃度太高，可能會抑制植物的生長活動
美乃滋稀釋液		①在空桶中放入100克的美乃滋，並加入少許足以淹過美乃滋的水。然後用力搖晃容器，使其混合。 ②將①放入20公升的水中。 ③將藥水充分噴灑在生病的植物上，直到有多餘藥水滴落即可停止。使用濃度過高可能造成植物的生長障礙，須注意使用量。

環保作物保護劑	防治目標	製作方法
醋	白粉病	發生白粉病等病蟲害時，將以水稀釋一百倍的醋（最常使用的為玄米醋）均勻噴灑在葉面。例如，發生番茄白粉病時，將柿子醋的一百倍稀釋液噴灑於植物時，可發揮約60%的防治效果。使用時切忌過度使用。此外，有些植物可能會產生副作用，使用前最好先進行測試。
雙氧水稀釋液	黴菌病	雙氧水對人體完全不會產生影響，且對黴菌類的病害可產生特別強的效果。一般市售的雙氧水濃度約在30～35%，依照植物的生長程度，在1公升的水中加入10～17毫升的雙氧水進行稀釋，以一週為間隔噴灑在葉面。這個方法因可抑制草莓灰黴病、辣椒炭疽病、小黃瓜白粉病、露菌病的發生而為人所知。
商陸草本天然殺蟲劑	蚜蟲 蟎蟲	以草本植物商陸製成的天然殺蟲劑在噴灑過後，幾天之內可將蚜蟲或蟎蟲消滅。只需一枝商陸根，就可以做出1000公升的殺蟲劑。以20公升的玄米醋或木醋液，加入商陸根2000克、蒜頭10顆及辣椒20條磨碎攪拌後，靜置三個月進行熟成。使用時，將此液體稀釋為800倍後，進行噴灑。
魚腥草（蕺菜）	各種害蟲	散發出難聞腥味的魚腥草（蕺菜），對於難以用無農藥方式栽培的甘藍菜或高麗菜，可發揮優越的病蟲害防治效果。

使用化學作物保護劑更具有效果，而且完全無須擔心化學作物保護劑對環境造成的危害，植物也能避免受到傷害。在經濟上，需對害蟲進行長期防治，生物學的防止方法也能克服因化學作物保護劑所產生的害蟲抗藥性問題。

然而，生物學防治方式的缺點在於，若想成功進行防治，天敵與害蟲的數量都必須非常多。所以，需要定期放出天敵生物。但是天敵生物的成本偏高，生物學的防治方法比起全面撲殺害蟲，只是將害蟲數量維持在不會造成明顯傷害的水準，採用這個方法必須接受些許昆蟲或蟎蟲的出現。某些天敵只在特定時間內有效，而且會四處移動，可能無法在需要的地方停留。防治效果比化學作物保護劑產生得

圖24-1　製作非化學作物保護劑時，用來浸泡毒草的水桶

更慢，甚至存在當多種害蟲出現時，需要同時投入各種天敵物種的缺點。此外，使用者對害蟲與其天敵的知識必須不斷更新，且需持續進行管理。

圖24-2　蟲窩和鳥巢

韓國最初於一九七六年從日本引進介殼蟲的天敵。近年來，以保護農業為重心，一共有三十二種天敵物種正在被使用。導入並抵達韓國國內的三十二種害蟲天敵變成商品在市面上販賣，其中外來種天敵的比例佔了40%。因此，有人曾提出應該開發本土天敵物種，但是必須可以和其他防治方法並行。

害蟲的天敵可以分為捕食者（predator）、寄生者（parasite）和病原菌（pathogeon）。 捕食者像是瓢蟲、普通草蛉、螳螂、甲蟲類等以捕捉害蟲維生，也有像花椿象一樣吸食害蟲體液的類型。寄生者則是如寄生蜂、寄生蠅等，在害蟲體內產卵並孵化，將害蟲當做幼蟲成長的營養來源，慢慢消滅害蟲。防治主要害蟲時所採用的天敵昆蟲策略，請參考表24-2。

堆肥的製作

放置在室外的植物，因為陽光的照射，大部分皆為生長能力旺盛且開花狀況良好的植物，因此代謝活動相當活躍，需要對土壤充分供給肥料。室外空間不足或是置於公共空間的情況下，使用化學肥料或已製作完成的堆肥較為方便，但是在庭園或室外空間充足的地方，利用庭園的副產物或家庭中的廚餘製作成堆肥使用，可達到一石二鳥的效果。

尤其在管理庭園時很快就可以發現，從春天到秋天，植物會產生出比想像中更多的副產物。拔除雜草並修剪草坪、整理花草植物、修剪樹枝、在果

表24-2 為了防治主要害蟲的天敵昆蟲使用（Byeon Yung Woong等，2012）

害蟲	天敵昆蟲		參考
	捕食	寄生	
蚜蟲	異色瓢蟲（Harmonia axyridis） 間黑草蛉（Chrysopa pallens） 普通草蛉（Chrysopa carnea）	阿布拉小蜂（Aphidius colemani） 桃蚜寄生蜂（Aphidius matricariae） 食蚜癭蚋（Aphidoletes aphidimyza）	只寄生在蚜蟲身上的寄生蜂，一生中可產下大約三八〇個卵。瓢蟲可以捕捉約一千隻蚜蟲，並產下六百～八百顆卵。
粉介殼蟲	孟氏隱唇瓢蟲（Cryptolaemus montrouzieri）	桔粉介殼蟲寄生蜂（Leptomastix dactylopii）	
幾種軟介殼蟲		寄生蜂（Metaphycus helvolus）	
幾種硬介殼蟲		印巴黃蚜小蜂（Aphytis melinus）	
粉蝨（溫室粉蝨）	菸草盲椿	麗蚜小蜂（Encarsia formosa）	麗蚜小蜂在粉蝨身上產卵或是在粉蝨身上鑽出一個洞，藉此吸取汁液，因此可以達到去除粉蝨的目的。
蟎蟲類	智利小植綏蟎（Phytoseiulus persimilis） 深點食蟎瓢蟲（Stethorus punctillum）		當植物體受到二斑葉蟎攻擊時，會沿著二斑葉蟎所發出的味道而來，並將其捕食。因為捕食能力和繁殖能力都非常好，被應用在各種範圍。
瓢蟲	七星瓢蟲（Coccinella septempunctata）		
薊馬	小黑花蝽象（Orius laevigatus） 胡瓜捕植蟎（Amblyseius cucumeris）		可以大小只有2毫米的小黑花蝽象和胡瓜捕植蟎解決。
蛾		廣赤眼蜂（Trichogramma evanescens）	廣赤眼蜂可以先找到害蟲棲息的植物並找出害蟲卵，然後將自己的卵產在害蟲的卵中。

園或菜園收割蔬果，不知不覺間時節便漸漸接近冬季，落葉堆滿整個庭園。將庭園活動中產生的副產物收集起來，堆放在庭園一角，待其腐化後，就可以當做堆肥使用。然而，堆放在庭園中的堆肥容易讓環境看起來雜亂不堪，

如果能準備幾只堆肥箱，可以幫助維持庭園環境的整潔（圖24-3）。

堆肥製作的方法可分成使用通風良好的堆肥箱製作，以及放在密封的小型容器中製成兩種方法。

利用喜氧性細菌的堆肥箱

在規模較大的庭園中，製作堆肥箱放置在庭園中，可以維持庭園的整潔，並且方便作業。堆肥箱通常以三個為一組進行製作。第一個箱子用來存放庭園的副產物，兩個月過後再將其移至第二個箱子並進行翻攪。再過了兩個月後，把這些副產物移到第三個箱子。依照這樣的方法，經過春、夏兩季，也就是過了六個月的時間後，副產物便會充分腐蝕，成為黑褐色的堆肥。

堆肥箱為了利於好氧細菌活動，應維持良好通風，在四面留下不會讓內容物流光的縫隙。為了方便將內容物移往另一個箱子，其中一面應製作成可開啟的隔板。可以將個別的三個箱子並排擺放，也可以直接製作成相連為一體的箱子，更能節省費用。箱子可以依照喜好製成不同尺寸，但是邊長為120公分的正四方體箱子，是方便使用的最佳長度。若好氧細菌的活動狀況良好，箱內的溫度將上升至50～60℃，甚至可能達到70℃，進而直接殺死雜草的種子。製作堆肥箱的木材，通常選用未經防腐處理的木材。

堆肥因溫度、濕度、使用材料大小的不同，腐化的時間也有所差異。若想縮短腐化時間，需使用發酵促進劑，或將材料分成更小的尺寸。冬天因為溫度較低、不易出現腐化，如果需要讓腐化速度加快，可以覆蓋一層塑膠布，利用白天的溫室效應讓溫度上升。如果堆肥適度發酵，發酵過程中產生的溫度將會降低，堆肥會呈現為黑褐色。

製作完成的堆肥用網子過濾後方可使用。在春、夏季生長期時，可將堆肥施於土壤表面，或是在調製土壤時直接混入。如果不進行成份分析，便無法得知土壤的成份。因此，使用堆肥時應當一開始先少量使用並觀察植物的反應，再依經驗判斷施肥量。

製作腐葉

落葉具有角質成份，想分解此成份便需要好氧性黴菌，一般選用通風效果極佳的鐵網製作成容器，用來收集落葉。然而，如果腐蝕速度較慢，有時可能需要長達兩年的時間，製作腐葉用的鐵網容器如果造型特殊，也可以當作庭園的裝置藝術。

利用厭氧細菌製作堆肥

如果庭園的副產物不多，或是沒有庭園空間，可以選用市售的堆肥桶。這個方法利用的是厭氧細菌的特性而非好氧細菌。腐化過程中不像堆肥箱一樣會產生高溫，且腐化速度較慢，但是不用投入大量勞力，也更能保持環境整潔。如果無法購入專業的堆肥桶，可以使用密閉的塑膠容器代替。

圖 24-3　堆肥箱

Expression Fl
Soldes
-60 %
SOLDES
Deux sur la balançoire

Part 8 盆栽設計相關產業

盆栽植物相關產業是由盆栽植物材料生產業、流通業，以盆栽植物為中心，對室內外空間進行設計、施工、管理的產業所組成。盆栽設計師在這些產業中，可以是員工也可以是經營者。

在第八部中將一一探討販售盆栽設計材料或販賣設計完成之盆栽植物，並和消費者保有密切關係的花店、園藝店、園藝中心，以及以盆栽植物作為主要材料進行空間設計的花卉空間設計、室內造景和園藝業。

25 花店、園藝店、園藝中心

花店（floral shop）是將包含盆栽植物在內的插花用鮮花、庭園植物等花卉產物從生產者的手中轉移至消費者手上的最後一個物流點，為人們提供以植物為中心的土壤、容器，以及各種管理用品等等商品，也供應許多與盆栽植物相關的服務給大眾。

園藝店（garden shop）是將重點擺放在盆栽設計的一種花店，隨著近年來人們對居家生活之關注度漸漸上升而興起。園藝中心（gardening center）從小型的花店到大型的企業型園藝中心，依據其規模而有所差異。規模越大，販賣的商品種類也就越多，所提供的服務範圍也更加多元。

花店或園藝店、園藝中心是盆栽設計師、園藝師、花藝師（florist）、室內造景師等職業在工作上可以活用的基本產業，也是最接近一般消費者的地方。

花店

花店的最主要功能就是為了達成銷售目的而提高商品價值，這種附加價值不但不會造成設計上的侷限，甚至還包含宅配、售後管理等方便服務。花店的經營包括進貨、設計、定價、陳列商品、販賣、配送、電話服務，以及促銷等業務。

如果服務素質高且獨樹一幟，消費者的好感度越高，就越能對花店給予相當高的評價。花店經營者的經營型態與目標，將體現出市場中花店的類型、風格與地位。因為花店經營者有各種不同的經營方式，許多花店甚至同時能提供盆栽設計或室內外庭院施工、管理的服務（圖 25-1）。

花店的類型

傳統的花店通常只是選擇一個良好的位置開設店鋪，單純進行花卉商品販賣，但是近年來，開始在各種場所以不同的方式銷售商品。包括最普遍的店鋪型，以及在車潮、人潮眾多的道路、市場旁販賣的攤販型。也有不局限於位置及店鋪型態，且是為了特定目的專門大量販賣的農場型，以及沒有實體賣場，僅藉由電話或網路進行銷售與售後服務的辦公室型。另外，更有兼具上述所有類型特性的複合型。

按照販賣商品的內容，可將花店分成一般花店、專門店、複合式花店、綜合園藝花店等類型。一般花店為普遍常見的中等大小賣場，盆栽植物、插花用鮮花、庭園用的草本開花植物、乾燥素材、人造花等各種花卉商品一應

韓國

德國

法國

法國

圖 25-1　花店

俱全。還提供商品配送，尤其是通訊配送服務等多元化的服務。專門店是專門提供盆栽植物、鮮花、乾燥素材或人造花等特定商品的商店，或是專門承接宴會、婚禮等活動場合或展覽會等空間設計的業者。

複合式花店有些和庭園咖啡等不同領域的業者進行異業合作，也有些則和類似領域的家居用品店相互連結。綜合園藝花店可被稱為大規模的花卉百貨，提供盆栽植物、鮮花、庭園植物、花卉商品與庭園用品的販賣和售後服務，也可視其為小型的園藝中心（garden center）。

如果以經營方式進行區分，可分為直營店、加盟連鎖店、協力店、總經銷商等形式。直營店以獨資方式經營，是最常見的花店經營模式。另外，使用相同的商號在各地設立分店的形式也十分普遍。

加盟連鎖店是由本店做為特許人（franchiser）和加盟店的加盟主（franchisee）形成縱向關係的商業體系。加盟店與本店的持有者不同，各自為獨立的企業個體，但是加盟店和本店以同樣商標的商品和商號經營，並遵循本店的經營方針。本店可獲得加盟店所支付的加盟費（royalty），形成互利共生的事業結合體。協力店是在同等的立場上，以特定的商標為中心進行通訊配送等服務，持續維持協力關係的經營方式。

花店的經營權大多屬於獨立個人所有，然而也存在著兩人以上共同擁有、經營的合資公司，以及可以合法登錄的股份有限公司等型態。

花店的位置

某些花店經營者認為，花店經營成功的秘訣在於地理位置的優勢；有一些花店經營者則認為，提供顧客具有差異性的有益商品或服務才是勝負的關鍵，不過最重要的一點仍是店舖租金與商品價格之間的關聯。消費者通常傾向在住家附近購買產品，如果花店具有特殊的形象與信譽，便可輕鬆保有熟客。花店經營者若將重心放在設計上，並進行電話行銷，地理位置可能便不再是重要的因素。隨著花卉的用途越來越多元，販賣方式日新月異，花店也因此可以在各種不同的場所經營下去。

接下來，我們先將花店的位置分為中、大型都市的都心商圈地區與郊區、鄉下與小型都市地區、住宅區、商業區、學校周邊地區、百貨公司、購物中心、超市、飯店，再一一深入探討。

都心商圈雖然可達成較高的銷售量，卻有店面租金較貴和不易停車、配送物品的問題。因為租金昂貴，造成商品陳列空間不足，且多為一時興起購買的散客。此外，容易受流行的影響，所以擁有設計精美的商品是相當重要的。儘管人脈可在銷售量上發揮重要影響，但只要做好廣告並擁有良好技術，銷售上的問題便可獲得一定程度的解決。

郊區租金低廉，賣場面積較大，能輕鬆擁有充足的陳列和停車空間。然而由於人潮較少，短時間內難以看到宣傳效果。郊區因為地理位置的關係，可在宣傳時強調商品價格低廉到即便需花費額外來回交通費也划算；或充分利用租金，引進大型盆栽植物等體積較大的商品，並販賣各種相關商品，針對省錢又省時的一站式消費進行宣傳。一般而言，同時具有批發及零售的複合機能商店相當多，與都心商家締結紐帶關係的郊區花店更是不在少數。

在人口少於十萬的小型都市中，販售的商品或目標客群因花店的位置而產生差異的情況較少。這是因為在小型都市中，特別注重地緣關係、血緣關係、學歷出身所屬團體等條件。因此，除非擁有特殊的商品，否則比起花店的外型與規模、位置、技術水準，花店與其經營者在該區域參與社區活動的積極度，以及是否擁有良好的人脈關係等條件更加重要。

住宅區的消費者大多為家庭主婦，對盆栽植物的需求量最大，且對插花用鮮花、種子、農業、花盆、肥料等園藝用品的需求也漸漸增加，所以花店員工比起包裝、配花的技巧，更需熟知植物的管理要領或鮮花的裝飾技巧。商業地區多半依賴電話訂單進行銷售。學校周邊的花店，可因學校環境整理所需的盆栽植物或鮮花而獲得一定的收益，但最大的缺點在於寒暑假時，銷售量就會大幅減少。另外，教職員等學校成員也多半居住在校園附近，花店的評價會快速傳播，所以必須對商品的設計與相關服務下功夫。

百貨公司、購物中心、超市裡的花店大多為直營或對外出租的形式，比起需另外裝飾或包裝的商品，大部分會直接販賣完成品。這種形式的花店因為前來消費的顧客較多，可以輕鬆獲得一定程度的利潤。而且，就算銷售店員對花卉、植物的專業知識不足，也不會對販賣過程造成影響，甚至有些地方乾脆不僱用店員。在國外的超市裡，有很多花店只是將盆栽植物或花束陳列於顧客眼前，在沒有設計師的服務下進行銷售。

飯店內的花店以飯店直營或對外出租的方式經營，服務範圍以提供飯店客房、宴會廳等場所的裝飾花卉為主，或是陳列盆栽植物及鮮花商品，以住客為對象進行銷售。優點在於就算不進行宣傳或其他行銷活動，也能保障一定的利潤，但是員工需要具備格外卓越的裝飾技術。同時，在外籍旅客較多的飯店中，還會要求花店員工必須具備與各國花卉文化相關的知識和能力，藉此設計出可滿足外籍消費者的適當商品。

花店空間的配置

花店所需的基本空間為展示、銷售、作業、庶務處理和停車空間。對花店而言，規劃出方便顧客瀏覽、挑選商品，並能讓員工有效率地進行作業與銷售的空間和動線相當重要。

能夠吸引顧客視線並誘發購買慾望的商品陳列方式極為重要，展現花店形象的陳列方式，或是具創意性和藝術性的商品展示，都可以在客戶的記憶中留下良好的印象，甚至激發購買的欲望（圖25-2）。櫥窗展示可藉由明亮大膽的設計與配色，在一瞬間將強烈的印象深植於人們的腦海中，讓路過的人可以停下腳步進入商店。此外，設計時也需要注意是否需和招牌的風格互

圖25-2　花店的商品展示

相協調。

製作看板時需考慮花店的整體形象，並選擇搶眼又順口的名字當作店名。商品的擺設應避免妨礙行走動線，且應將花店主要的商品呈現在顧客眼前。陳列的商品上，應標示出植物名稱和價錢，如果能標示出管理要領更好。另外，應展示出各種價位的商品，增加顧客選擇的範圍。

如果成功地以商品展示的視覺效果刺激銷售量，接著便需要在銷售服務上多費點心思。銷售空間是指讓顧客進行諮詢與結帳的空間。在結帳台上同時進行商品包裝與結帳工作，而讓顧客進行諮詢、提供相關服務則在商品展示空間進行。以電話接受訂單時，一般需要另外的庶務空間，但是通常都在結帳台或工作台進行。在設計花店空間時，如果好好規劃作業空間，能讓工作進行得更有效率，還可以節省各種費用。

作業空間是屬於設計師的一方天地，考慮到作業進行的流暢度，應該將附有水槽的作業台和冷藏庫、置物架、垃圾桶等放置在適當的位置，方便設計師能順利找到需要的材料和工具（參考「8.作業設施、機器，和盆栽植物的管理」）此外，也應順利和儲藏空間互相連結。保存必要物品的儲藏空間，在小型的花店裡，大多為置物架或冷藏庫。而在大型的花店內，應該將不會馬上使用到的備用材料和季節商品保管在後方倉庫等儲藏空間，以利作業工作的進行。

另外，比起一般簡易型花店給人空間狹窄的印象，有些花店為了保管盆栽植物，會在緊鄰溫室的位置開設店面，或是乾脆以溫室作為花店。冷藏庫可分為保存用與展示用，體積較大的冷藏庫通常用來保管處理保存相關營養的白鐵桶、鮮花箱或要配送的商品。展示用的冷藏庫則是促進銷售量的設備，除了鮮花之外，還可以展示販賣用的插花商品和配送商品等。

大部分小型花店規模都過小，無法特別規劃出庶務空間，通常也都是以作業空間或結帳台替代。如果是大型花店，應另外規劃庶務空間，讓顧客管理工作及電話訂單之處理可以更順利進行。

進貨、價格政策、設計

花店中，讓顧客能以低廉的價錢購入所需要的材料，是滿足顧客的最主要條件，也是決定花店成功與否的關鍵。商品的組合需符合目標客層的需求。進貨來源可以是批發商、移動型販賣車輛或農場，然而但是大部分還是選擇批發商（圖 25-3）。選擇最適合的貨源相當重要，可先充分掌握市場、商品、庫存等情報以設定進貨計畫，仔細琢磨品質、新鮮度、價格等條件後再購買，經營花店的一個至要關鍵就是庫存的處理問題。

完成進貨後，就該制定適當的販賣價格了。零售花店通常以利潤作為商品定價的依據，商品價格是以原本的材料成本費加上勞動費用和設計費後進行制定的。在花店裡或許常常可以發現沒有標價的商品，然而這對消費者而言是一種服務缺失，明確標示出商品價格有其必要。此外，有很多時候會碰到需要承包戶外空間設計的工程，此時便應依照委託設計的空間類型及運用方式，先草擬工作計畫並估測施工費用後，再訂購適合的材料，接著進行符合目的的設計與裝飾建置作業。

在花店經營上，獨創的設計是和價格一樣重要的因素。設計師得在適合的價格範圍內，創作出顧客喜歡的商品，或是對委託空間進行合宜的設計。顧客們所喜歡的設計各不相同，在同樣的價格條件下，有人喜歡華麗大氣的

首爾良材洞農漁產品流通公社（批發零售）

果川花卉市集（批發）

英國柯芬園花卉市場（New Coventflower Market，批發）

法國杭濟斯市場（Rungis Market，批發）

法國杭濟斯市場（Rungis Market，批發）

法國杭濟斯市場（Rungis Market，批發）

圖 25-3　常作為貨源的批發市場

設計，有些人則喜歡簡單優雅的風格，花店設計師必須滿足顧客的期待。

販賣、配送、通訊配送服務

顧客踏入花店的瞬間，對顧客的服務也跟著開始，並將一直持續到顧客滿足時為止。店員積極、親切的態度對顧客而言，可以產生比實際服務更加深刻的印象，所以花店經營者須將客戶服務視為事業成功的秘訣。銷售店員應接受訓練，以提供專業、有效率的花店商品及服務，且應具備親切、熱情的態度。另外，也需要擁有優秀的待人技巧，並徹底了解商品。不僅如此，店員還需要能為客戶提出設計提案，並告知花店提供的服務及符合預算的適當價格範圍。特別需要注意的是，店員需在各陳列商品上標示價格，以方便顧客購買。

花店商品的購買行為也常常透過電話或網路產生，並且需要進行配送。此時，顧客對花店的印象，將從與通訊銷售人員的連結之間產生。銷售人員得透過電話，詳細說明商品種類、價格、配送等服務內容，並填寫訂購單，最後對客戶說明付款方式。由於電話訂購的購買比重逐漸增加，配送服務成為了銷售的基本要件。和銷售人員一樣，配送人員也開始扮演重要的角色，商品的品質與服務、配送人員的態度、配送車輛也成為評價花店的依據。

此外，當配送成為最自然的花店宣傳管道，充分活用印有花店標誌（logo）、地址、電話號碼的名片小卡或收據、商品目錄，並使用標有花店名稱與電話號碼的配送車輛，不僅能達到宣傳效果，也能獲得客戶信賴。人員較少而難以另外撥出人力進行材料購買或配送的花店，可與配送業者合作來解決問題。在這樣的情況下，比起自己配送更能節省費用，但是有時可能遭逢交通壅塞、週末訂購尖峰等因素而難以進行。儘管對花卉配送業者的需求增加，但是花店最好還是擁有一台自己的配送貨車。

想送花給身在遠方的親友時所利用的管道為通訊配送，向一個城市的花店訂購商品後，該花店會利用電話、網路、傳真等方式將訂購單傳送至位於其他城市，甚至其他國家的花店，並由接收訂單的花店進行配送。費用透過花店間的協議或協會本部的結算機構進行結算。這樣的通訊配送服務，就算在沒有具體店鋪的花店也可以進行，但是仍無法避免信用問題及品質低劣的可能性。

促銷及顧客管理

以被視為銷售目標的顧客為對象，進行告知、說服或使其記住產品內容的資訊提供活動稱為促銷活動。這樣的促銷活動包括推銷、廣告、宣傳、人力銷售。

推銷是透過傳單、商品目錄、書信、報紙、廣播、電視、芳名錄、訪問銷售、商品樣本等媒介，對花店和盆栽植物形成普遍認知的所有活動。然而，花店和盆栽植物的形象宣傳，仍不足以讓消費者進行購買。比較好的方式是對顧客說明盆栽植物的效果和管理方式，引起人們對盆栽植物的興趣，在此過程中便可以促進消費。也可藉由廣告傳達特別的想法、理由、特定價格等資訊，吸引消費者購買商品。

大部分花店的廣告都和電話服務有關，可利用電話服務吸引人們購買盆栽植物。宣傳是透過特別活動或商品展示會，讓人們認識花店與商品、服務的工作，在聖誕、年節期間或春天舉辦的開幕活動也算是一種宣傳手法。人力銷售是在和顧客的對話過程中，形成能幫助顧客進行購買的消費者指向環境。除此之外，利用消費者對季節或天氣的心理所進行的促銷活動也相當具有效果。

如果少了新客戶開發與現有顧客對花店的持續滿足，花店將難以成長。想增加既有顧客，應以持續的熱誠進行顧客管理。為了進行顧客管理，應迅速對變化萬千的顧客需求做出反應。為此，需要建構顧客資料管理系統，有條理地收集、分析顧客資料並持續管理，以和具體營業活動互相連結。對顧客進行的服務包括以信件傳達廣告或感謝的內容以及免費課程等一般服務，以及在購買服務與商品時，提供退換服務或售後服務、自動結帳服務、配送服務、包裝服務和信用卡支付等多元化的服務。除此之外，還需要開發出更新的服務模式。

員工、商品與資金管理

花店有所有人與管理者，還有設計師與銷售員、會計師、送貨員等人力。規模較小的花店通常由一個人扮演多種角色，但是規模越大，業務就分得越細，各業務負責的員工也越多。花店中，許多顧客會進行選擇性消費，並諮詢應用技術與管理等相關問題，所以依據花店的服務水準，顧客數量可能增加，也有可能減少。因此，員工的資質和業務處理能力相當重要。這也代表花店的員工管理具有重要意義。

管理者雇用適合的人選並進行教育，使其能積極地處理工作，且對勞動人力進行管理，讓生產與成本之間維持具有利潤的均衡。為了調節人事費用，員工應發揮和薪水等級相符的能力，管理者也必須確認員工的工作內容，以了解員工的生產能力。在小型花店中，業務雖然區分不明確，但在評鑑業務執行能力時，應自行設立一定的標準。手腕純熟的管理人在對員工進行評鑑及獎賞時，需明確傳達意思，激發員工的勇氣且給予刺激，以開發員工的能力。為了對員工進行教育，給予員工充分的空間，使其能夠閱讀相關期刊雜誌或定期參加研討會、研習等活動，也是管理者的重要工作。

一名成功的花店管理者，要能夠監督員工，並且管理進貨、商品組成、銷售，還要能夠管理資金的流向。花店應該同時擁有維持時間較短和可以保持較久的商品。購入適合的貨品是管理者的基本。接著，還需要對購入的貨品賦予適當的價格，並迅速銷出。所有的貨品購入都是一種投資，而投資的首要目標便是創造利潤。為此，需要對貨物管理明細進行責任管理。花店裡因為有容易凋謝的產品，更加凸顯貨物明細管理責任的重要性。

為了成功經營花店，需要擁有充分的資金。為了支付貨款並補貼經營費用，需有適當的資金能進行周轉。進行資金管理前，應該設立財務上的計畫。許多設計師並不是好的經營人才，如果花店的規模不足以另聘財務管理人，也可以尋求外部的會計師事務所幫忙，但是每個月的次數應有所節制，才能充分創造投資價值。

園藝店

隨著文化和所得水準上升，人們對居家生活的關注度也越來越高。從一九九〇年開始，觀葉植物於室內空間的使用獲得大眾的注意並引發熱潮。此後，室內空間的盆栽植物利用便開始普及。然而在室內空間裡，因為植物無法持續生存等因素，人們對植物的關心多少會降低，不過植物對環境能產生好處的認知，可再次喚起人們對室內盆栽植物的關注。現在，因人們對高水準盆栽設計所產生之關注。而開始的園藝店，不僅只是單純地利用盆栽植物做為擺飾，而是讓植物與整個生活空間的設計融合，扮演凸顯生活環境與設計重要性的角色。

園藝店與百貨公司或居家用品專門店、庭園咖啡等結合，並成為其中的主要營業領域，甚至以盆栽植物為中心，在這些地方扮演空間設計業者的角色（如圖25-4）。除了做出高水準的盆栽設計之外，其他細部內容與花店，以及下一部分將介紹的花卉空間設計業者所扮演的角色十分相似。

園藝中心

園藝中心是販賣與園藝植物相關的物品，並提供相關服務的零售商。

園藝中心的角色與類型

從生產並銷售植物的零售農園（nursery）發展而來的園藝中心，也會引進在其他農園生產的植物進行銷售。其他先進國家的園藝中心所販售的商品範圍更加廣泛。除了庭園相關的用品之外，包括露營、烤肉等室外活動用品和寵物用品、家具等家庭用品在內，也販售各種領域的物品與設施（表25-1）。另外，園藝中心一般在春天（三～六月）與秋天（九～十月）最為繁忙，而在冬季（十一～一月）為了提升收益，會販賣聖誕樹及裝飾

果川My Allee

（株）Allee園藝設計

Queen Mama市集園藝店

圖25-4　園藝店

品、派對用品等商品。

國外某些園藝中心是以較小的規模經營，但是大部分皆為規模較大的企業型經營方式，甚至擁有多個連鎖店，或是由多個園藝中心組成協會。另外，有些則是隸屬於住宅用品公司的一個部門，或是與超市結合，持續進行發展（圖25-5、表25-2）。

園藝中心的變化

國外現有的園藝中心可提供更多的園藝相關經驗，並且為了讓人們能在園藝中心停留更久，還會另外設置供孩子們遊玩的遊戲區、咖啡廳、餐廳等各種休閒空間，進行複合式經營。此外，隨著線上園藝中心的出現，現存的園藝中心也開始進行線上經營。商業路線的庭園或植物園等也開始經營園藝中心（表25-3）。

園藝中心會雇用可診斷問題並幫助解決問題的專業園藝師或園丁，並提供免費服務。有時還可以進行公開課程。除此之外，依照經營方式的不同，園藝中心也是提供庭園設計、施工、管理等服務的地方。

德國

德國

英國

德國

英國

荷蘭

圖25-5　園藝中心

表25-1　英國園藝中心的販售物品

分類	詳細內容
植物材料	一年生植物、多年生植物、喬木、灌木、草皮、觀葉植物、種子、球莖類等
植物設計商品	盆栽植物商品、裝飾性鮮花商品等
花盆	各種花盆等
土壤與肥料	混合土、堆肥、土壤改良劑、覆蓋物等
植物保護劑	病蟲害去除、雜草去除等
道具	花鏟、鏟子、鋤頭、鎬頭、鐮刀、耙子、鋼叉、剪刀、高枝剪、澆水壺、水管、灑水器等
機械	割草機、油鋸機、動力綠籬機、電動輾磨機、耕耘機、壓路機、手推車、臺車、肥料撒布機等
庭園建築	溫室、倉庫、作業場、動物籠子、遊戲屋等
庭園裝飾品	包裝材料、木材、籬笆、棚架、方尖碑、牌樓、造型裝飾、水池、噴水池等
庭園家具	椅子、長椅、桌子、日光浴躺椅、遮陽傘、喬木長凳、涼亭、布幕、鞦韆等
室內家具	桌子、椅子、收納櫃、展示櫃等
寵物	天竺鼠、兔子、魚類、鼠類、寵物相關商品
露營用品	布幕、露營用品、服飾等
冬季燃料	木柴、木炭、煤炭等
烤肉用品	烤肉燒烤道具等
聖誕節用品	聖誕樹和底座、裝飾品等
禮物	
禮券	

表25-2　英國2007年庭園相關產業生產額（AMA Research，2008）

項目	詳細內容	千英鎊（£）	比例（%）
庭園植物	觀賞用草本植物、球根類、種子、木本植物、觀葉植物	1,207,960	23
庭園建築	溫室、庫房	1,523,080	29
庭園休閒	庭園家具、烤肉相關道具	525,200	10
庭園道具	割草機、草地曳引機、庭園動力道具、庭園道具	577,720	11
庭園化學物品	草地管理、防蟲劑、去除雜草、堆肥、泥炭蘚、樹皮、肥料	420,160	8
庭園雜物	籬笆、地板木材與木材製品、庭園裝飾物、網子、水耕材料、繁殖道具、鋪地石	997,880	19
合計		5,252,000	100

表25-3 英國與美國的主要園藝中心

英國	加盟店數	美國	加盟店數
The Garden Center Group (Wyevale)	129	Master Nursery Garden Centers	750
Dobbies	32	Home and Garden Showplace	260
Klondyke	26	Northwest Nursery Buyers Association	81
Mole Country Store	19	ECGC	12
Notcutts	19		
Hillier Nurseries	14		
Squires	14		
Blue Diamond	12		

26 花卉空間設計、室內造景、園藝

花卉空間設計、室內造景及園藝產業比起花店或園藝店、園藝中心的銷售行為，主要以承攬室內外空間的盆栽設計或庭園造景工程為主，由設計、施工、管理或製作、販賣相關產品的業者所組成。不只是花卉空間設計，在室內造景與園藝方面，盆栽設計更是主要部分。尤其都市裡的盆栽園藝多以盆栽設計為重點。盆栽設計師可成為這些產業的員工，也可以是經營者。花店或園藝店、園藝中心不僅是藉由物流進行的銷售行為，也接受花卉空間設計或室內造景、園藝的委託。本章將簡單介紹盆栽設計師從事的花卉空間設計和室內造景、園藝產業。

花卉空間設計

花卉空間設計以室內空間為中心，藉著利用花卉植物將空間設計得美輪美奐的業者完成。包括百貨公司、飯店、餐廳等商業用建築的盆栽設計、室內造景、季節性展示在內，由盆栽設計師、室內設計師，或是室內造景師、花藝師、園藝設計師等對公司、銀行、政府部門等辦公大樓與住家建築進行盆栽設計、室內庭園等的設計與施工（圖26-1、表26-1）。

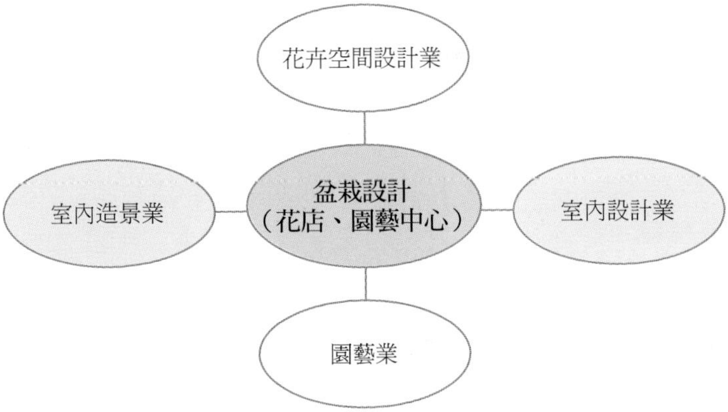

圖26-1　完成盆栽設計的產業

以室內空間為重心的花卉空間設計，雖然著重於利用活體花卉做盆栽設計，但在光照條件不佳的室內空間，也常使用人造植物。如果只是為了短時間的視覺效果，也常見到利用鮮花的花藝設計。所以，比起以室內造景和室外空間為重點的園藝業從業人員，以盆栽設計師為重心，主要的參與者為室內設計師、展示空間設計師、花藝師、花店從業人員（圖26-2）。

花卉空間設計業者的業務中，最重要的莫過於接案前的設計提案、施工和管理，能夠利用電腦進行設計的設計師將成為是否能成功接案的關鍵。最近，許多花卉空間設計業者常常會和生活用品店和園藝中心一起經營，或是兼做療癒餐廳與教育中心，抑或是承接包括庭院設計在內的各種園藝相關案件，逐步擴大業務領域。

表26-1　盆栽設計相關產業

項目	相關產業
植物生產	花卉植物生產農園等
植物以外的材料生產	土壤、容器、花盆、人造植物、造型裝飾生產與製造等
物流（批發）	花卉集合場、花卉園區、花卉流通中心等
物流（零售）	花店、園藝店、園藝中心等
設計、施工、管理	花店、園藝中心、花卉空間設計業、室內造景業、室內設計業、園藝設計業、園藝業、造景業等
植物租借管理	盆栽植物管理專門業者等

Design Allee株式會社

Very Things

Su-su 花卉與園藝

圖 26-2　韓國國內花卉空間設計業者

室內造景

從事室內造景，必須對於植物、材料、木工、石製品等知識技術具有一定程度的了解，同時也需具備設計、施工、管理等能力。

室內造景業的主要業務

(1) 室內造景承攬：因為室內造景規模並不大，室內造景工程的承包相當重要。辦公大樓或商業用建築可創造出規模相對較大的室內造景，而居住用建築中需要的室內造景雖然規模較小，但是需求將不斷產生。例如，新落成的公寓竣工後，會出現許多對附花壇之陽台進行室內造景的訂單要求。對室內造景的結果感到滿意時，委託人極可能成為長期的顧客，甚至還會介紹新的委託案件。

利用網站和雜誌進行的宣傳與公司簡介也相當重要。參加展覽、展演、雜誌投稿等為了承包室內造景案件而呈現出的熱情與關注，將決定室內造景公司的成敗。室內造景業不只是設計和施工，與公司行號或政府機關、飯店、購物中心等單位訂立盆栽植物租借或室內庭園管理契約，創造安定的收入也相當重要。

（2）室內造景設計與施工：正確了解委託人的需求，並提供獨特的設計與俐落之施工能力，在業者持續發展的過程中，扮演了決定性的角色。業者必須了解植物材料的使用知識以及栽種方法、土壤的使用、製作花壇與地板的木工和石工作業、庭園裝飾品之活用、室內造景材料購入地點等知識或技術，並且具有相關的情報能力。室內造景必須能同時進行設計與施工、管理，才能提高收益，所以業務負責人應具備各種能力。

有很多線上室內造景業者提供包含花壇和植物、土壤在內的材料。此時，設計和價格將影響購買者的選擇，所以需要不斷開發設計之構想。

（3）經營：如果累積了一定的技術，並擁有不斷維持創意的經營理念，便可經營室內造景業。為了開始室內造景相關事業，在製作、銷售、設計、施工、管理等方向中，需先確認要往那些方向進行，並做出事業企劃書。

最重要的是，應該進行室內造景的需求調查，以分析事業的適當性。以市場性、展望性、收益性、競爭性，和其他各種調查為基礎，進行損益分期分析。適當性分析完畢後，舉例來說，如果要進行產品開發，還必須設立工廠建設計畫、產品開發計畫、產品生產計畫、財務計畫。除此之外，還必須能夠藉由廣告和宣傳，對潛在購買顧客傳達資訊，並動員所有營業資源進行顧客維持、銷售據點保持及銷售行銷等活動。

園藝

園藝（gardening）具有總括性的意義，通常被解釋為「建造庭園」、「整修庭園」。根據GOOGLE所搜尋到的資料，「園藝」是包括園地栽培，果樹、蔬菜和觀賞植物的栽培、繁育技術和生產經營方法，大致上可分為果樹園藝、蔬菜園藝和觀賞園藝。

與盆栽設計相關的園藝產業

園藝產業是由提供商業庭園經營、庭園植物與庭園用品之生產與流通、庭園設計與施工、庭園管理、庭園博覽會與展覽、園藝競賽、園藝雜誌、園藝相關電視節目、園藝相關教育、園藝之旅等大眾化園藝服務與活動、教育的業者組成（如表26-2、圖26-3）。以全體民眾為對象的園藝活動，其重點在於盆栽植物，在各式各樣的設計中，盆栽設計絕對是少不了的部分。

表26-2　園藝相關產業的分類

項目	相關內容
庭園經營	商業庭園、觀光農園、植物園、森林公園等
庭園植物生產	農園、植物園、種苗公司等
庭園用品生產	椅子、長椅、桌子、遮陽傘、鞦韆、吊床、涼亭、拱門、棚架、溫室等的生產
庭園植物與庭園用品流通（批發）	花卉集合場、花卉流通中心、花卉園區等
庭園植物與庭園用品流通（零售）	園藝中心、園藝店、花店等
庭園設計與施工	園藝設計業、園藝業等
庭園管理	庭園管理業、園藝業等
庭園博覽會、展示會、活動	庭園博覽會、花卉博覽會、園藝秀、花藝秀等
園藝競賽	庭園設計競賽展、庭園嘉年華、生活庭園等
庭園雜誌	園藝雜誌、園藝設計雜誌等
庭園電視節目	園藝、庭園管理等
庭園教育	大學、終身教育院、才藝班等
庭園之旅	國內外庭園之旅等
庭園協會	園藝設計師、園藝、庭園文化等
庭園學會	庭園設計等

圖26-3　園藝用品的流通

{附錄}

韓國盆栽設計歷史

韓國盆栽因為受到氣候環境以及飲食習慣、民族性、風俗、宗教等影響，發展為極具特色的樣式。相異於全球各地花卉植物流通的今日，過去主要以原生木本植物的盆栽或盆景為主。朝鮮後期開始有草本植物盆栽，不管是盆栽或盆景，有些會在特定季節做裝飾，大部分都是擺放在室外空間。

今日韓國的傳統盆栽，因為經濟發展、居住環境變遷以及交通、資訊發達，融合了其他國家的傳統樣式，也由於花卉產業的蓬勃，加上造型藝術設計方法導入，發展出更自由、創意的現代樣式。韓國在一九八〇年代開始自國外大量引進熱帶植物，繼而將這些熱帶植物活用於室內外空間，盆栽逐漸成為必要性裝飾，並發展成大規模室內花園。二〇〇〇年起室內外空間的盆栽植物以花草類為大宗，屬於花園文化一部份的盆栽園藝因應而生。隨著世人對於與綠化都市空間息息相關的屋頂花園盆栽之利用、室內外垂直花園、都市農業與花園的重視，盆栽設計也越來越多元化。若觀察韓國與國外盆栽利用的發展過程，不難預測韓國、世界各國盆栽設計的現今與未來。

韓國從三國時代起，盆花不再只侷限擺放於室外空間，已有安置在室內觀賞的足跡可尋，而最早在文獻留下紀錄是從高麗中葉開始，當時盆栽主要以松樹、梅花、蘭花、石菖蒲為主，除了室外也會放在室內做裝飾用途。

三國時代與統一新羅時代

韓國三國時代（BC57～668）與統一新羅時代（668~935）對於盆栽利用並沒有確切著述資料，所以無法得知正確情況，不過可從文人墨客留下的詩集看到端倪。盆栽與庭院發展有密不可分的關係，若參考三國時代與庭園歷史，可發現在當時對於盆栽利用已有相當水準。中國在西元六百年末期已有種植盆栽的風俗，韓國文化剛好在此時期受中國影響最深，但此時對於中國盆栽的習俗或技術並未太深入，所以可判定約是從當時由中國傳到韓國。

高麗時代

高麗時代（918～1392）有幾首詩是以盆栽為主題而做，因此可以得到關於盆栽利用的資料。高麗中期許多官宦之家喜歡以月月花（China rose）石榴、竹子、石菖蒲、菊花等祥瑞之花做裝飾，尤其是屬於草本植物的石菖蒲，以及無須添加任何裝飾的竹子，都是盆栽主要使用的植物。

至於當時的盆栽樣貌，可從高麗末期一件名為「刺繡四季風景圖」刺繡屏風看出端倪，可以發現當時是把松樹、梅花、葡萄樹、蘭花、蓮花盆安置於室內做裝飾（圖1-1）。高麗後期的盆栽以松樹、梅花、竹子為主軸，當時對於盆栽的塑型技術已經具有相當的水準。

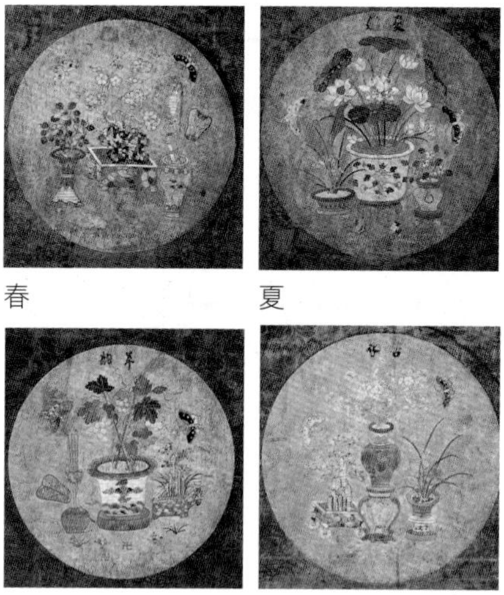

春　夏　秋　冬

圖1-1　刺繡四季風景圖（高麗末期）（韓國文化財廳，2016）

朝鮮時代

朝鮮時代（1392～1910）初期姜希的《養花小錄》裡，就有關於老松、萬年松（真柏）、烏班竹（紫竹）、梅花、石榴、月月花、茶梅（冬柏花）、紫薇花（百日紅）、大字杜鵑、橘子樹、石菖蒲的合適塑型、栽種方法、擺盆方式的記載，由此可知在朝鮮初期，盆栽技術具有相當的發展。

朝鮮中期洪萬選的《山林經濟》中，雖然已有提到老松、萬年松、竹子、梅花、菊花、山茶花、梔子花、瑞香、石榴、大字杜鵑、月桂花、海棠、百日紅、石菖蒲等盆栽種類、裝飾方法以及管理事項，但內容幾乎引述《養花小錄》，所以朝鮮中期的盆栽發展並不如初期。而朴世堂的《穡經增集》中，記載了梅花、大字杜鵑、月桂花、玉簪花、秋海棠、美人草等六種植物的栽培要領、增加古木韻緻的方法、如何讓盆栽表面長出青苔等內容，由此可判斷當時應已正確掌握觀賞盆栽的真諦。

在朝鮮後期徐有榘《林園十六志》當中的《藝畹志》與《怡雲志》，記載了好幾種養盆栽的方法，《藝畹志》裡詳細提到如何讓古木盆栽更顯韻緻、如何擺放盆栽以增加觀賞效果的要領、冬天的保護與管理要領等等；《怡雲志》裡則有對於盆景的論述，其中在《盆景統論》中介紹了盆栽與大自然間的關係，還有盆栽所蘊含的藝術性質，而《盆景品第》則講述盆栽的品味，將評價最高的老松、梅花、竹子列為三友。在《盆品》中評論了各種容器種類，除了上述所提，朝鮮時代也有許多以盆栽為主題的漢詩，由此可窺見從朝鮮後期開始種植盆栽的風氣

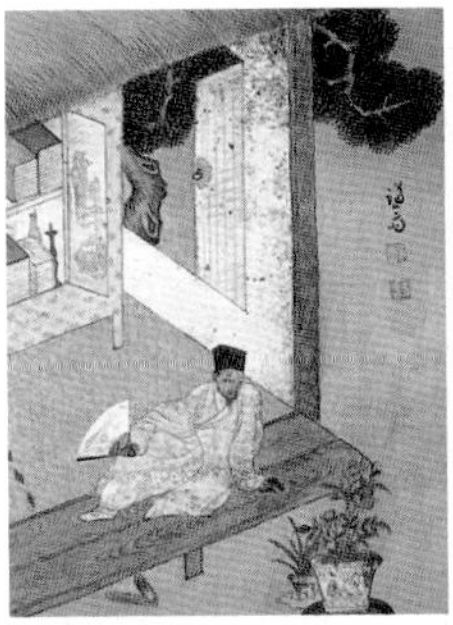

讀書餘暇圖（鄭敾，18C），欣賞院子裡盆栽的士大夫（韓半島，2016）

文房書畫，以竹子、梅花裝飾的書桌（民畫，2016）

白瓷，青花花蝶文兩耳壺（18C）中的盆栽圖案（沈川，2016）

行旅風俗圖（金弘道，18C）（黃英燦，2016）

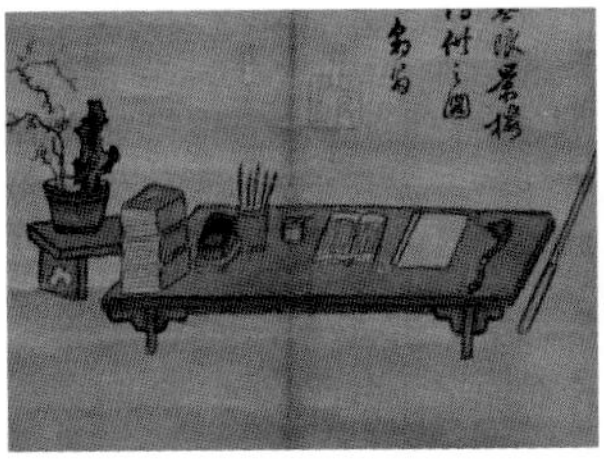

青空圖（姜世晃，18C），以奇岩怪石裝飾的梅花盆栽（黃英燦，2016）

易安窩壽席時會圖（鄭榥，1789）（吳素美，2016）

風俗畫（申潤福，18C）（吳素美，2016）

圖 1-2　朝鮮時代的盆栽畫作

廣為盛行。

從高麗時代到朝鮮初期，盆栽開始傾向樹幹彎曲劇烈的蟠幹類型，到了朝鮮中期，樹枝雖然看起來有些彎折，但大致來說還是較為筆直，轉變為上半部塑型稍微抽枝的「人文木」類型。高麗與朝鮮時代的文人雅士是比較崇尚松樹與梅花，因為這兩種植物不僅僅是人格修養的象徵，且非常適合蟠幹與人文木兩種塑型。到了朝鮮後期，開始流行在同一花盆裡同時種植數顆植物，營造出深林遠景的氛圍。而朝鮮後期用於盆栽的植物種類也越來越多樣，可發現到為數不少的草本植物。

觀賞盆栽最佳的位置據說是書齋的案頭或小矮櫃之上，蘭花、水仙花、梅花、石菖蒲都很合適。初春時將花朵綻放的蘭花盆置於書桌上，蘭花的葉和影子值得一賞，唸書時也有助於趕走睡意。若是將石菖蒲擺在書桌上，可以吸附油燈媒煙，免於燈煙燻眼之苦。另外也能放置在寫字房、書房顯眼之處，隨時欣賞其姿態（圖1-2），而後院的花階也是不錯的地點。

從「東闕圖」能發現昌德宮大造殿旁與熙政堂旁的院子擺放了許多盆栽，點綴宮廷閑靜的一角，此舉不難猜想是為了吸引來往路人駐足欣賞（圖1-3）；姜希的《養花小錄》中對於花盆的擺設方法提到：「花盆原本是擺放在亭子裡，只是後來花盆數量一直增加，繼而擺滿整個花園，不過這種情形是從何時開始不得而知。」由此段話可得知，當時花園裡已開始盛行擺放花盆。

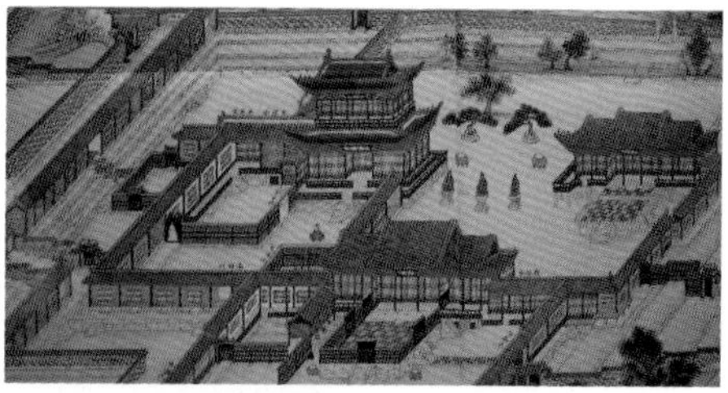

圖1-3　東闕圖（李允載，2016）

圖1-4　連幅記明圖（17C）（石元，2016）

從十七世紀初的草丈記明圖或十七世紀末葉的連幅記明圖，已經可以看出當時在室內已有水耕盆栽（圖1-4）。

現代

原本使用原生植物的傳統盆栽與盆景，到了現代以後因為居住環境變化、引進外國植物、生活水準提高等因素，使用的植物與樣式起了很大的轉變。從一八八四年韓國仁川蓋了第一棟洋房開始，居住空間正式步入西化的腳步；一九九三年初期開始從日本進口蘇鐵、椰子、姑婆芋等熱帶觀葉植物，外國品種陸續被引進。一九七〇年代因為經濟蓬勃發展，人們懂得享受生活，居住環境逐漸改善，開始注重室內盆栽，而有了玻璃盆栽與碟盆淺缽，也有與盆栽相關的展覽，喚起人們對室內盆栽設計的重視。

室內盆栽原本以居住空間為主，主要使用小型容器栽種，後來擴展至商業空間的大型盆栽，盆栽的利用規模日益擴大，進而發展出室內花園。建於一九七〇年代的教保大樓中庭，是韓國境內大規模室內花園的先驅（圖1-5）。一九八三年的青邱住宅樣品屋內，更首次打造室內花園供民眾參觀。而隨著公寓大樓越蓋越多，而興起了一股利用露台空間打造室內花園的熱潮。

韓國在一九八〇年代舉行過許多國際盛事，像是一九八六年第十屆亞運，一九八八年第二十四屆奧運等等，也因此推動了許多國內基礎建設。對於賞心悅目的室內環境要求，從家庭擴大到餐廳、辦公室、飯店與百貨公司，使得室內空間盆栽設計普遍化，現代建築、百貨公司、飯店除了要有特色，也必須保有休憩空間，而這些需求也促進了室內花園需求的活性化。可惜當時對於植物的生長

圖 1-5　教保大樓室內花園

環境並沒有嚴加考慮，建商就投入建設，因而產生了許多問題，經歷眾多失敗與錯誤。

一九九〇年代，部分新銳建築師設計了許多新型建築，意圖打造出人類與大自然共存的室內環境。近來的室內盆栽設計，已成為人類生活必備條件，除了滿足美學上的要求，還有空氣淨化、調節濕度、解決多項室內環境問題，緩解因為都市化而造成自然環境缺乏的問題。

21 世紀

都市隨著產業發達而日益膨脹，越來越多人移居大城市，在有限的土地蓋起眾多高樓大廈，典型透天被公寓大樓取代。隨著就業機會、物流量遽增，商辦大樓越蓋越多，也越蓋越大。都市人大部分時間都在室內度過，與大自然的隔閡越來越大，上班族一整天不太會離開辦公室，就算途中想到附近公園散步，也很難發現綠地。絕大部分的都市人都是居住在這樣的環境，因此開始崇尚失去的大自然。活在有嚴重空氣汙染的城市裡，渴望著清新空氣，在心理上產生危機意識，覺得好像被孤立起來，彷彿被困在高樓大廈。

欲維持建築與公園綠地一定的比例，其中一個方法就是打造屋頂花園以及室內花園，過去盆栽設計僅僅消極應用於一般家庭居住空間，擺幾盆小盆栽或打造小規模室內花園，但隨著商辦大樓對於大規模室內花園需求遽增，開始出現專門打造室內花園的業者，甚至有「室內造景」此等專業用語。

盆栽設計已然超越裝飾次元，為了充分發揮其機能，發展出許多尖端科技方法。科學家們進行許多精密實驗以及研究，證明盆栽對人類的益處，也為了減少照顧植物的麻煩，開發出非常便利地的澆水裝置，甚至結合各種數位控制方式，開發出能夠讓人類跟植物對話的裝置。近來興建的建築，也盡量設計天井與玻璃結構，讓光線能夠自然導入，不足之處則設置人工光源，最近的技術是能夠利用光纖線（optical fiber）將日光導入室內，再加上LED照明，幾乎所有型態的建築都有足夠條件種植盆栽。

人們喜愛的觀賞植物會因為流行而改變，所以總是不斷地尋找新植物。流行於一九八〇年代之後的觀葉植物，已到了每個人都熟知的程度，而到了一九九〇年後期蘭花和香草植物成為新寵兒。隨著時代變遷，多肉植物、食蟲植物、水生植物都曾紅極一時。隨著人們喜好不斷改變，最近連原生植物也成為盆栽，可謂相當多元。尤其最近人們對開花植物日漸重視，希望能夠將陽光充足的室外盆栽，發展成以無數盆栽組成的小規模歐式花園（圖 1-6）。另外都市農業也跟園藝結合，除了攜手開發新的花卉植物，也導入全新設計方式，若再加上安定舒適的環境，盆栽設計已然成為人類生活重要的一環。

圖 1-6　室外盆栽設計

{參考文獻}

韓文書籍

고하수.1993.한국의 꽃예술사 I ~ II (韓國花藝史) 하수출판사 / 곽병화.1994. 화훼원예각론. (花卉園藝專論) 향문사 / 김광진 역.2005.사람을 살리는 실내공기정화식물. 중앙생활사 (居家空氣大淨化：50種能製造新鮮空氣的室內植物) Dr.B.C.Wolverton著,白敬帆譯, 2007,蘋果屋 / 김혜숙. 2015.집안에 숲을 들이다 힐링원예 (營造居家森林：療癒園藝) 아카데미북 / 다바타 데쓰오. 2016.조미니 수족관 보틀리움. 한스미디어 (迷你水草造景攻生態瓶入門實例書) 田畑哲生著,姜柏如譯, 2015,噴泉文化館 / 동경주부생활사. 2004.내가 만든 미니분재 (自己動手做的迷你盆栽) 그린홈 / 마이 가든 드림팀. 2007.베란다에서의 즐거운 시간 (陽台上的美好時光) 혜지원 / 마틴 콕스. 2011.우리집 화분 식물 가꾸기 (擁有居家花盆植物) J&P / 박희란. 2010.베란다 채소밭. 로그인. (我家陽台有菜園：讓心愛的家人吃出幸福的滋味) 朴熙蘭著,陳品芳譯,2011,博碩 / 손관화. 2004.아름다운 생활공간을 위한 화훼장식. (營造美麗生活空間的花卉裝飾) 중앙생활사 / 손기철. 2014.실내식물 사람을 살린다 (人類的守護者：室內植物) 중앙생활사 / 심우경. 2000.옥상정원 (屋頂庭園) 보문당 / 아담 카플린. 2005.새로운 유기농 채소정원 (新式有機農蔬果庭園) 동학 / 어반북스콘텐츠랩. 2016.식물수집가 (植物收藏家) 위즈덤하우스. / 오하나. 2015.그녀의 작은 정원 (她的小庭園) 넥서스북스 / 와타나베 히토시. 2012.관엽식물 가이드 155 (觀葉植物指南155) 그린홈 / 원주희. 1997.실내조경디자인 (室內造景設計) 조경 / 월간 플로라.2013.꽃 인테리어 (花藝裝潢) 플로라 / 윤경은.2008.우리집 용기정원 만들기 (我家也有盆栽園藝) 김영사 / 이상희.1998.꽃으로 보는 한국문화 2 (從花卉看韓國藝術2) 넥서스 / 이선영. 2013.베란다 꽃밭 (陽台花田) 로그인 / 이영무.1995.실내조경 (室內造景) 기문당 / 이영선.2008.내 손으로 꾸미는 실내조경 (自己動手做的室內造景) 프로방스 / 이정식, 윤평섭.1997.자생식물학 (野生植物學) 서일 / 이종석, 방광자, 원주희.1993.실내조경학 (室內造景學) 조경 / 이창혁. 1994.실내조경학 (室內造景學) 명보문화사 / 장진주. 2012.열두달 베란다 채소밭 (12個月的陽台蔬果田) 조선앤북 / 전영은. 2013.화초 기르기를 시작하다 (種植花草的第一步) 하서 / 조애너 K. 해리슨, 미랜더 스미스. 2010. 화분 안에 담긴 정원 (花盆內蘊藏的庭園) J&P / 최상진 역.1993.절화와 화분식물의 수확 후 취급 및 저장 (切花與花盆植物收穫後的取得與儲藏) 아카데미서적 / 한국화훼연구회.1998. 화훼원예학총론 (1998.花卉園藝學總論) 문운당 / 허북구. 2002. 화훼유통과 플라워샵 비지니스 (花卉流通和花店商務) 중앙생활사 / 황수로.1990.한국꽃예술문화사 (韓國花藝文化史) 삼성출판사.

韓文論文

강광철, 주진희. 2013. 관상용 수경재배에서 활성탄 비율에 따른 킨답서스의 생육반응. 한국인간식물환경학회 16(6):377-382 / 권계정, 정현환, 박봉주. 2015. 관수주기에 따른 실내 관엽식물의 생장반응. 한국인간식물환경학회 18(5):379-385 / 김선혜, 방광자. 2004. 미적 접근분석을 통하여 본 실내조경의 디자인 연구. 한국인간식물환경학회 7(4):76-80 / 김성민, 박성용, 김기성, 홍정원, 박천호. 2014. 관엽식물과 화훼식물 그리고 장식용 식물의 향기가 인간에게 심리생리학적으로 미치는 효과. 원예과학기술지 32(별지 2) pp. 198 / 김수연, 방광자. 2002. 경영효과를 고려한 실내조경 도입방안에 관한 연구. 한국인간식물환경학회 5(3):23-30 / 김수연. 2004. 실내조경의 효과변수가 복합 상업공간 이용자 만족도에 미치는 영향. 화훼연구회지 12(3):273-277 / 김승덕, 김주형, 이종원, 김태중. 2011. 겨울철 온도관리가 관엽식물의 생육에 미치는 영향. 원예과학기술지 29(별지 1) pp. 193 / 민고명, 이정식. 1992. 광조건의 변화가 벤자민고무나무(Ficus benjamina 'WG-1')의 생장 및 순화에 미치는 영향. 한국원예학회지 33(1):48-53 / 박소홍, 이정식. 1997. 관엽식물의 광합성활성에 미치는 광순화의 영향. 한국원예학회지 38(1):71-76 / 박인숙, 임태조, 오욱. 2012. 인공광원의 종류에 따른 실내 Plectranthus amboinicus와 Fittonia albivernis의 생장반응. 화훼연구회지 20(4):179-186 / 백정애, 장유진, 박천호. 2003. 두 종류 천남성과 식물의 수경재배시 스트레스 발생정도와 토양재배와의 생육비교. 원예과학기술지 21(4):341-345 / 서종택, 유동림, 이현숙, 이희경, 남춘우, 류승열, 송정섭. 2006. 분화 및 옥상녹화용 내건성 자생화 선발. 한국인간식물환경학회 9(3):1-5 / 손관화. 2012. 정원 디자인을 위한 초화류 선정 체크리스트 제시. 한국인간식물환경학회 15(1):47-60 / 손관화. 2013. 국내 정원용 다년생 초화류의 생육 특성별 화색, 초장, 개화기 분류. 한국인간식물환경학회 16(6):383-400 / 손기철, 김미경, 박소홍, 장명갑. 1998. 관엽식물 파키라가 실내 온「습도 변화에 미치는 영향. 원예과학기술지 16(3):377-380 / 손기철, 나선영, 류명화. 1998. 녹색이 인간생활에 미치는 영향. 한국원예치료연구회 p. 65-81 / 손기철, 류명화, 박웅규. 2000. 실내식물이 컴퓨터 모니터 발생 전자파 차단에 미치는 영향. 한국인간식물환경학회 41(4):423-428. / 송천영, 송은경. 2012. 비모란 접목선인장과 다육식물을 합식한 분화의 실내위치 및 LED 조명에 따른 식물의 생장변화. 화훼연구회지 20(2):64-70 / 송천영, 이상덕, 박인태, 조창휘. 2007. 배합토 종류와 식재 깊이에 따른 혼합 분식 선인장과 다육식물의 생장. 원예과학기술지 25(4):429-435 / 신현철, 박남창, 최경옥. 2010. 자생 상록 '고사리목 식물' 의 광적응성 및 실내조경 공간도입 방안. 한국인간식물환경학회 13(6):109-116 / 신현철, 홍점규, 최경옥. 2015. 아파트 베란다 실내정원에 대한 선호도 분석. 한국인간식물환경학회 14(6):437-442 / 엄은경, 김완순. 2014. 무늬베고니아 'Harmony' s Red Robin' 의 실내 도입시 적정 광도. 한국인간식물환경학회 17(5):357-363. / 유미, 이은희. 2015. 업무공간에서 모듈화 된 실내조경이 업무자의 심리적 회복에 미치는 영향. 한국인간식물환경학회 18(2):79-87 / 유은하, 장혜숙, 김광진, 정현환, 김윤정. 2015. 그린인테리

어 주거공간에 대한 인간의 심리적 효과 분석. 한국인간식물환경학회 18(4):249-256 / 이나영, 한승원, 주나리, 이종석. 2008. 실내환경 개선을 위한 Ardisia속 식물의 열성능 평가. 화훼연구회지 16(1):1-6 / 이애경. 2007. 감성디자인을 적용한 야우리백화점 실내조경 계획 및 시공. 한국인간식물환경학회 10(2):139-145. / 이정민. 1998. 화예디자인의 현대적 개념과 기능에 관한 연구. 한국꽃예술디자인학회 p. 85-112 / 이정민. 2001. 환경친화 가치를 위한 화예디자인의 정체성 확립과 표현에 관한 연구. 숙명여자대학교 디자인대학원 석사학위논문 / 이종석, 오혜원. 2002. 실내조경시 자생식물의 이용현황에 관한 연구. 화훼연구회지 10(2):91-96 / 이종섭, 손기철, 송종은, 이손선. 1998. 실내식물이 인간의 뇌파변화에 미치는 영향. 한국원예치료연구회 p. 57-64 / 이진희, 김훈희. 1999. 실내식물의 향기가 과업 집중도에 미치는 영향. 한국인간식물환경학회 2(3):23-32 / 이해일, 홍종원, 장유진, 김재윤, 박천호. 2011. 서울시 아파트가구내의 실내식물이 행복지수에 미치는 영향. 화훼연구회지 19(1):64-67 / 장태경, 김홍열, 임기병. 2013. 실내 벽면녹화용 관엽식물의 생장에 적합한 인공배지의 선발. 화훼연구회지 21(1):11-16 / 정명일, 한승원, 김재순, 송정섭. 2013. 중부지방 저관리 경량형 옥상정원에서 활용이 가능한 초본 자생식물의 선발. 화훼연구회지 21(4):172-181 / 정미숙. 1992. 실내조경 설계기법의 정립에 관한 연구: 식물외적 첨경소재 활용을 중심으로. 한양대학교 석사학위논문 / 정진, 권민훈, 방광자. 2006. 고속도로 휴게소 화장실의 실내식물 관리현황에 관한 연구 -우리나라 주요 고속도로를 중심으로-. 한국인간식물환경학회 9(4):140-147 / 주나리. 2011. 분식관상식물의 장식트렌드에 관한 연구. 서울여자대학교 원예학과 박사논문 / 주진희, 김선혜, 방광자. 2009. 지하철 모형 실내공간에서 형광등 광도가 실내식물의 생육반응에 미치는 영향. 한국인간식물환경학회 12(2):15-24 / 최경옥. 2005. 광원 및 광도에 따른 실내식물의 생육반응. 한국인간식물환경학회 8(2):73-8 / 한승원, 이종석, 손장열. 2006. 아라우카리아의 실내소음 저감특성에 관한 실험적 연구. 한국인간식물환경학회 9(3):6-11 / 허북구, 유용권, 송채은, 백진주, 박윤점. 2004. 화분 식물 포장의 유형화와 품목별 포장 적용성. 원예과학기술지 22(4):504-508. / 홍정, 이종석, 곽병화. 1994. 실내조경용 Codiaeum variegatum 'Yellow Jade' 의 생육과 반엽형성에 미치는 광선과 시비의 영향. 한국원예학회지 35(6):610-616

韓文雜誌

변영웅, 김정환, 김황용, 최준열, 최만영. 2012. 하늘이 내린 적, 천적-적과 생물적 방제의 놀라운 세계-. RDA Interrobang (59호)

網站資料

국립원예특작과학원. 2016. 공기정화식물. http://www.nihhs.go.kr/personal/air.asp?t_cd=0 / 상록(주). 2016. 식물영양소의 역할. http://sr8655.com/nutrient.

各國書籍

AMA Research. 2008. Trade estimates 2008.（貿易預測 2008） AMA Research Ltd. U.K. /

Austin, Richard L. 1985. Designing the interior landscape.（裝潢造景設計）Van Nostrand Reinhold Company. New York ／Bird, Richard. 2005. The Kitchen garden.（廚房庭園）Ryland Peters & Small／Bridgewood, Les. 2003. Hydroponics soilless gardening explained（無土水耕法解析）. The Crowood Pres／Briggs, George B. and Clyde L. Calvin. 1987. Indoor plants.（室內植物）John Wiley & Sons. New York. ／Brookes, John. 1989. The indoor garden book.（室內園藝）Dorling Kindersley／Carter, George. 2000. Wohnen mit planzen.（生活用植物）Augustus／Chapman, Baylor. 2014. The plant recipe book.（植物大全）Artisan Publishers／Cooper, Paul. 2003. Interiorscapes. 室內裝潢 Mitchell Beazley／Furuta, Tokuji. 1983. Interior landscaping.（室內裝潢造景）Reston Publishing Comp. Virginia／Graf, Alfred. 1978. Exotica Third.（外來植物〈三〉）East Rutherford, Roehrs Company ／Greenoak, Francesca. 1996. Water features for small gardens.（小型庭園的水景）Conran Octopus ／Hammer, Nelson. 1991. Interior landscape design.（裝潢造景設計）New York. McGraw-Hill Architecture & Scientific Publication ／Hammer, Patricia R. 1991. The new topiary.（新修剪法）Longwood Gardens Inc. England／Hendy, Jenny. 1997. Balconies & roof garden.（陽台與屋頂庭園）New Holland Ltd ／Herwig, Rob. 1992. Growing beautiful houseplants.（培植美麗的家用植物）Facts On File. New York. ／Hillier, Malcolm. 1995. Container gardening through the year.（一年四季的盆栽園藝）Dorling Kindersley／Hillier, Malcolm. 1996. Herb garden.（香草花園）Dorling Kindersley／Hunter, Margaret K. and Edgar H. Hunter. 1978. The indoor garden.（室內庭園）John Wiley & Sons／Hunter, Norah T. 1994. The art of floral design.（花卉設計藝術）Delmar Publishers Inc. New York／Joiner, Jasper. N. 1981. Foliage plants production.（觀葉植物生產）Prentice-Hall. New Jersey ／Mader, Gunter. 2004. Freiraumplanung.（空間規劃）Deutsche Verlags-Anstalt／Manaker, George H. 1987. Interior plantscapes.（室內植物造景）Prentice-Hall, Inc. New Jersey／Marston, Peter. 1998. Garden room style.（庭園式空間風格）Weidenfeld & Nicolson／Neidiger, Helmut. 1990. Pflanzschalen.（植物栽培）Ulmer／Palmer, Isabelle. 2014. The house gardener.（居家園藝師）CICO Books ／Pierceall, Gregory M. 1987. Interiorscapes: planning, graphics, and design.（室內裝潢：栽植、平面繪圖與設計）Prentice-Hall, Inc. New Jersey／Search, Gay. 1997. Gardening without a garden.（庭園外的園藝）Dorling Kindersley／Sunset Books. 2004. Container gardening.（盆栽園藝）Sunset Books. CA／Warren, William. 1991. The tropical garden.（熱帶庭園）Thames and Hudson. London／Williams, Paul. 2004. Container gardening.（栽培盆栽園藝）Dorling Kindersley

各國論文

McWilliams, E.L. and C.W. Smith. 1978. Chilling Injury in Scindapsus pictus, Aphelandra squarrosa, and Maranta leuconeura. HortScience 13(2):179-180／Peterson, J.C. 1982. Effects of pH upon nutrient availability in a commercial soilless root medium utilized for floral crop production. Ornamental plants, A summary of reserch, research circular 253, Ohio agricultural research and development center / W.C. Fonteno and E.L. McWilliams. 1978. Light compensation points and acclimatization of four tropical foliage plants. J. Amer. Soc. Hort. Sci. 103(1):52-56

各國雜誌及其他

A.P. Hammer and G. Holton. 1975. Asexual reproduction of spider plant, Chlorophytum elatum, by day length control. Florists' Review 157(4057): 35, 76 / Conover, C.A. and R.T. Poole. 1975. Acclimatization of tropical foliage plants. Grower Talks 39(6):6-14 / Koths, J.S. 1976. Nutrition of greenhouse crops. U. of Connecticut bulletin 76-14 p.2

圖片來源

Atlas. 2016. World, average annual precipitation. http://go.grolier.com/atlas?id=mtlr080 / Casual Living for Home and Garden. 2016. Hydroculture. http://swisscasualliving.com/2.html / Doopedia. 2016. 공기정화식물. http://www.doopedia.co.kr/doopedia/master/master.do?_method= view&MAS_IDX=101013000878910 / Eastlake victorian. 2016. In search of the perfect wardian case. http://eastlakevictorian.blogspot.kr/2010/06/in-search-of-perfect-wardian-case.html / Fansshare. 2016. Hydroculture plant. http://www.fansshare.com/community/uploads96/1580/hydroculture_plant / Gardenvisit.com. 2016. Vegetable gardens. http://www.gardenvisit.com/history_theory/library_online_ebooks/ml_gothein_history_garden_art_design/egyptian_vegetable_gardens / Monnik. 2016. Huge wardian case. http://www.monnik.org/billion/biophilic-living-notes/attachment/huge-wardian-case / Occupy wall street. 2016. Ford foundation. https://twitter.com/occupywallstnyc/status/702943242237689856 / Pearson Education, Inc. 2016. Biome distribution. http://garingerearthsci.weebly.com/uploads/3/7/7/3/37738075/biome_map.jpg / Steves's digicams. 2016. Ford foundation indoor garden. http://forums.steves-digicams.com/landscape-photos/167039-ford-foundation-indoor-garden.html / SWAW. 2016. The hanging gardens of Babylon. http://www.unmuseum.org/hangg.html / The flower doctor. 2016. Planting in a wardian case. http://flowerdoctor.net/?p=691 / 문화재청. 2016. 자수사계분경도. http://www.cha.go.kr/korea/heritage/search/Culresult_Db_View.jsp?mc=NS_04_03_02&VdkVgwKey=12,06530000,11 / 민화. 2016. 책거리. https://www.pinterest.com/ch4yoon/%EB%AF%BC%ED%99%94/ / 석원. 2016. 연폭기명도도. http://blog.naver.com/patcad/220135205523 / 심천. 2016. 고려시대 분재 및 원예생활의 복원. http://blog.daum.net/gardenofmind/13424976 / 알라스카. 2016. 세계 분재역사를 다시 쓴다. http://m.blog.daum.net/silve/15395655 / 오소미. 2016. 풍속화에서 보이는 즐김과 여유의 미학. http://www.k-heritage.tv/hp/hpContents/story/view.do?contentsSeq=1320&categoryType=3 / 이윤재. 2016. 동궐도-고려대학교 박물관. http://racio.tistory.com/183 / 한반도. 2016. 까마귀 노는 곳에 백로야 가지 마라. http://m.blog.daum.net/allpeninsula/7513524 / 황영찬. 2016. 양화소록. 선비, 꽃과 나무를 벗하다. http://dmoo.tistory.com/m/post/1295

國家圖書館出版品預行編目（CIP）資料

全球園藝美學盆栽聖經：千幅圖表示範，園藝博士 30 年密技，創造全綠氧空間／孫冠花著；李靜宜、莊曼淳譯.--二版.--臺北市：方言文化出版事業有限公司，2022.07
424 面；17×23 公分
譯自：아름다운 생활공간을 위한 분식물 디자인
ISBN 978-986-5480-93-6（平裝）

1. 園藝學　2. 栽培

435.11　　111006908

全球園藝美學盆栽聖經（權威新訂版）

千幅圖表示範，園藝博士 30 年密技，創造全綠氧空間

아름다운 생활공간을 위한 분식물 디자인

作　　者　孫冠花（Kwanhwa Sohn）
譯　　者　李靜宜、莊曼淳
審　　訂　徐振強

總 編 輯　鄭明禮
責任編輯　李志煌
業 務 部　康朝順、葉兆軒、林姿穎
企 畫 部　林秀卿、江恆儀
管 理 部　蘇心怡、陳姿伃、莊惠淳

封面設計　吳郁婷
內頁排版　王信中

法律顧問　証揚國際法律事務所 朱柏璁律師

出版發行　方言文化出版事業有限公司
劃撥帳號　50041064
電話／傳真　（02）2370-2798／（02）2370-2766

定　　價　新台幣 700 元，港幣定價 233 元
二版一刷　2022 年 6 月 29 日

I S B N　978-986-5480-93-6

方言文化